人工智能系列规划教材

全国高等院校计算机基础教育研究会立项项目成果

基于 Python 的人工智能应用基础

主编　王　静　齐惠颖
参编　王路漫　王　晨

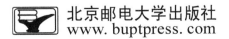 北京邮电大学出版社
www.buptpress.com

内 容 简 介

　　人工智能是进行数据分析的强有力工具。本书针对非计算机专业的学生,从算法和 Python 语言实现的角度,帮助读者认识人工智能,以人工智能应用为目的,由浅入深、循序渐进地介绍人工智能的相关概念、实现流程以及具体应用,使非计算机专业的学生也能应用人工智能的方法解决本专业的问题。

图书在版编目(CIP)数据

基于 Python 的人工智能应用基础 / 王静,齐惠颖主编. -- 北京 : 北京邮电大学出版社,2021.8 (2024.7 重印)
ISBN 978-7-5635-6477-4

Ⅰ. ①基… Ⅱ. ①王… ②齐… Ⅲ. ①软件工具－程序设计 Ⅳ. ①TP311.561

中国版本图书馆 CIP 数据核字(2021)第 157007 号

策划编辑:马晓仟　　责任编辑:王小莹　　封面设计:七星博纳

出版发行:北京邮电大学出版社
社　　　址:北京市海淀区西土城路 10 号
邮政编码:100876
发 行 部:电话:010-62282185　传真:010-62283578
E-mail:publish@bupt.edu.cn
经　　　销:各地新华书店
印　　　刷:河北虎彩印刷有限公司
开　　　本:787 mm×1 092 mm　1/16
印　　　张:17.75
字　　　数:465 千字
版　　　次:2021 年 8 月第 1 版
印　　　次:2024 年 7 月第 4 次印刷

ISBN 978-7-5635-6477-4　　　　　　　　　　　　　　　　　定价:48.00 元

前　　言

自从 AlphaGo 成功战胜围棋冠军李世石,人工智能开始大放异彩,成为人们关注的热点。2017 年《国务院关于印发新一代人工智能发展规划的通知》引导高等学校瞄准世界科技前沿,不断提高人工智能领域科技创新、人才培养和国际合作交流等能力,从而为我国新一代人工智能发展提供战略支撑。2018 年教育部制定《高等学校人工智能创新行动计划》,强调推动人工智能方向的人才培养和教材建设,并将人工智能纳入大学计算机基础教学内容。教育部、国家发展和改革委员会不断制定促进高校各学科融合,加快人工智能领域人才培养的政策。在这种大环境的推动下,从 2017 年开始我们在北京大学医学部向学生开设了"Python 与人工智能进阶Ⅰ"与"Python 与人工智能进阶Ⅱ"的本科生选修课,这些课程受到众多学生的欢迎。经过不断地实践和改进,人工智能课程的一些内容慢慢开始融入"大学计算机"必修课程。目前针对非计算机专业学生的人工智能教材比较少见,因此我们决定将 4 年教学积累的课程内容整理成书,以给非计算机专业的人工智能教学提供支撑和借鉴。

为了让非计算机专业学生更好地理解内容,本书力求语言简洁,以实例进行讲解。本书共 11 章。

第 1 章介绍了人工智能的基本概念、发展历程以及应用场景,并对人工智能中的相关概念进行了介绍,为后面章节的学习奠定基础。

第 2 章介绍了 Python 语言基础,为后期人工智能方法的实现提供语言基础。

第 3 章介绍了机器学习相关的库,讲解了后面章节需要用到的一些基础知识和方法。

第 4 章介绍了数据爬虫。数据为人工智能的重要基础,该章介绍了如何通过爬虫获取数据,为人工智能的应用奠定数据基础。

第 5 章介绍了数据预处理的方法。高质量的数据是提高人工智能分析的效率和准确率的保障,该章介绍了常用的数据预处理方法以及这些方法的实现手段。

第 6 章介绍了数据可视化,帮助读者学会使用图形、图像的方式了解数据,显示分析结果。

第 7~11 章介绍了常用的几种人工智能方法——k 近邻算法、朴素贝叶斯算法、广义线性模型、支持向量机、人工神经网络,使学生掌握采用人工智能解决问题的基本流程和方法。这些章节还介绍了模型选择和算法优化的部分内容。

本书第 1、3、5、7～11 章由王静老师编写,第 2 章由王晨老师编写,第 4 章由齐惠颖老师编写,第 6 章由王路漫老师编写。

在此非常感谢白星月、沈宇蒙、张芷悦、张玉洁、巩明地为本书做了大量修订工作。最后,还要感谢北京邮电大学出版社各位编辑的辛勤劳动,使本书能够顺利出版。在阅读过程中若发现不足之处,望批评指正。

目　　录

第1章 绪 论

近年来，人工智能(Artificial Intelligence，AI)的发展步入第三次高潮，这推动人们的生活、工作方式发生了翻天覆地的变化。本章将介绍人工智能的基本概念、发展历程、起源等，为后面的学习打好基础。

1.1 人工智能的基本概念

人类社会面临一次次抉择，大到国家抉择、民族抉择、商业抉择，小到生活抉择。一次次抉择决定了一个国家、民族、企业、人的命运。当面临一次次抉择的时候，如何做出最好的选择呢？人们在抉择时往往依赖于自身的经历和所能获取的信息。由此可见，信息多么重要！当今社会，科技高速发展，信息高速流通，这极大方便了人们的生活、学习和工作。各行各业积累了越来越多的数据，但是这些数据是分散的、凌乱的，并不能直接指导人们进行抉择。如何有效利用这些"杂乱无章"的数据？如何分析数据，从中获得能指导各项抉择的有价值的信息呢？这是我们面临的关键问题。人工智能是解决此类问题非常有效的方法之一。

人们一直试图理解人类是如何进行思考的，并试图模仿人类的"智能"，希望计算机能像人一样思考和行动。人工智能科学家试图去理解智能，并且通过计算机去模拟构建智能的理论、方法和技术。对于人工智能，不同的科学家有不同的理解和定义。一种被广泛接受的定义：人工智能是指让计算机像人一样，具有识别、认知、分析和决策等多种功能，拥有智能能力。人工智能是一个融合计算机科学、统计学、脑神经学和社会科学的前沿交叉综合学科。

1.2 人工智能的发展历程

人工智能从萌芽、诞生发展至今，经历了一个短暂而曲折的发展历程。人工智能发展经历了三次高潮和两次低谷，如今成为当今引领社会前进的热门技术，在各行各业得到了广泛应用。

1.2.1 人工智能的萌芽和诞生

早在 20 世纪四五十年代，一些科学家已经开始探索用机器模拟智能的问题。如图 1.1 所示,1943 年,沃伦·麦卡洛克(Warren McCulloch)和沃尔特·.皮茨(Walter Pitts)提出了世界上第一个人工神经元模型(MP 模型),该项工作目前被认为是最早的关于人工智能的研究工作。1947 年,艾伦·麦席森·图灵(Alan Mathison Turing)在伦敦数学协会发表有关人工智能主题的演讲,并于 1950 年发表文章《计算机器与智能》(*Computing Machinery and Intelligence*),提出了计算思维问题。同年 10 月,他发表著名论文《机器能思考吗?》,并提出通过图灵测试,来判断机器是否具有智能。1948 年,美国著名数学家诺伯特·维纳(Norbert Wiener)创立了控制论,采用模拟行为研究人工智能。1950 年,哈佛大学大四学生马文·明斯基(Marvin Minsky)和其同学邓恩·埃德蒙(Donne Edmonds)建造了世界上第一台神经网络计算机 SNARC。该计算机采用 3 000 个真空管和自动指示装置,可模拟由 40 个神经元构建的神经网络。1952 年,阿瑟·塞缪尔(Arthur Samuel)编写了“西洋跳棋”程序。至此,人工智能的雏形已经基本成型,这段时期被称为人工智能的萌芽期。

(a)　　　　　　　　　　　　　　　(b)

图 1.1　沃伦·麦卡洛克(Warren McCulloch)和沃尔特·皮茨(Walter Pitts)

　　1956 年,数学家、计算机科学家约翰·麦卡锡(John McCarthy)联合哈佛大学数学神经学家马文·明斯基(Marvin Lee Minsky)、IBM 公司信息中心负责人内森尼尔·罗切斯特(Nathaniel Rochester)和贝尔实验室信息部研究员克劳德·艾尔伍德·香农(Claude Elwood Shannon)共同发起,在美国达特茅斯学院召开了为期 2 个月的有关人工智能的研讨会。大会上,约翰·麦卡锡提议正式提出“人工智能”这一术语。达特茅斯会议标志着人工智能作为一门学科正式诞生。图 1.2 为达特茅斯会议部分参会者在 2006 年达特茅斯会议 50 年后的重聚照片。

图 1.2　达特茅斯会议部分参会者——人工智能的诞生

1.2.2　人工智能的第一次浪潮

人工智能的诞生震惊了全世界，人们第一次看到了通过机器产生智能的可能性。它的诞生所点燃的热情为其发展注入无穷的活力。社会各界甚至连美国军方都开始大力资助人工智能的研究。在巨大的热情和投资的驱动下，一系列的新成果在这个时期应运而生，人工智能在博弈、定理证明、问题求解，自然语言处理、计算机视觉和机器人等领域取得了一定的成功。

1956 年，阿瑟·塞缪尔的"西洋跳棋"程序成功升级，从而具有了自学习、自组织和自适应能力，于 1959 年击败塞缪尔本人，并于 1962 年击败一个州冠军。1957 年，艾伦·纽厄尔（Allen Newell）和哈伯特·西蒙（Herbert A. Simon）等人的心理学小组研制了一个称为逻辑理论机（Logic Theory Machine）的数学定理证明程序，开创了用计算机研究人类思维活动规律历史的先河。1959 年，IBM 公司的内森尼尔·罗切斯特和他的同事们共同开发了一些最初的人工智能程序——几何定理证明器，其能够证明许多数学家都感到棘手的数学定理。1965 年，鲁滨逊提出用归结原理进行数学定理的证明。麻省理工学院的约瑟夫·维森鲍姆（Joseph Weizenbaum）教授在 1964—1966 年间建立了世界上第一个自然语言对话程序 ELIZA。虽然今天看来该程序功能简陋，但当年它的首次亮相，确实令世人惊叹。1967—1972 年期间，日本早稻田大学开发了世界上第一个人形机器人。该机器人可以语音对话，具有计算机视觉，还可以在室内走动、抓取物品。

达特茅斯会议结束后，当时最著名的人工智能科学家麦卡锡和明斯基在 MIT 共同创建了世界上第一个人工智能实验室（MIT AI LAB），而该实验室也成为培养人工智能人才的摇篮。它培养了一大批最早的计算机科学和人工智能的人才，对人工智能的发展产生了深远的影响。

正当人们为人工智能所取得的初步成就而高兴甚至有点盲目乐观时，人工智能的研究遇到了前所未有的困难。例如，在博弈方面，塞缪尔的"西洋棋"程序在与世界冠军的对决中，五局四败。定理证明方面，鲁滨逊归结原理的能力有限，在证明两连续函数之和还是连续函数时，采用归结原理推理了 10 万步也得不出结论。实现机器翻译远比想象得更加复杂，原以为只要有一本双解字典和语法知识就可以实现两种语言互译，实践证明并没有那么简单。1957 年，在美国国家研究委员会资助的英语俄语翻译项目中，研究者最初认为基于一部电子词典的单词替换就可以实现英语和俄语之间的互译。这种观念导致机器在翻译过程中造成句意的失真，例如，将英文句子"The sprit is willing but the flesh is weak（心有余，而力不足）"翻译成俄语后，再翻译回英文时句子变成"The vodka is good but the meat is rotten（伏特加酒是好的，而肉是烂的）"。1966 年，咨询委员会发表一份报告，认为尚不存在通用科学文本的机器翻译，近期也不会有，并随后取消了学术翻译项目的所有美国资助。1969 年，明斯基出版《感知器》一书，指出感知器模型存在严重缺陷，致使人工神经网络的研究陷入低谷。科研人员在人工智能的研究中对项目难度预估不足，导致与美国国防高级研究计划署的合作计划失败。社会舆论的压力也开始慢慢压向人工智能的研究，导致很多研究经费被转移到了其他项目上，许多研究人工智能的机构也被迫解散。20 世纪 70 年代，人工智能进入了一段痛苦而艰难的岁月。

当时人工智能面临的技术瓶颈主要有三个方面。

第一，计算机性能不足，导致早期很多算法无法在人工智能领域得到应用。

第二，数据量严重缺失，当时不可能找到足够大的数据来支撑人工智能算法的学习，导致很多人工智能算法的学习效果不够理想。

第三,在问题的复杂性上,早期人工智能程序主要是解决特定的问题,此时问题复杂度低,可一旦问题上升维度,程序立刻就不堪重负了。

1.2.3 人工智能的第二次浪潮

面对困难和挫折,人工智能的先驱者并没有退缩,而是总结前期经验教训,并辟一条面向应用的研究道路。这个时期,由于专家系统和人工神经网络领域的新进展,人工智能的浪潮再度兴起。

专家系统是一个包含大量各领域专业知识,并利用这些知识去解决特定领域专业问题的计算机程序。专家系统实现了人工智能从理论研究向实际应用的转变,是从一般思维规律的探讨走向专业知识运用的重大突破,是人工智能发展史的一次重要转折。

著名的专家系统如下。

① 1976 年,斯坦福大学的费根鲍姆领导研制成功的专家系统 MYCIN;MYCIN 基于 600 多条人工编写的规则,可帮助医生诊断和治疗血液中的感染,适用于辅助诊断严重的感染疾病,如败血症和脑膜炎。

② 1981 年,斯坦福大学国际人工智能中心杜达(R. D. Duda)等人研制成功的地质勘探专家系统 PROSPECTOR;在该软件的帮助下,成功发现钼矿。

③ 1980 年,卡内基梅隆大学为数字设备公司设计的一套基于"知识库＋推理机"的组合 XCON 专家系统;该系统是具有完整专业知识和经验的计算机智能系统,可以根据用户需求自动选择计算机部件,可为公司每年节约超过 4 000 美元的经费。XCON 的巨大商业价值极大激发了工业界对人工智能的热情。基于该商业模式,工业界衍生了 Symbolics、Lisp Machines 等硬件公司和 IntelliCorp、Aion 等软件公司。

该时期,仅专家系统产业的价值就高达 5 亿美元。1977 年,费根鲍姆在第五届国际人工智能联合会议上,正式提出了知识工程的概念,进一步推动基于知识库的专家系统的发展。

在专家系统发展的同时,人工神经网络也取得了重要进展。1982 年,著名物理学家约翰·霍普菲尔德(John Hopfield)发明了 Hopfield 神经网络。1986 年,深度学习之父杰弗里·辛顿(Jeffrey Hinton)提出了一种适用于多层感知器的反向传播算法——BP 算法。这种算法完美地解决了非线性分类问题,让人工神经网络再次地引起了人们广泛的关注。一直处于低谷的人工神经网络研究开始慢慢复苏。人工智能的研究形成了以专家系统为标志的符号主义学派、以神经网络为标志的联接主义学派和以感知动作模式为代表的行为主义学派。

人类世界是个复杂的世界,知识是无法穷举的,基于知识库的专家系统的开发和维护成本高,而商业价值有限。到了 20 世纪 80 年代后期,在产业界对专家系统的巨大投入和高期望没有得到期望的回报后,人工智能的研究再度步入低谷期。

1.2.4 人工智能的第三次浪潮

20 世纪 90 年代中期开始,随着 AI 技术尤其是神经网络技术的逐步发展,以及人们对 AI 开始抱有客观理性的认知,人工智能技术开始进入平稳发展时期。

这个时期,人工智能学者开始引入数学工具,如高等数学、概率统计、优化算法等,为人工智能的发展奠定了坚实的数据基础。一些优秀的算法〔如支持向量机(SVM)〕一问世就显露出超强的能力,成为当时的主流算法。人工智能逐步应用于解决实际问题,如安防监控、语音识别、网页搜索、购物推荐、博弈游戏、自动控制算法等。人工智能的成功应用,使科学家们看到人工智能再度兴起的曙光。

1997 年 5 月 11 日,IBM 的计算机系统"深蓝"战胜了国际象棋世界冠军卡斯帕罗夫,这是人工智能发展中一个重要的里程碑。

21 世纪,计算机和互联网的蓬勃发展带来了全球范围电子数据的爆炸性增长,人类进入"大数据"时代。与此同时,GPU 的发展使计算机的计算能力高速增长。在数据和计算能力双重增长的支持下,人工智能取得了重大突破。

2006 年,杰弗里·辛顿以及他的学生鲁斯兰·萨拉赫丁诺夫正式提出了深度学习的概念,并在世界顶级学术期刊《科学》上发表。深度学习方法的提出立即在学术界引起了巨大的反响,众多世界知名高校纷纷投入巨大的人力、财力进行相关研究,这股潮流而后又迅速蔓延到工业界。

2012 年,在著名的 ImageNet 图像识别大赛中,杰弗里·辛顿领导的小组采用深度学习模型 AlexNet,以绝对优势一举夺冠。斯坦福大学著名的吴恩达教授等人将卷积神经网络(DNN)应用于图像识别领域,取得了惊人的成绩,在 ImageNet 评测中成功地把错误率从26%降低到了 15%。2014 年,Facebook 基于深度学习技术的 DeepFace 项目在人脸识别方面的准确率已经达到 97%以上,跟人类识别的准确率几乎没有差别。随着深度学习技术的不断进步以及数据处理能力的不断提升,深度学习被广泛应用于各个领域,在语音识别、图像识别、视频理解等领域取得成功。2016 年,谷歌公司基于深度学习开发的 AlphaGo 以 4∶1 的比分战胜了国际顶尖围棋高手李世石,其改进版于 2017 年战胜世界排名第一的柯洁。

深度学习算法在各个领域的卓越表现,使人工智能迎来第三次浪潮,成为当今最热门的科技话题之一。政府、高校、科研机构和商业机构纷纷投入资金支持人工智能的研究和发展,人工智能的应用也逐渐渗透到我们生活、工作的方方面面,我们进入一个人工智能赋能的科技时代。

1.3　生活中的人工智能

人工智能的应用范围很广,相关技术已经广泛应用于各个行业,如社会安防、医疗诊断、电子商务、自动驾驶、工业制造、金融贸易,机器人控制、法律、教育等方方面面。接下来,我们举例了解一些人工智能的典型应用。

1. 基于图像的"身份"识别

计算机可以基于图像,利用人工智能技术识别图像的内容,使计算机具有视觉能力。人工智能基于图像的应用有很多,下面举几个典型的应用。

(1)指纹识别

指纹识别是基于指纹特征进行身份识别的一种生物识别技术,是目前比较成熟的人工智能应用之一。每个人的指纹都具有独一无二的特征,因此可以基于指纹进行身份识别。基于人工智能方法自动进行指纹识别速度快,使用方便。目前指纹识别已经广泛应用于智能手机领域、智能家居、银行系统、公安系统、海关等领域。

(2)人脸识别

人脸是人类非常重要的外貌特征,结构复杂、细节变化多,同时也蕴含了大量的信息。基于人脸可以进行身份、表情、性别、种族、年龄等特征的识别,是人工智能领域非常重要也比较富有挑战的研究领域之一。

通常所说的人脸识别一般是指基于人的脸部特征信息进行身份识别,这一直是人工智能领域的研究热点。人脸识别的困难主要在于:人脸的外形很不稳定,面部可产生很多表情,从不同观察角度,人脸视觉图像相差很大,人脸识别还受光照条件、遮盖物、年龄等多方面因素的影响。基于人脸进行身份识别的研究始于 20 世纪 60 年代,20 世纪 90 年代人脸识别才真正开始进入应用阶段,直到 2006 年深度学习技术的出现,人脸识别的准确率才大幅提高,人脸识别才开始在各个领域更广泛地应用。人脸识别技术已广泛用于金融、司法、军队、公安、边检、政府、航天、电力、工厂、教育、医疗等领域及众多企事业单位。随着技术的进一步成熟和社会认同度的提高,人脸识别技术将应用在更多的领域。

(3)虹膜识别

虹膜是位于眼睛中心的黑色瞳孔和眼球白色巩膜之间的圆环状部分,由许多色素斑点、细丝、褶皱、冠状、条纹、隐窝等构成,包含丰富的纹理信息。虹膜在胎儿发育阶段形成后,在整个生命历程中将是保持不变的。虹膜特征具有唯一性、独特性和稳定性,因此可以用于身份识别。虹膜识别一般是指基于虹膜进行身份识别,可用于安防以及有高度保密需求的场所,如图 1.3 所示。

图 1.3　虹膜识别

(4)物品识别

物品识别是通过人工智能技术识别图像中特定的内容,物品识别应用范围很广。如图 1.4 所示,识花软件可以根据拍摄的花的图片,预测花的名称,并给出花的相关信息。

2. 语音识别

语音识别是指采用人工智能技术让计算机明白人在说什么,使计算机具有"听觉"。语音识别技术有着非常广泛的应用领域和市场前景。语音识别常见的应用有:①语音输入,相对于键盘输入方法,其更符合人的日常习惯,也更自然、更高效;②语音控制,即用语音来控制设备的运行,相对于手动控制来说,其更加快捷、方便,已经成功应用于工业控制、语音拨号系统、智能家电、声控智能玩具、导航等许多领域;③智能对话查询,根据客户的语音进行操作,为用户提供自然、友好的数据库检索服务,如家庭服务、宾馆服务、旅行社服务系统、订票系统、医疗服务、银行服务、股票查询服务等。

图 1.4 识花软件

3. 机器翻译

机器翻译又称为自动翻译,是利用计算机将一种自然语言转换为另一种自然语言的过程。机器翻译的研究最早可追溯到 20 世纪三四十年代。1954 年,美国乔治敦大学(Georgetown University)联合 IBM 公司首次进行英俄机器翻译试验,拉开了机器翻译研究的序幕。1956 年,我们国家就把机器翻译列入了全国科学工作发展规划,1957 年,中科院语言研究所与计算技术研究所合作俄汉机器翻译的研究。随着互联网的普及、数据量的剧增,人工智能方法在机器翻译上的应用使机器翻译真正从实验走向实用,各种实用的系统被先后推出,如"百度翻译""谷歌翻译"等。由于人工智能技术不断进步,因此机器翻译质量和翻译速度快速提升,口语翻译也更加流畅。机器翻译具有重要的科学研究价值和实用价值。随着经济全球化及互联网的飞速发展,机器翻译技术在促进各国之间的政治、经济、文化交流等方面起到越来越重要的作用。

4. 情绪识别

情绪识别是指基于面部表情、语音、心率、行为、文本和生理信号通过人工智能技术判断用户情绪状态的技术。情绪识别可使计算机具有"察言观色"的能力。在医疗护理中,如果护理工作者能了解患者、特别是有表达障碍患者的情绪状态,就可以根据患者的情绪采取不同的护理措施,提高医疗护理质量。在产品开发过程中,如果能够识别用户使用产品过程中的情绪状态,了解用户体验,就可以改善产品功能,设计出更适合用户需求的产品。在各种人机交互系统里,如果系统能识别出人的情绪状态,人机交互就会变得更加友好和自然。情绪识别技术可以应用于人机交互、智能控制、安全、医疗、通信等领域。目前情绪识别已经成功应用于驾驶员疲劳检测、医疗、谎言检测等方面。

5. 智能推荐

随着互联网的普及和发展,电子商务也迅速发展起来。电子商务为用户提供了丰富的商品,用户在网上迅速找到自己心仪的商品是个耗时耗力的事情。电商网站为了迎合用户需求,缩短消费者查询商品的时间,优化用户体验,提高自己的销售业绩,不断优化智能推荐系统。智能推荐背后的技术就是人工智能,其原理是电子商务网站统计客户对商品的浏览时间、点击频率、购买经历、咨询次数、网页收藏等信息,采用人工智能的方法预测客户购买倾向,及时向客户推荐相关的商品和信息,积极促成交易。智能推荐系统可以帮助消费者在海量商品中迅速找到有购买价值的商品,这相应地也提高了网站的销售业绩。智能推荐应用场景有很多,在购物网站、新闻网站、音乐 App 等场景中都有应用。例如,新闻网站——今日头条——依赖强大的智能推荐系统迅速成长,已超越网易新闻,搜狐新闻等元老级新闻网站。一些音乐网站(如网易音乐、酷狗音乐、QQ 音乐)也都会根据用户的听歌历史记录采用人工智能方法推荐用户可能会喜欢的歌曲。

6. 自动驾驶

自动驾驶也称无人驾驶,是通过多种传感器(如视频摄像头、激光雷达、卫星定位系统等)实时感知车辆行驶环境,采用人工智能、计算机视觉等技术对感知信号进行综合分析,结合地图、交通灯和路牌等指示标志,实时规划路线,控制车辆在没有任何人主动的操作下,由计算机自动安全地驾驶机动车辆的技术。2004 年,美国国防部高级研究计划局在莫哈维沙漠举办无人车挑战赛。无人驾驶汽车穿越沙漠行驶 142 英里(1 英里＝1 609.344 m),超越了当时的真人竞赛者。2010 年,谷歌公司宣布正在开发无人驾驶汽车,该无人驾驶汽车次年在莫哈维沙漠进行测试。2012 年,谷歌公司宣布其自动驾驶汽车已经行驶了 30 万英里,并且没有发生过事故。2014 年百度和宝马公司也开始自动驾驶的研究。目前为止,许多传统的汽车公司和新兴的科技公司都开始投入到自动驾驶技术的研究中。

7. 金融领域中的应用

金融业是与人工智能融合最早的行业之一。金融领域大容量的历史数据具有准确、可量化的特点,非常适合人工智能的应用,目前人工智能在金融领域的应用已经硕果累累。运用人工智能技术,可全面提升风险控制的效率和提升风险识别的精度,其在信贷、反欺诈、异常交易检测等领域得到广泛应用。以人脸识别、指纹识别、虹膜识别、声纹识别等生物识别技术为主要手段的智能支付,提高了商家的效率,减少了顾客等待时间,提高了交易的安全性。在保险领域,传统理赔需要经过多道人工流程,需要耗费大量时间和成本,智能理赔利用人工智能技术简化了理赔处理过程。例如,对于车险的理赔,通过综合利用声纹识别、图像识别等人工智能技术能快速核实身份、精准识别,一键定损、自动定价、科学推荐、智能支付,实现快速车险理赔。银行、保险、互联网金融等领域的智能客服基于大规模知识管理系统,能为客户提供自然高效的客服体验。智能营销通过人工智能技术,对收集的客户交易、消费、网络浏览等行为进行分析,为消费者提供个性化精准的营销服务,为金融企业降低了经营成本,提高了整体效益。智能投资利用人工智能技术获取投资信息、处理和分析数据、撰写研究报告和进行风险提示,辅助金融分析师、投资人、基金经理进行投资研究,可以有效降低交易成本,提升服务体验。

8. 人机对弈

棋类游戏一直是顶级人类智力和人工智能的试金石。人工智能程序在三子棋、跳棋和国际象棋等棋类的人机对弈中都打败过人类。1997 年,人工智能程序"深蓝"首次战胜国际象棋大师卡斯帕罗夫,人工智能程序在国际象棋的人机对弈中取胜。在 2016 年以前,围棋一直是人机对弈中最后一块高地,因为围棋变数非常大,变化数量级远远超过宇宙中的原子数量,如此大的变数是人工智能无法用列举方式穷尽的。而人类拥有独特的直觉,人类凭借直觉可以很轻松看到棋盘的本质,因此人工智能程序一直无法在围棋人机对弈中取胜。2016 年 1 月 27 日,英国《自然》杂志发表文章称:谷歌的人工智能程序 AlphaGo 以 5 比 0 战胜欧洲围棋冠军、职业二段樊麾,这是人类历史上人工智能程序首次战胜围棋职业棋手。2016 年 3 月,AlphaGo 战胜围棋世界冠军、韩国棋手李世石。2017 年 5 月,AlphaGo 打败世界排名第一的围棋世界冠军何洁。柯洁与阿尔法围棋人机大战之后,围棋界公认人工智能程序在围棋领域已远远超过人类棋手,达到人类难以企及的新高度。

9. 医疗领域中的应用

人工智能在医疗领域发挥着越来越重要的作用,在提高医疗服务质量,解决"看病难"的问题中提供了新的思路。人工智能在医疗健康领域中的应用有医学影像、疾病风险预测、虚拟助理、药物性能预测、基因测序预测、急救室/医院管理、健康管理、风险管理等,其中医学影像和疾病风险预测为热门应用领域。在医学影像辅助诊断中利用人工智能技术可以帮助医生对医学影像进行各种定量定性的分析,自动定位影像中的病灶,并进行分析预测,辅助医生高效准确地进行诊断,减少误诊或漏诊率。利用人工智能技术还可以智能分析病历中的各类数据,生成针对患者的精细化诊治建议,可以辅助医生进行诊断决策。利用人工智能技术还可以帮助医院优化医疗资源配置、弥补医院管理漏洞,提升患者就医体验。目前出现了各种类型的医用机器人,如临床医疗机器人、护理机器人、手术机器人、医学教学机器人、残疾人服务机器人等,这些机器人在提高医疗技术、教学质量、病人生活质量方面发挥越来越重要的作用。

1.4 人工智能背后的技术——机器学习

人工智能如此强大,背后有哪些技术呢? 接下来我们来学习人工智能的关键技术——机器学习,以及其相关概念。

1.4.1 机器学习与深度学习的关系

当人们谈论人工智能的实现方法时,常常会提到两个术语"机器学习"和"深度学习"。那么这三者有什么关系呢? 我们用最简单的韦恩图形象地展示这三者的关系,如图 1.5 所示。

机器学习是专门研究计算机怎样模拟或实现人类的学习行为,以获取新的知识或技能,并重新组织已有的知识结构使之不断改善自身性能的科学,是实现人工智能的根本途径。机器学习方法种类很多,有典型的基于统计的机器学习方法,如 k 近邻分类器、贝叶斯分类器、SVM 分类器、决策树、决策森林,还有模拟人类神经系统的连接学派的机器学习方法,如神经网络。深度学习就是神经网络的一种。不同于传统神经网络,深度学习构建的神经网络具有更多的层次,处理数据的能力更为强大。因此深度学习属于机器学习的一种方法。

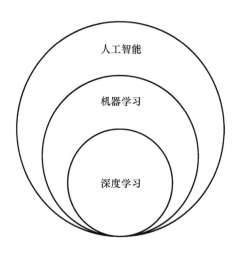

图 1.5 人工智能、机器学习、深度学习之间的关系

1.4.2 人工智能相关概念

1. 训练样本和测试样本

机器学习算法的基础是数据。在机器学习中,用来建立、校验、测试、优化模型的数据就是样本。样本的形式多种多样,可以是图像、信号、也可以是描述事物的特征集合。例如,人脸识别是以大量的人脸图像为样本进行建立的;语音识别的样本是声音信号;辅助诊断的样本是一个个病例资料。样本根据用途可分为训练样本、测试样本。训练样本是在训练机器学习模型时所采用的样本数据,相当于计算机在学习阶段的学习资料。测试样本是在测试机器学习模型时所采用的样本数据,用来检测模型的可靠性和效率。测试样本相当于检测计算机学习成效的考试数据。测试数据和训练数据一般是独立没有交叉的,这样才能保证评价的可靠性和客观性。

2. 监督学习、非监督学习和半监督学习

机器学习算法的学习方式有很多,最常用的是监督学习、非监督学习和半监督学习。监督学习是指采用已知输出结果(类别信息或标签)的训练样本建立机器学习模型的过程。其过程如图 1.6 所示。

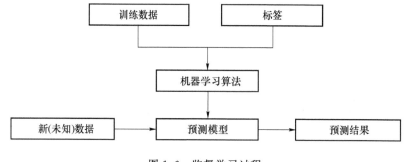

图 1.6 监督学习过程

举个简单的例子,如图 1.7 所示,若我们想让计算机通过机器学习算法学会区别猫和狗,那么在训练这个算法的时候,就需要给算法大量猫和狗的图片,并且告诉计算机哪些是猫的图

片、哪些是狗的图片。采用这些有答案的数据学习后,计算机再遇到新的狗或猫的图片时,就可以识别了。

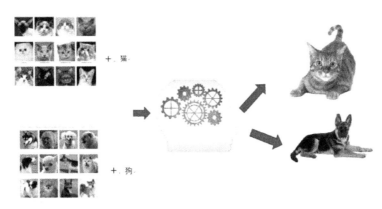

图 1.7　监督学习识别猫和狗

　　现实生活中在采用人工智能解决问题时常遇到这种情况:缺乏足够的先验知识,难以人工标注类别(输出结果)或进行人工类别标注的成本太高。根据未知类别标签(输出结果)的训练样本建立模型的机器学习方法,称为非监督学习。非监督学习可以在没有已知输出变量和反馈信息的情况下通过提取有效信息来探索数据的整体结构,常用来处理无标签数据或总体分布趋势不明朗的数据。聚类算法就是一种典型的非监督学习方法。非监督学习的学习过程如图 1.8 所示。

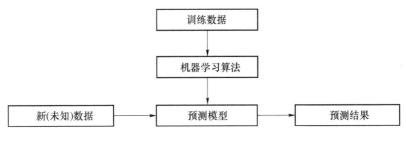

图 1.8　非监督学习

　　如果采用非监督的机器学习方法训练计算机识别狗和猫的话,只要提供计算机大量的猫和狗的图片,而不用告诉计算机哪些是猫、哪些是狗,让计算机在没有人类帮助的情况下通过算法摸索数据的规律。其过程如图 1.9 所示。

　　半监督分类是监督学习和非监督学习相结合的一种学习方法。半监督学习使用大量的未标记数据,同时使用少量的标记数据,以此来进行机器学习方法的建模工作。使用半监督学习能够减少参与人员的数量和工作量,又能够带来比较高的准确性,因此,半监督学习正越来越受到人们的重视。

3. 分类和回归

　　机器学习根据应用的目标不同可以分两类:分类和回归。如果机器学习的目标是对样本的类别标签进行预测,判断样本所属类别,则属于分类问题,而如果机器学习的目标是要预测一个输入对应输出值,则属于回归问题。分类和回归都是数据监督学习方法。两者不同之处在于:分类问题输出值是类别,是离散的,有限的,分类一般用来进行定性分析;回归问题输出的是连续值,一般用来定量分析。例如,根据医学图像,判断图像中的病灶是良性肿瘤还是恶性肿瘤的问题属于分类问题;根据历史数据预测房价、股票的成交额、未来的天气都属于回归问题。

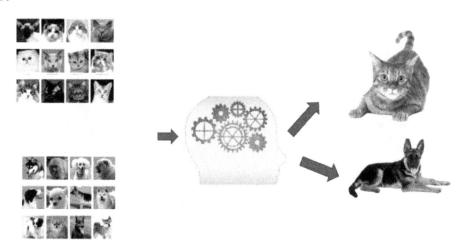

图 1.9　非监督学习识别猫和狗

4. 机器学习流程

采用机器学习解决问题时,通常分为以下几步:数据获取、数据预处理、模型设计、模型预测,如图 1.10 所示。

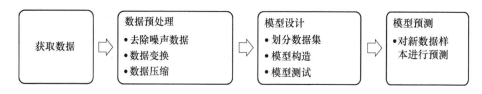

图 1.10　人工智能流程

(1) 数据获取

数据是机器学习的基础。机器学习领域有一句非常著名的话:数据决定了机器学习的上界,而模型和算法只是逼近这个上界。由此可见,数据对于整个机器学习项目至关重要。

获取数据通常有以下方式。

① 数据库:通过单位、公司的数据库保存数据,这是最常见、最理想的收集数据的方式,过程更加可控,也更加自由灵活。

② 爬虫:在单位、公司资源不足以提供数据或原始数据不足需要扩展的情况下可以使用网络爬虫收集网络上的相关数据。爬虫获取的数据相对比较复杂,不够规范,需要事先对数据进行清洗。数据爬虫会在第 4 章详细介绍。

③ 公用数据集:现在很多组织、公司和科研机构提供了很多公开的数据集,这些数据集更具代表性,对这些数据的处理结果更容易被大众认可,这些数据也更为规范,便于数据的预处理。

(2) 数据预处理

数据集收集好后,往往存在数据缺失、异常数据、噪声等诸多问题。这就需要对数据进一步的处理,这个步骤称为数据预处理。数据预处理会在第 5 章详细介绍。

(3) 模型设计

在经过数据预处理处理好数据之后,就可以进行模型的设计了。训练模型以前,要将数据划分为独立的两部分:训练数据集、测试数据集。训练数据集是用来训练建立模型,测试数据集用来验证模型的性能。模型划分好后,就可以选择合适的机器学习模型进行数据的训练了。第 7 章到第 11 章会介绍常用的机器学习模型。模型建立好后,需要采用测试样本进行测试。性能指标是衡量模型好坏的关键。针对人工智能方法应用的不同场景,有不同的评价指标。分类和回归常用的评价指标如图 1.11 所示。

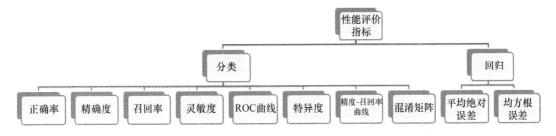

图 1.11　模型评价指标

(4) 模型预测

模型建立好后,需经过测试数据验证,在性能可靠的情况下可以采用样本对新的数据进行预测。

1.5　非计算机专业的人学习人工智能的方法

作为非计算机专业的人如何学习人工智能呢? 以下给出一些建议。

1. 学习一门计算机语言

如果你之前没有程序设计的基础,建议你从学习一门计算机语言开始。目前广泛应用的计算机语言有很多,如 C、C++、Java、R、Python、Matlab 等,每种语言各具特色。本书将采用 Python 语言作为编程语言,主要原因是 Python 语言简单易学、功能强大,同时具有非常强大的机器学习库。Python 语言可以非常轻松和其他语言编写的模块很好地连接,在数据获取、数据分析、数据可视化方便的表现非常突出。图 1.12 为 2019 年、2020 年 IEEE Spectrum 发布的编程语言排行榜:Python 连续居于首位。当我们在 Github 上搜索人工智能时,会发现 Python 是开发人工智能项目最常用的语言之一,如图 1.13 所示。第 2 章将对 Python 语言进行系统介绍。

2. 熟悉人工智能的一些基本概念

掌握了一门语言的基础编程以后,需要学习一些人工智能的基本概念,如什么是“样本”,什么是“训练样本”,什么是“测试样本”,什么是“有监督学习”,什么是“非监督学习”,什么是“分类”,什么是“回归”,如何建立、评价“模型”,等等。理解这些基本知识以后,就可以针对已有的数据选择合适的方法来分析数据,得出有价值的结论了。

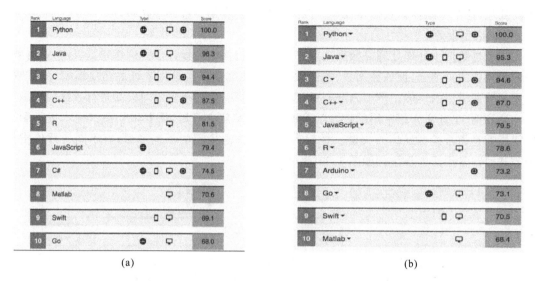

(a)   (b)

图 1.12　2019 年、2020 年 IEEE Spectrum 发布的编程语言排行榜

图 1.13　Github 上开发人工智能最流行的语言

3. 了解人工智能的常见算法

在了解人工智能的基本概念后,就可以开始我们核心算法的学习。本书会介绍一些常用、简单、有效的人工智能方法,如 KNN、SVM、贝叶斯分类法、神经网络等。本书会以通俗易懂的语言介绍每种算法的原理、Python 实现的具体方法以及应用方法。

4．掌握对数据处理的一些技巧

现实世界数据是非常复杂的，数据有重复、缺失、不一致，存在噪声，特征数目比较多，维数比较高等问题，这时候我们往往要对数据进行预处理。数据预处理是数据处理中必不可少的环节。预处理的好坏直接影响到后期模型的性能。因此掌握常用的数据预处理方法是非常必要的。

5．学会优化自己的模型

如何让建立的模型更好地工作，是我们使用人工智能方法解决问题所重点关注的问题之一。如何找到适合该问题的最优模型，如何找到模型的最优参数，如何提高模型的效率和性能，这些问题都是模型优化所关注的问题。

1.6　本 章 小 结

人工智能是研究如何通过计算机模拟人的认知能力和行为的学科。通过过去几十年的努力，人工智能已经取得了丰硕成果，并且在各个行业中得到成功应用。人工智能正深刻地改变这个世界，影响着人们的生活、工作。

本章介绍了人工智能的相关概念、发展历史、应用等。为了读者更顺利地学习后续内容，本章还初步介绍了人工智能领域中的一些专用术语，为后续学习奠定基础。

第 2 章　Python 语言基础

2.1　引　　言

2.1.1　Python 的发展历史

20 世纪 80 年代中期,Python 之父荷兰人 Guido van Rossum 参与了一个为编程初学者设计的研究项目——ABC 语言。该语言以教学为目的,希望用户能够感受到阅读、学习及使用编程语言变得容易,从而激发人们学习编程的兴趣。

虽然 ABC 语言相较于其他语言提高了可读性和易用性,但是该语言编译器需要在拥有较高配置的计算机上才能够运行,并且可拓展性差。另外,Guido 认为对于非计算机专业的人士,现有的编程语言并不友好,于是开始构思一门功能齐全、易学易用且具有可拓展性的语言。

1989 年的圣诞节,Guido 开始编写 Python 的第一个版本。Python 语言的名称来自一个戏剧团体 Monty Python。

1991 年,Python 第一个公开发行版发行,其中很多语法来自 C 语言,同时也继承了 ABC 语言中的一些操作,如字符串和列表都支持索引访问、切片和拼接操作。

1994 年 1 月,Python 1.0 版本发布;2000 年 10 月,Python 2.0 版本发布;2008 年 12 月,Python 3.0 版本发布。

现在 Python 已进入 3.0 时代,受到了各行业的青睐,使用者逐年增加,已成为目前最受欢迎的程序设计语言。2017 年,在 IEEE Spectrum 发布的编程语言排行榜中 Python 高居榜首。

2.1.2　Python 的特点

(1) 易读易用

Python 中包含相对较少的关键字,结构简单清晰,语法定义明确,具有伪代码的本质,因此相较于其他编程语言的阅读、学习、使用都更加简单。

(2) 免费开源

Python 可以免费使用和拷贝,且使用者可以自由地对其进行研究,甚至进行修改。

（3）可移植

由于其开源特性，Python 已经被移植到许多平台上正常运行。

（4）可扩展

如果一段关键代码需要运行得更快，或者某些算法不愿公开，可以利用 C/C++完成该部分程序，之后在 Python 中调用它们。

（5）可嵌入

Python 可以嵌入 C/C++程序，向使用者提供脚本功能。

（6）具有丰富的库

Python 拥有一个丰富且功能强大的标准库，可以帮助处理各种工作，包括正则表达式、文档生成、单元测试、线程、数据库、网页浏览器、CGI、FTP、电子邮件、XML、XML-RPC、HTML、WAV 文件、密码系统、GUI（图形用户界面）、其他与系统有关的操作，体现了其"功能全面"的理念。

2.1.3　在人工智能领域使用 Python 语言的优点

几乎所有的编程语言均可成为人工智能的开发语言，最常见的有 Lisp、Prolog、C/C++、Java 以及 Python。然而目前 Python 已成为开发人工智能程序和软件的首选语言，是因为其具有以下优点。

- 在 Python 庞大的标准库中，包含大量关于机器学习、自然语言和文本处理等与人工智能相关的库和软件包。
- Python 的可移植和可扩展性，对于人工智能应用来说是非常重要的因素。
- Python 的开源性可以得到相同的社区支持。
- Python 相较于其他面向对象的编程语言学习更加简单快速。

2.2　环　境　介　绍

2.2.1　Anaconda 安装

Anaconda 是一个开源的 Python 发行版本，其涵盖了数据科学工作需要用到的常见的库，因此可以方便地利用 Anaconda 版本进行数据科学研究。

Anaconda 在 Windows、MaxOS 和 Linux 系统平台上均可安装和使用。一般可通过官方网站 https://www.anaconda.com/download/下载 Anaconda 版本，下载时需注意计算机的系统位数（32 位或 64 位）。

本书基于 Windows 系统平台进行 Python 程序的编写，其在 Windows 系统平台上的安装步骤如下。

（1）前往官方页面下载，选择 Windows 版本下的安装包，需根据本机操作系统的情况单击"64-Bit Graphical Installer"或"32-Bit Graphical Installer"进行下载，如图 2.1 所示。

（2）单击图 2.1 中的"64-Bit Graphical Installer"进行下载，下载后的文件名为

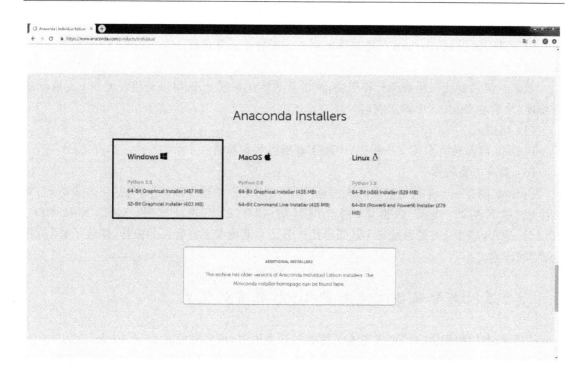

图 2.1 Anaconda 官网下载界面

"Anaconda3-2020.07-Windows-x86_64.exe"。双击该文件,进入安装界面,如图 2.2 所示。

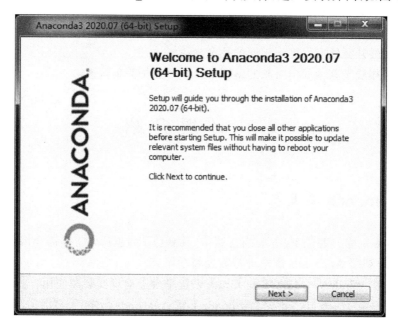

图 2.2 欢迎界面

(3) 单击"Next"。

(4) 阅读许可条款后单击"I Agree",如图 2.3 所示。

(5) 在图 2.4 中,提示有两种安装方式,选择推荐安装方式,即勾选"Just Me (recommended)",之后单击"Next"。

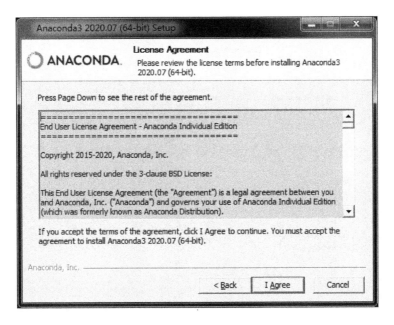

图 2.3　许可条款界面

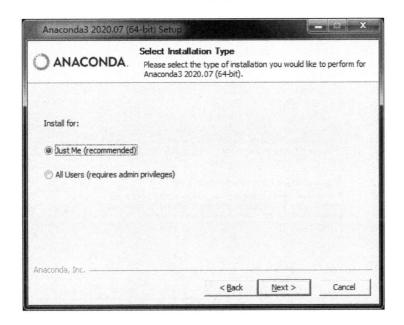

图 2.4　安装方式选择界面

（6）选择安装路径，建议选择默认安装位置，之后单击"Next"，如图 2.5 所示。

（7）在图 2.6 中，不建议勾选"Add Anaconda3 to my PATH environment variable"（"添加 Anaconda 至我的环境变量"），可直接单击"Install"开始安装。

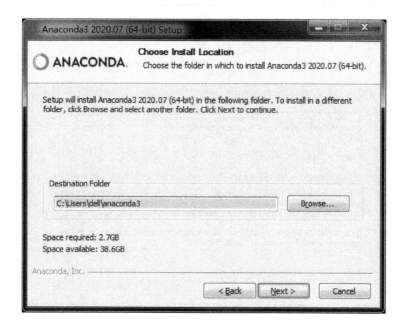

图 2.5　安装位置选择界面

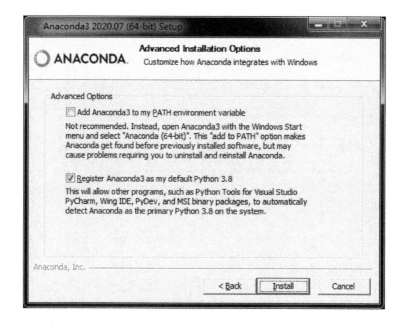

图 2.6　高级安装选项界面

（8）安装时间根据计算机配置而异，等待安装过程完成后，单击"Next"，如图 2.7 所示。

（9）在图 2.8 所示的界面上，单击"Next"。

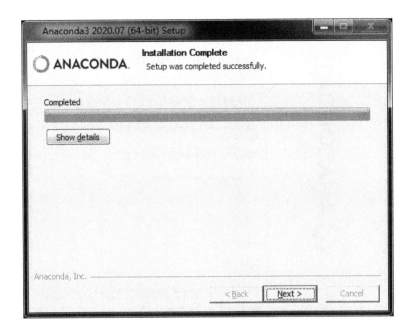

图 2.7　安装结束界面

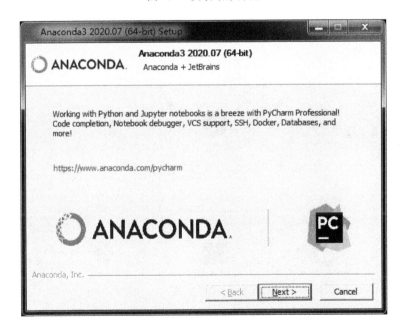

图 2.8　软件介绍界面

（10）若进入图 2.9 所示的界面，则说明安装成功，单击"Finish"完成安装。另外，如果不需要帮助信息，可以不勾选"Anaconda Individual Edition Tutorial"和"Learn More About Anaconda"。

（11）单击"开始→Anaconda3（64-bit）→Anaconda Navigator（Anaconda）"，如果可以成功启动，并可以打开图 2.10 所示的界面，则表明安装成功。

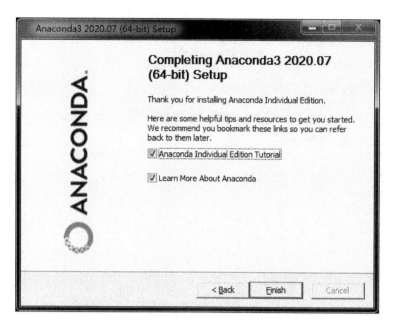

图 2.9　安装成功界面

图 2.10　Anaconda Navigator 界面

2.2.2　Jupyter Notebook 环境介绍

Anaconda 中包含了 180 多个科学包及其依赖项,而如果单独安装 Python 主程序,则这些功能包需要逐一安装,由此可见 Anaconda 能够方便地解决各种第三方包的安装问题。另外,Anaconda 还捆绑了一个简单易用的交互式代码编辑器 Jupyter Notebook。

Jupyter Notebook 是基于网页的用于交互计算的应用程序,可在网页页面中直接编写和运行程序语句,并可在语句块下直接显示程序的运行结果。在编程中如果需要编写说明文档,也可在同一页面中直接编写,以便及时对程序做出说明和解释。因此,Jupyter Notebook 可将程序、说明文档、数学方程、可视化内容等全部组合到一个可以分享的文档中,方便用户一目了然地使用。

目前,Jupyter Notebook 已成为数据分析、机器学习的必备工具。在数据挖掘平台 Kaggle 上,绝大多数使用 Python 的数据爱好者使用 Jupyter Notebook 来实现分析和建模的过程。

单击"开始→ Anaconda3(64-bit)→ Jupyter Notebook(Anaconda)",即可启动 Jupyter Notebook,启动命令执行完毕后,网页浏览器将进入 Jupyter Notebook 的主页面,如图 2.11 所示。

图 2.11　Jupyter Notebook 主界面

初始页面下显示的所有文件夹为计算机用户目录下的文件夹,也是 Jupyter Notebook 在启动时的默认目录。

单击"New"可创建新的 Notebook、Python 源程序或者文本文件、文件夹以及终端,如图 2.12 所示。

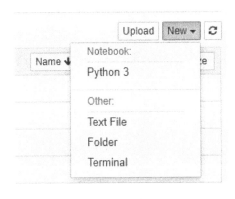

图 2.12　新建文件

Notebook 界面由单元格组成,在可编辑状态下,每个单元格可以输入代码或者说明文档。

默认为代码格式,即工具栏列表所示的"代码",如图 2.13 所示。

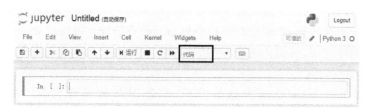

图 2.13　选择代码格式

在单元格中输入一个示例程序后,单击上方运行按钮,则可在单元格下方显示程序运行结果,如图 2.14 所示。

图 2.14　代码示例

如果需要加入文本内容,可以将当前格式转换为 Markdown,如图 2.15 所示。

图 2.15　选择 Markdown 模式

在单元格中输入文本内容,并可通过上下箭头移动该单元格位置,使其置于示例程序之前,并单击运行,则可得到图 2.16 所示的结果。

图 2.16　文本示例

2.3　变量和基本数据类型

2.3.1　变量

变量用于存储数据。变量的类型和值在赋值时被初始化,赋值通过等号来表示。示例代码如下:

```
message = 'Hello Python! '
number = 100
print(message)
print(number)
```

运行该程序,得到输出结果如下:

```
Hello Python!
100
```

其中,message 和 number 均为变量的名字,并且分别赋值字符串' Hello Python! '和数值 100。

如果希望查看变量的类型,可以通过 type 函数,并利用 print 函数输出。对刚才两个变量重新赋值,并查看变量类型:

```
message = 'Python is my favorite language! '
number = 50
print(message)
print(number)
print(type(message))
print(type(number))
```

得到运行结果如下:

```
Python is my favorite language!
50
<class 'str'>
<class 'int'>
```

可见,在程序中可以修改变量的值,并且 Python 始终记录变量的最新值。

在 Python 中使用变量时,需要注意以下规则。

- 变量名只能由字母、数字和下划线组成,且不能以数字开头。例如,name_1 为合法的变量名,而 1_name 或 name#1 为不合法的变量名。
- 变量名区分大小写。例如,Number 和 number 是两个不同的变量。
- Python 中的关键字不能作为变量名。例如,输出函数 print 不能作为变量名。
- 变量名应简短并具有意义,从而提高代码的可读性。例如,定义年龄可用 age 来表示。

2.3.2 字符串

(1) 字符串创建

字符串由一系列字符组成,即表示文本的一种数据类型。在 Python 中创建字符串,需要在字符两边加上引号,可以是单引号,也可以是双引号。如下所示:

```
'This is an example.'
"This is another example."
```

Python 中可以用两种方式表示字符串的特点,使得可以灵活地在字符串中包含单引号或者双引号:

```
'I said: "Good luck!"'
"Let's go!"
```

另外,可以通过三引号(三个单引号或三个双引号)生成多行的字符串,常用于函数的功能注释。例如:

```
'''
Hello,
welcome to Python world,
Python is my favorite language!
'''
```

(2) 转义字符

转义字符是指任何非打印字符,Python 支持转义字符,可利用转义字符添加换行符或制表符等特殊符号。例如,若要在字符串中添加换行符,可使用转义字符\n,其代表换行。

通过一个案例说明转义字符的使用:

```
print('Three lines:\nThe first line\nThe second line\nThe third line')
```

得到的运行结果如下:

```
Three lines:
The first line
The second line
The third line
```

常用的转义字符如表 2.1 所示。

表 2.1 常用的转义字符

转义字符	代表含义	转义字符	代表含义
\(在行尾时)	续行符	\\	反斜杠符号
\'	单引号	\"	双引号
\b	退格(Backspace)	\e	转义

续　表

转义字符	代表含义	转义字符	代表含义
\000	空	\n	换行
\v	纵向制表符	\t	横向制表符
\r	回车	\f	换页

（3）字符串的存储方式

由于 Python 不支持单个字符类型，如果希望访问字符串中具体的元素，需要通过索引提取。例如，字符串 string='abcdefg'的存储方式如图 2.17 所示。

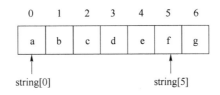

图 2.17　字符串存储方式

如图 2.17 所示，每个字符有一个相应的索引，且索引从 0 开始，—1 为从末尾的开始位置。提取字符串中的字符 a 时，它对应的索引为 0，所以用 string[0]获取。同理，取出字符 f，可以用 string[5]获取。

（4）字符串切片

切片是对字符串截取其中的一部分。其语法格式如下：

[开始:结束:步长]

其中，切片区间从"开始"位开始，到"结束"位的前一位结束（不包含结束位本身），当步长省略时，默认为 1。若出现负数索引，则代表离末尾相应距离的元素。

通过一个案例说明切片的使用方法以及结果。

```
string ='abcdefg'
print(string[1:4])      ＃截取索引 1～3 的字符
print(string[0:6:2])    ＃截取索引 0～5 且步长为 2 的字符
print(string[3:])       ＃截取索引从 3 开始到末尾的字符
print(string[:5])       ＃截取从头开始到索引 4 的字符
print(string[::2])      ＃截取从头到尾步长为 2 的字符
print(string[2:-1])     ＃截取从 2 开始到倒数第 2 个字符
print(string[::-3])     ＃截取从尾到头步长为 3 的字符
```

运行结果如下所示：

```
bcd
ace
defg
abcde
aceg
cdef
gda
```

27

（5）字符串运算符

常见的字符串运算符如表 2.2 所示。

表 2.2　字符串运算符

运算符	描述
＋	连接运算符，用于拼接字符串
＊	重复运算符，用于重复输出字的符串
[]	访问运算符，通过索引访问字符串中的字符
[:]	访问运算符，用于截取字符串中的一部分
in	成员运算符，如果字符串中包含给定字符，则返回 True
not in	成员运算符，如果字符串中不包含给定字符，则返回 True

通过一个案例说明字符串运算符的使用，如下所示：

```python
string1 = 'Hello'
string2 = 'Python'
print('string1 + string2 结果',string1 + string2)    #使用＋拼接字符串
print('string1 * 2 结果',string1 * 2)                 #使用＊重复输出
print('string1[4]结果',string1[4])                    #获取索引为 4 的字符
print('string2[0:3]结果',string2[0:3])                #截取索引 0～3 的字符

if 'H' in string1:                                    #判断字符 H 是否包含在字符串中
    print('H在字符串 string1 中')
else:
    print('H 不在字符串 string1 中')

if 'M' not in string2:                                #判断字符 M 是否不包含在字符串中
    print('M 不在字符串 string2 中')
else:
    print('M 在字符串 string2 中')
```

得到的运行结果如下：

```
string1 + string2 结果 HelloPython
string1 * 2 结果 HelloHello
string1[4]结果 o
string2[0:3]结果 Pyt
H 在字符串 string1 中
M 不在字符串 string2 中
```

（6）字符串内建函数

Python 中常用的字符串内建函数如表 2.3 所示。

表 2.3　字符串内建函数

函数名		描述
字母处理	upper	将字符串中所有的小写字母转为大写
	lower	将字符串中所有的大写字母转为小写
	capitalize	将字符串中第一个字符转换为大写字母
	title	将字符串中所有的单词首字母转换为大写,其余字母为小写
	swapcase	对字符串的大小写字母进行互换
搜索	find	检测字符串中是否包含子串,若没有则返回-1
	index	检测字符串中是否包含子串,若没有则会报错
统计	len	计算字符串长度,即包含单字符的个数
	count	统计字符串中指定子串出现的次数
格式化	ljust	原字符串左对齐,并以特定子串填充至指定长度
	rjust	原字符串右对齐,并以特定子串填充至指定长度
	center	原字符串居中对齐,并以特定子串填充至指定长度
替换	replace	新子串替换旧子串,且次数不超过指定次
去指定字符	lstrip	删除字符串左边指定字符
	rstrip	删除字符串右边指定字符
	strip	删除字符串左右两边指定字符
	split	按照指定次数,以特定字符分割字符串
判断	startswith	检测字符串是否以指定子串开头
	endswith	检测字符串是否以指定子串结尾
	isalnum	检测字符串是否由字母和数字组成
	isalpha	检测字符串是否只由字母组成
	isdigit	检测字符串是否只由数字组成
	isupper	检测字符串中所有字母是否均为大写
	islower	检测字符串中所有字母是否均为小写
	istitle	检测字符串中所有单词首字母是否为大写,且其他字母为小写
	isspace	检测字符串是否只由空格组成

以其中常用的一些函数作为示例演示其使用方法。

（1）upper/lower

upper/lower 的作用是将字符串中所有小写/大写字母转换为大写/小写字母,示例如下：

```
string ='Hello Python'
print('------ 转换小写字母为大写 ------')
print(string.upper())
print('------ 转换大写字母为小写 ------')
print(string.lower())
```

字符串 string 包含大写和小写字母,upper 方法将其中所有小写字母转换为大写,而 lower 方法将其中所有大写字母转换为小写,最终输出结果如下：

29

```
------ 转换小写字母为大写 ------
HELLO PYTHON
------ 转换大写字母为小写 ------
hello python
```

（2）find 和 index

函数 find 和 index 均可检测字符串中是否包含子串，且返回子串开始处的索引值。两者区别在于当不包含子串时，函数 find 返回 -1，函数 index 返回异常。示例如下：

```
string = 'App and Application'
print(string.find('Application'))
print(string.find('APP'))
```

运行结果如下所示：

```
8
-1
```

另外，函数 find 和 index 在检测是否包含子串时还可指定检测范围，即在指定范围内是否包含该子串，示例如下：

```
string = 'App and Application'
print(string.index('Application',0,5))
```

程序中设定的检测范围为索引 0～5，由于在指定字符串范围内无法找到子串' Application '，所以程序会报错，给出错误信息如下：

```
ValueError：substring not found
```

（3）count

count 用于统计在字符串指定范围内子串出现的次数，示例如下：

```
string = 'App and Application'
print(string.count('App'))
print(string.count('App',0,5))
```

在程序中第一次使用函数 count 时，没有指定统计范围，则默认为在字符串长度内进行统计。第二次使用函数 count 时，是在索引 0～5 范围内进行统计，输出结果如下：

```
2
1
```

（4）ljust/rjust/center

ljust/rjust/center 指分别将原字符串左对齐/右对齐/居中对齐，并以指定字符填充至指定长度。示例如下：

```
string = 'App and Application'
print('------ 左对齐 ------')
```

```
print(string.ljust(30,'*'))

string = 'App and Application'
print('------ 右对齐 ------')
print(string.rjust(30))

string = 'App and Application'
print('------ 居中对齐 ------')
print(string.center(30,'$'))
```

函数中的第一个参数 30 为指定的新字符串长度,第二个参数'*'或'$'为填充字符,即在原字符串对齐后,使用该字符将原字符串填充至指定新字符串长度。第二个参数缺失时默认用空格填充。输出结果如下:

```
------ 左对齐 ------
App and Application ************
------ 右对齐 ------
           App and Application
------ 居中对齐 ------
$$$$$ App and Application $$$$$$
```

(5) replace

replace 可将原字符串中的旧子串替换成新子串。示例如下:

```
string = 'App and Application'
print(string.replace('App','APP'))
print(string.replace('App','APP',1))
```

函数中第一个参数代表旧子串,第二个参数代表新子串,第三个参数代表替换次数,若第三个参数缺失,则默认全部替换。输出结果如下:

```
APP and APPlication
APP and Application
```

(6) lstrip/rstrip/strip

lstrip/rstrip/strip 分别用于删除字符串左边/右边/左右两边的指定字符,示例如下:

```
string = '    App and Application *****'
print('------ 删除左边指定字符 ------')
print(string.lstrip())

string = '    App and Application *****'
print('------ 删除右边指定字符 ------')
print(string.rstrip('*'))
```

```
string = '***** App and Application *****'
print('------ 删除两边指定字符------')
print(string.strip('*'))
```

函数内的参数'*'表示指定删除的字符,在缺失情况下默认为删除空格,运行结果如下:

```
------ 删除左边指定字符------
App and Application *****
------ 删除右边指定字符------
      App and Application
------ 删除两边指定字符------
App and Application
```

(7) split

函数 split 利用指定字符按照指定次数分割字符串,并返回分割后的字符串列表。示例如下:

```
string = 'App and Application'
print(string.split())
print(string.split('i'))
print(string.split('a',1))
```

该函数中包含两个参数:第一个参数为指定分隔符,在缺失情况下默认为所有空字符,包括空格、换行、制表符等;第二个参数为指定分割次数,假设参数为 n,则原字符串分割为 $n+1$ 个子字符串,在缺失情况下默认分隔所有。

第一次使用 split 函数时,两个参数均缺失,则以空格为分隔符分隔整个字符串;第二次使用该函数时,分割次数缺失,则以指定分隔符'i'分隔整个字符串;第三次使用该函数时,分割次数为 1,以指定分隔符'a'将整个字符串分割成两个子字符串。

最终运行结果如下:

```
['App', 'and', 'Application']
['App and Appl', 'cat', 'on']
['App', 'nd Application']
```

(8) startswith/endswith

startswith/endswith 分别用于检测字符串是否以指定子字符串开头/结尾,如果是,则返回 True,否则返回 False。示例如下:

```
string = 'App and Application'
print('----- 判断是否以特定子串开头 -----')
print(string.startswith('App'))
print(string.startswith('app'))
```

```
string ='App and Application'
print('—————— 判断是否以特定子串结尾 ——————')
print(string.endswith('And',0,7))
print(string.endswith('and',0,7))
```

　　函数中的参数要指定判断子字符串,可选参数为检测字符串的起始与截止位置,在缺失情况下,默认从 0 开始到字符串末尾结束。

　　运行结果如下:

```
—————— 判断是否以特定子串开头 ——————
True
False
—————— 判断是否以特定子串结尾 ——————
False
True
```

　　(9) isalpha/isdigit

　　isalpha/isdigit 分别检测字符串是否只由字母/数字组成,如果都是字母/数字则返回 True,否则返回 False。示例如下:

```
string ='Application'
print('—————— 只由英文字符组成 ——————')
print(string.isalpha())

string ='手机 Application'
print('—————— 由中文和英文字符组成 ——————')
print(string.isalpha())

string ='手机 Application!!!'
print('—————— 由中文、英文字符及符号组成 ——————')
print(string.isalpha())

string ='123456'
print('—————— 只由数字字符组成 ——————')
print(string.isdigit())

string ='No123456'
print('—————— 由英文和数字字符组成 ——————')
print(string.isdigit())
```

　　其中,英文和中文字符都会被函数 isalpha 判定为 True,除此以外,其他字符会被判定为 False。最终运行结果如下:

```
       —————— 只由英文字符组成 ——————
True
       —————— 由中文和英文字符组成 ——————
True
       —————— 由中文、英文字符及符号组成 ——————
False
       —————— 只由数字字符组成 ——————
True
       —————— 由英文和数字字符组成 ——————
False
```

2.3.3 数字

在 Python 中,常见的数值类型主要包括整型、浮点型、布尔型等。

（1）整型

整型即整数类型,用来表示整数,如 50、2 020 等。Python 中整型的表示范围与系统的最大整型一致。例如,32 位计算机上的整型为 32 位,64 位计算机上的整型为 64 位。

（2）浮点型

浮点型是指表示小数的数据类型。例如,1.23、圆周率 3.14 都是浮点型。

（3）布尔型

布尔型或称逻辑型,是指只有真值或假值的数据类型,即取值只能是"1"或"0"。它是逻辑代数（或称布尔代数）的研究对象,在研究某个对象或命题的真（True）和假（False）时分别用"1"和"0"表示。

表 2.4 中所有对象的布尔值均为 False。

表 2.4　布尔值为 False 的对象

对象	代表含义
None	空值
False	布尔型
0	整型 0
0L	长整型 0
0.0	浮点型 0
0.0+0.0j	复数 0
''	空字符串
[]	空列表
()	空元组
{}	空字典

除了以上对象之外的所有其他对象的布尔值均为 True。

2.3.4　类型转换

不同类型的数据之间可以进行转换。表 2.5 所示为 Python 提供的内置函数,以实现数据类型之间的转换。

表 2.5　数据类型转换

函数	描述
int(x)	将 x 转换为一个整数
float(x)	将 x 转换为一个浮点数
str(x)	将 x 转换为字符串
bool(x)	将 x 转换为布尔型

示例代码如下:

```
a = '5.8'          # 变量a为字符串
b = float(a)       # 将字符串a转换为浮点型b
c = int(b)         # 将浮点型b转换为整型c
d = bool(a)        # 将字符串a转换为布尔型d
print(a,type(a))
print(b,type(b))
print(c,type(c))
print(d,type(d))
```

得到的运行结果如下:

```
5.8 <class 'str'>
5.8 <class 'float'>
5 <class 'int'>
True <class 'bool'>
```

其中,将浮点型数字 5.8 转换为整型时,Python 会截断小数点后的数据,而不是四舍五入。

2.4　常用运算符

程序语言中参与运算的数据称为操作数,表示运算的符号称为运算符。例如,在加法运算 2+3 中,2 和 3 称为操作数,"+"称为运算符。

2.4.1　算术运算符

算术运算符即用来进行数学计算的符号。在 Python 中,常用的算术运算符如表 2.6 所示

（以 a＝9,b＝2 为例）。

表 2.6　算术运算符

运算符	描述	示例
＋	加:两个对象相加	a＋b 输出结果 11
－	减:两个对象相减	a－b 输出结果 7
*	乘:两个对象相乘或返回一个重复若干次的字符串	a * b 输出结果 18
/	除:a 除以 b	a/b 输出结果 4.5
％	取余:返回除法的余数	a％b 输出结果 1
＊＊	幂:返回 a 的 b 次幂	a＊＊b 输出结果 81
//	取整除:返回商的整数部分(向下取整)	a//b 输出结果 4

2.4.2　赋值运算符

基本的赋值运算符是'＝',其作用是将运算符'＝'右边的值或计算结果赋给运算符左边。例如,"result＝1＋2"是把 1＋2 的计算结果赋值给 result,result 的值为 3。

复合赋值运算符将算术运算符和赋值运算符功能进行合并,表 2.7 中列举了 Python 中的复合赋值运算符。

表 2.7　复合赋值运算符

运算符	描述	示例
＋＝	加法赋值运算符	b＋＝a 等效于 b＝b＋a
－＝	减法赋值运算符	b－＝a 等效于 b＝b－a
＊＝	乘法赋值运算符	b＊＝a 等效于 b＝b＊a
/＝	除法赋值运算符	b/＝a 等效于 b＝b/a
％＝	取模赋值运算符	b％＝a 等效于 b＝b％a
＊＊＝	幂赋值运算符	b＊＊＝a 等效于 b＝b＊＊a
//＝	取整除赋值运算符	b//＝a 等效于 b＝b//a

2.4.3　比较运算符

比较运算符用来对操作数进行比较,其运算结果只有 1 或者 0,即条件成立时结果为 1,不成立时结果为 0。常见的比较运算符如表 2.8 所示(以 a＝9,b＝2 为例)。

表 2.8　比较运算符

运算符	描述	实例
＞	大于:比较 a 是否大于 b	a＞b 返回 True
＜	小于:比较 a 是否小于 b	a＜b 返回 False
＞＝	大于等于:比较 a 是否大于或等于 b	a＞＝b 返回 True

运算符	描述	实例
<=	小于等于：比较 a 是否小于或等于 b	a<=b 返回 False
==	等于：比较两个对象是否相等	a==b 返回 False
!=	不等于：比较两个对象是否不相等	a!=b 返回 True

2.4.4　逻辑运算符

逻辑运算符用来表示"并且""或者""非"等思想，通常用于组合条件语句。表 2.9 列出了 Python 中常用的逻辑运算符（以 a=9,b=2 为例）。

表 2.9　逻辑运算符

运算符	逻辑表达式	描述	示例
and	a and b	布尔"与"：若 a 为 False，则 a and b 返回 False，否则返回 b 的计算值	a and b 返回 2
or	a or b	布尔"或"：若 a 为非 0，则 a or b 返回 a 的值，否则返回 b 的计算值	a or b 返回 9
not	not a	布尔"非"：若 a 为 True，则返回 False；若 a 为 False，则返回 True	not a 返回 False

2.4.5　运算符的优先级

当多个运算符同时出现在一个表达式中，需要根据运算符的优先级顺序决定表达式中运算的执行顺序。表 2.10 列出了上述运算符从高到低的优先级顺序。

表 2.10　运算符的优先级

运算符	描述
**	指数（最高优先级）
* 、/、%、//	乘、除、取余、取整除
+、-	加、减
<=、<、>、>=	小于或等于、小于、大于、大于或等于
==、!=	等于、不等于
=、%=、/=、//=、-=、+=、*=、**=	赋值运算符
not	逻辑非
and	逻辑与
or	逻辑或

2.5 程 序 结 构

2.5.1 分 支 结 构

在日常生活中,经常需要根据某个条件是否成立,从而决定执行相应的操作。例如,如果有学生证,则可以购买学生票,否则需要购买全票。对于这些需要先做判断再选择的问题,就要使用分支结构。

通常条件判断的结果是一个逻辑值,例如,对于"考试是否及格"这种问题,答案只有两个——是或者否。在计算机语言中,则是利用真和假来分别表示是和否。例如,如果一个人考试及格,那么对于这个人,考试及格这个条件为真,否则为假。在程序中,分支结构的执行就是检查指定条件是否满足,并根据判断结果选择执行路径。

(1) if 语句

if 语句也称为单分支结构,其一般形式如下:

```
if   判断条件:
        语句块
```

当程序运行到 if 语句时,先对条件进行判断,当判断结果为真时,则执行语句块,否则,直接跳过 if 语句,执行之后的程序。所以,在单分支结构中,只有一条分支执行语句,条件满足则执行,条件不满足则不执行。

通过一个案例说明 if 语句的使用:

```
temperature = 38
if temperature > = 37.3:
        print('请注意,你有发热症状')
```

运行结果如下所示:

```
请注意,你有发热症状
```

在关键字 if 后边的条件处,Python 检查变量 temperature 的值是否大于或等于 37.3,该条件是成立的,因此 Python 执行了缩进处的 print 语句,输出相应结果。

在 if 语句后边的语句块中,可根据需要包含任意数量的语句。在刚才的程序中增加一行输出,如下所示:

```
temperature = 38
if temperature > = 37.3:
        print('请注意,你有发热症状')
        print('你需要去发热门诊')
```

由于此时条件判断成立,而两条 print 语句都缩进了,因此两条语句都将执行:

请注意,你有发热症状
你需要去发热门诊

如果 temperature 的值小于 37.3,则该程序不会有任何输出。

（2）if-else 语句

if 语句在条件判断成立时执行一个操作,在条件判断不成立时,并没有执行另一个操作,在这种情况下,可使用 if-else 语句。if-else 语句也称为双分支结构,其一般形式如下:

```
if   判断条件:
     语句块 a
else:
     语句块 b
```

当程序运行到 if 语句时,首先对条件进行判断,当结果为真时,执行 if 后边的语句 a;当结果为假时,执行 else 后边的语句 b。需要注意的是,else 后边没有判断条件,因为程序可以理解,else 后边隐含的判断条件即为 if 的判断条件不成立的结果。既然称为双分支语句,可见 if 和 else 后边分别有一个相应的语句块。

以一个案例说明 if-else 语句的使用:

```
temperature = 36.5
if temperature > = 37.3:
     print('请注意,你有发热症状')
else:
     print('请放心,你没有发热症状')
```

同样,在关键字 if 后边的条件处,Python 首先检查变量 temperature 的值是否大于或等于 37.3,此时 temperature 的值为 36.5,不满足该条件,即条件判断不成立,因此执行 else 中的语句块,结果如下所示:

请放心,你没有发热症状

可见,上述程序只存在两种情况,要么有发热症状,要么没有,而 if-else 语句适用于让 Python 执行两种操作之一。

（3）if-elif-else 语句

if 语句和 if-else 语句分别能够判断一种和两种情况。当需要判断的情况大于两种时,两种语句都无法完成。Python 提供了 if-elif-else 语句,它可以判断多种情况,其一般形式如下:

```
if     判断条件 1:
       语句块 1
elif   判断条件 2:
       语句块 2
elif   判断条件 3:
       语句块 3
……
elif   判断条件 n:
```

```
        语句块 n
else：
        语句块 n+1
```

当程序运行到第一个 if 语句，判断条件 1，结果为真则执行语句块 1，然后整个分支结构结束；结果为假则遇到接下来的 elif 语句，继续判断条件 2，为真则执行语句块 2，整个分支结构结束，如果仍然为假，则再一次遇到接下来的 elif 语句，继续判断；以此类推，如果之前的条件都不满足，则运行到最后一个判断条件，为真则执行语句 n，为假执行语句 n+1。

以一个案例说明 if-elif-else 语句的使用：

```
temperature = 38.5
if temperature < 37.3：
    print('体温正常')
elif temperature <= 38：
    print('体温处于低热范围')
elif temperature <= 39：
    print('体温处于中度发热范围')
elif temperature <= 41：
    print('体温处于高热范围')
else：
    print('体温处于超高热范围')
```

Python 首先检查变量 temperature 的值是否低于 37.3，如果条件成立，则输出"体温正常"，程序运行结束；如果不成立，则开始判断第一个 elif 后边的条件，是否处于[37.3,38]之间，条件成立则输出"体温处于低热范围"，程序运行结束；如果此时条件仍然不成立，继续判断第二个 elif 后边的条件，是否处于(38,39]之间，temperature 的值为 38.5，条件成立，因此上述程序最终运行结果如下：

体温处于中度发热范围

当修改变量 temperature 的值为 41.2，即体温在 41°以上时，不满足前边所有条件，在这种情况下，将执行 else 后边的语句块，最终运行结果如下：

体温处于超高热范围

但 Python 并不要求 if-elif 语句后边必须有 else 语句。在有些情况下，可使用 elif 语句代替 else 语句，会使得判断条件更加清晰。例如，将上述程序修改为

```
temperature = 41.2
if temperature <= 37.3：
    print('体温正常')
elif temperature <= 38：
    print('体温处于低热范围')
elif temperature <= 39：
    print('体温处于中度发热范围')
```

```
elif temperature <= 41：
    print('体温处于高热范围')
elif temperature > 41：
    print('体温处于超高热范围')
```

最后的 elif 语句在判断体温超过 41°时，输出"体温处于超高热范围"。这比使用 else 语句更为清晰。经过修改后，每个语句块都仅在相应的条件判断成立时才会执行。

（4）if 嵌套

if 嵌套是分支结构中更复杂的形态，是指在一个分支的语句块中包含分支结构，继续进行新的条件判断，即后边的判断条件是在前边的判断成立的基础上进行的。其一般形式如下：

```
if      判断条件 1：
        if 判断条件 2：
            语句块 1
        else：
            语句块 2
else：
        if 判断条件 3：
            语句块 3
        else：
            语句块 4
```

当程序运行到第一个关键字 if 时，判断条件 1，若判断结果为真，由于其中嵌套了一个分支结构，因此对于嵌套的 if 语句条件 2 进行判断，结果为真则执行语句块 1，结果为假则执行语句块 2；如果条件 1 的判断结果为假，由于 else 中也嵌套了一个分支结构，因此对于这个分支结构中的条件 3 进行判断，结果为真或为假时，分别执行相应的语句块 3 或语句块 4。

以一个案例说明 if 嵌套的使用：

```
temperature = 39
if temperature > 37.3：
    if temperature > 41：
        print('超高热')
    else：
        print('非超高热')
else：
    print('体温正常')
```

在该程序中，变量 temperature 的值为 39，首先判断"temperature >= 37.3"是否成立，该条件成立，则执行其中嵌套的分支结构，判断"temperature > 41"是否成立，发现该条件不成立，则执行 else 后边的语句，输出运行结果为"非超高热"。

在使用分支结构时，需要注意以下事项。

- if 条件、elif 条件、else 后要使用冒号，表示接下来是满足条件后要执行的语句块。
- elif、else 均不能单独使用，必须和 if 配套使用，否则程序会出错。

- 缩进位置可划分语句块,上下相连并且有相同缩进数的语句可组成一个语句块。

2.5.2　循环结构

对于需要重复操作的问题,可以使用循环结构处理。在 Python 中有两种循环结构,分别是 for 循环和 while 循环。

(1) for 循环

for 循环可以遍历任一序列的所有元素,如字符串、列表、字典等。for 循环的一般形式如下:

```
for  变量 in  序列:
    语句块
```

首先,循环变量赋初始值,即序列的第一个元素,之后判断循环变量的值是否已经达到序列末尾,如果没有,则开始执行循环体内的语句块,然后更新循环变量,即按顺序取序列中的下一个元素,并返回再次判断,更新后的循环变量是否已经达到序列末尾。这样,每次执行语句块、更新变量、并返回再次判断的过程构成了循环,直到循环变量已达到序列末尾,循环结构运行结束,开始执行结构外的语句。在 for 循环中,序列长度决定了循环执行的次数,因此 for 循环适用于循环次数已经确定的情况。

例如,使用 for 循环遍历字符串,示例如下:

```
string ='abcde'
for i in string:
    print(i)
```

输出结果如下:

```
a
b
c
d
e
```

上述示例中,字符串 string 的长度为 5,即包含了 5 个字符,因此循环执行了 5 次,按顺序每次输出其中的一个字符,最终将字符串中的字符逐个显示。

除了字符序列之外,Python 还提供了一个内置函数 range,它能够生成一个数字序列,常用于 for 循环中。range 函数的语法格式如下所示:

```
range(start,stop,step)
```

其中,start 为计数起始值,stop 为计数结束值,stpe 为步长。三个参数必须为整数,不能是浮点数等其他类型。

一般可分为三种形式。

- range(stop):在 start 缺失的情况下默认从 0 开始,stop 结束,但不包括 stop。例如,range(5)等价于 range(0,5),生成序列[0,1,2,3,4]。

- range(start,stop)：从 start 开始，到 stop 结束，但不包括 stop。例如，"range(1,5)"生成序列[1,2,3,4]，不包括 5。
- range(start,stop,step)：从 start 开始，到 stop 结束，间隔为步长，在步长缺失的情况下默认为 1，不可以为 0。例如，"range(1,5,2)"生成序列[1,3]，从 1 开始，到 5−1 结束，前后两个数字的间隔为步长 2。

通过一个案例说明 range 函数的使用方法：

```
print(list(range(5)))              # 从 0 开始,到 5-1 结束
print(list(range(1,5)))            # 从 1 开始,到 5-1 结束
print(list(range(0,10,2)))         # 从 0 开始,步长为 2
print(list(range(0,-5,-1)))        # 从 0 开始,步长为-1
print(list(range(2,0)))            # 从 2 开始,但负数步长未指定
```

运行结果如下所示：

```
[0, 1, 2, 3, 4]
[1, 2, 3, 4]
[0, 2, 4, 6, 8]
[0, -1, -2, -3, -4]
[]
```

range 函数应用于 for 循环中的基本格式如下：

```
for 变量  in  range(start,stop,step):
    语句块
```

Python 在执行 for 循环时，循环控制变量根据 range 函数生成的序列，首先被设置为 start，然后开始执行语句块，变量依次被设置为从 start 开始，到 end 结束之前的所有值，每设置一个新的值，都会执行一次语句块。range 函数生成的序列中包含几个元素，循环结构就执行几次。当变量满足 end 结束条件时，循环结束。

以一个示例说明：

```
for i in range(1,4):
    print(i)
    print('循环正在执行第%d次'%i)
```

其中，range 函数生成的序列为[1,2,3]。循环控制变量 i 从序列中依次取值，首先取值为 1，并执行循环体内的语句块，分别输出当前循环控制变量 i 的值，以及循环正在执行第几次；一直到取值为 3，循环一共执行 3 次，输出 3 次循环控制变量 i 的值。最终的运行结果如下所示：

```
1
循环正在执行第 1 次
2
循环正在执行第 2 次
3
循环正在执行第 3 次
```

（2）while 循环

当事先不知道循环的执行次数时，可以使用 while 循环，其一般形式如下所示：

```
while 判断条件：
    语句块
```

首先，如果关键字 while 后边的条件判断为真时，则开始执行循环体内语句块，之后重复判断条件是否为真，从而构成循环，直到条件不再满足时，循环结束，执行之后的程序。

while 循环的形式只在关键字 while 后边有一个判断条件，用来判断是否中止循环结构，而循环变量的初始值须在 while 循环开始之前赋值，循环变量的更新须在循环结构内给出，使得判断条件在某种情况下不再满足，从而结束循环，避免造成无限循环。

将之前的 for 循环示例改写为 while 循环，得到程序如下：

```
i = 1
while i < 4：
    print(i)
    print('循环正在执行第 %d 次'% i)
    i = i + 1
```

首先，定义变量 i 赋值为 1，然后进入 while 循环，判断变量 i 是否小于 4，条件成立，所以进入循环，执行两条输出语句，并且变量 i 加 1 后更新，此时 i 的值为 2。然后再从循环开始判断 i 是否小于 4，此时条件仍然满足，继续执行循环体内的语句块。直到不满足条件时，程序停止。

可见，在 while 循环中，循环变量的值和循环次数不是由 range 函数生成的，而是在 while 循环之外，先设定循环变量 i 的初始值，在 while 关键字之后的判断条件代表了循环不再满足该条件时停止，循环变量的步长更新则在循环结构内部。该 while 循环的执行结果与 for 循环一样，结果如下：

```
1
循环正在执行第 1 次
2
循环正在执行第 2 次
3
循环正在执行第 3 次
```

由 for 循环和 while 循环的两个示例可见，针对很多问题，两种循环都可以处理，并且可相互代替。但是二者最大的区别在于，for 循环更适用于循环次数确定的问题，while 循环更适用于无法确定循环次数，但知道在什么条件下循环结束的问题。下面通过一个案例说明。

案例：孩子的年龄是 13 岁，爸爸的年龄是 33 岁，问，过多少年后，爸爸年龄是孩子年龄的两倍？

在该案例中，当爸爸年龄不满足孩子年龄两倍时，需要不断重复增加孩子和爸爸的年龄，但是并不确定需要增加多少，而这正是要求解的问题。但是清楚的是，当爸爸年龄满足孩子年龄两倍时，就可以停止循环，不需要再增加二者的年龄，因此，利用 while 循环较容易解决此类问题，程序如下：

```
agekid = 10
agedad = 33
count = 0
while agedad! = 2 * agekid:
    agekid = agekid + 1
    agedad = agedad + 1
    count = count + 1
print('过 % d 年后,爸爸年龄是孩子年龄的两倍'% count)
```

其中,agekid 和 agedad 分别代表孩子和爸爸的初始年龄,count 用来存储过了多少年。while 循环的判断条件为,当爸爸年龄不满足孩子年龄两倍时,需要执行循环。循环中具体的操作为,孩子和爸爸的年龄分别增加一岁,同时统计的年数也增加 1。由于孩子和爸爸的年龄在不断变化,因此会导致判断条件在某个时间点不再成立,从而结束循环,输出的最终结果如下:

过 13 年后,爸爸年龄是孩子年龄的两倍

(3) 循环嵌套

与 if 嵌套类似,Python 允许在一个循环内嵌套另一个循环。

for 循环嵌套的一般形式如下:

```
for 变量 1  in  序列:
    语句块
    for 变量 2  in  序列:
        语句块
```

while 循环嵌套的一般形式如下:

```
while 判断条件 1:
    语句块
    while  判断条件 2:
        语句块
```

另外,可以在循环体内嵌套其他的循环体,例如,在 while 循环中嵌套 for 循环,反之,也可在 for 循环中嵌套 while 循环。

关于以上几种循环嵌套的方式,其执行顺序说明如下:

a. 首先判断最外层循环条件,如果条件成立则进入第一层循环。

b. 进入第一层循环后,若遇到嵌套的第二层循环,则进行条件判断,若满足条件,则进入第二层循环。

c. 若有多层循环嵌套,则依照上述方法依次判断是否进入内层循环。

d. 由内而外执行循环操作,若只有两层循环嵌套,则先执行内层循环体内的语句块。

e. 内层循环变量更新,返回步骤 b 执行,直到不满足进入内层循环条件。

f. 外层循环变量更新,返回步骤 a 执行,直到不满足进入外层循环条件。

g. 彻底退出循环嵌套。

案例:使用循环嵌套,打印九九乘法表。程序如下所示:

```
row = 1
while row < 10：
    col = 1
    while col < = row：
        result = col * row
        print('%d * %d = %d\t'%(col,row,result),end='')
        col = col + 1
    print('\n')
    row = row + 1
```

得到运行结果如下所示：

```
1 * 1 = 1
1 * 2 = 2   2 * 2 = 4
1 * 3 = 3   2 * 3 = 6   3 * 3 = 9
1 * 4 = 4   2 * 4 = 8   3 * 4 = 12   4 * 4 = 16
1 * 5 = 5   2 * 5 = 10   3 * 5 = 15   4 * 5 = 20   5 * 5 = 25
1 * 6 = 6   2 * 6 = 12   3 * 6 = 18   4 * 6 = 24   5 * 6 = 30   6 * 6 = 36
1 * 7 = 7   2 * 7 = 14   3 * 7 = 21   4 * 7 = 28   5 * 7 = 35   6 * 7 = 42   7 * 7 = 49
1 * 8 = 8   2 * 8 = 16   3 * 8 = 24   4 * 8 = 32   5 * 8 = 40   6 * 8 = 48   7 * 8 = 56   8 * 8 = 64
1 * 9 = 9   2 * 9 = 18   3 * 9 = 27   4 * 9 = 36   5 * 9 = 45   6 * 9 = 54   7 * 9 = 63   8 * 9 = 72   9 * 9 = 81
```

(4) break 与 continue

在执行循环结构时,在正常情况下只要满足循环条件,就应当重复执行,直到不满足条件为止。但是在有些情况下,需要提前结束循环,Python 中给出了两种可以使用的语句。

break 语句用于提前结束整个循环,不再执行循环中剩余的语句块。

首先,来看一个普通的循环：

```
for i in range(1,5)：
    print(i)
```

对于该循环,程序会依次输出从 1 到 4 的整数,直到循环结束,程序才会停止运行。

在上述循环的基础上,加入提前结束循环的 break 语句,得到修改后的程序如下所示：

```
for i in range(1,5)：
    if i == 3：
        break
    print(i)
```

在该程序中,前两次循环,即变量 i 的值分别为 1 和 2 时,将正常执行 print 语句。当程序执行到第 3 次循环时,此时 i 的值为 3,满足 if 判断条件,从而执行 break 语句,程序提前结束整个循环,得到的最终输出结果如下所示：

```
1
2
```

continue 语句用于结束本次循环,之后返回到循环开始处,判断条件是否成立,决定是否继续执行下一次循环。

在普通循环的基础上,加入结束本次循环的 continue 语句,得到修改后的程序如下所示:

```
for i in range(1,5):
    if i == 3:
        continue
    print(i)
```

在该程序中,前两次循环将正常执行 print 语句。当程序进行到第 3 次循环时,此时 i 的值为 3,满足 if 判断条件,从而执行 continue 语句,使得程序终止本次循环,不输出此时 i 的值,再去执行下一次循环,得到的最终输出结果如下所示:

```
1
2
4
```

使用 break 和 continue 语句时,须注意以下事项。

- break 和 continue 语句只能用于循环结构中,除此之外不能单独使用。
- 在循环嵌套中,break 和 continue 语句只对所在的当前层循环有效。

(5) 循环使用 else 语句

Python 提供了在 for 和 while 循环中使用 else 的功能。在循环结构中使用时,else 语句只在循环正常完成后执行。其在 while 循环中的一般形式如下:

```
while 判断条件:
    语句块
else:
    语句块
```

在 for 循环中的一般形式如下:

```
for 变量 in 序列:
    语句块
else:
    语句块
```

以 while 循环中使用 else 作为示例说明:

```
i = 1
while i < 5:
    if i == 2:
        print(i)
    i = i + 1
else:
    print('执行 else 语句')
print('此时 i 的值为 %d' % i)
```

在该程序中,当 while 循环结束时,由于存在 else 语句,因此执行 else 中包含的语句块。此时,由于 while 循环正常结束,因此变量 i 的取值为 5。运行结果如下所示:

```
2
执行 else 语句
此时 i 的值为 5
```

如果在循环结构中加入 break 语句,使得循环提前结束,else 语句又该如何执行?
以 for 循环中使用 else 为示例:

```
for i in range(1,5):
    if i == 2:
        print(i)
        break
else:
    print('执行 else 语句')
print('此时 i 的值为 % d'% i)
```

在该程序中,由于 break 语句会使得循环提前结束,而不是循环正常结束,在此种情况下,else 语句不会被执行,程序将直接跳过 else 语句继续执行后续代码。运行结果如下:

```
2
此时 i 的值为 2
```

2.6 其他常用数据类型

2.6.1 列表

Python 中没有数组,而是用列表代替数组。列表由一系列按特定顺序排列的数据组成,并且这些数据可以是不同类型。

(1) 列表创建

和创建变量的方法一样,列表可以使用等号进行赋值。列表中的所有元素存放在一对方括号中,且元素之间用逗号分隔。

下面是一个简单的列表示例:

```
age = [22,30,20,25,28]
color = ['blue','white','pink','grey']
percentage = [0.82,0.23,0.66]
print(age)
print(color)
print(percentage)
```

输出列表时,不仅包括列表包含的元素,还包括方括号:

```
[22,30,20,25,28]
['blue','white','pink','grey']
[0.82,0.23,0.66]
```

上述三个列表中,分别包含了整型、字符串和浮点型数据,但是 Python 中可以将不同类型的数据存储在一起,例如:

```
mix = ['Miao',16,1.52,[3,6,9]]
```

该列表中既有整型、浮点型数据,也有字符串,甚至还包含另一个列表。

Python 也支持创建空列表:

```
empty = []
```

（2）列表元素访问

列表是一个有序集合,要访问列表中的单个元素,可以通过索引的方式。与字符串的索引相同,列表的索引也是从 0 开始,即第一个列表元素的索引为 0,而不是 1;第二个列表元素的索引为 1,以此类推。

例如,访问下边列表中索引为 2 和 3 的元素:

```
color = ['blue','white','pink','grey','black']
print(color[2])
print(color[3])
```

结果得到列表中的第三个和第四个元素:

```
pink
grey
```

另外,列表也可以通过负数索引访问元素。例如,当索引为 −1 时,可以访问列表中的最后一个元素:

```
color = ['blue','white','pink','grey','black']
print(color[-1])
```

该程序得到的结果为'black'。负数索引适用于暂时不知道列表的长度,而需要访问尾部元素的情况。例如,索引 −2 即倒数第二个元素,索引 −3 为倒数第三个元素,以此类推。

（3）列表切片

利用索引可以每次从列表获取一个元素,如果需要一次获取多个元素,可以通过列表切片实现。

列表切片的语法格式与字符串切片相同,通过三个参数设定,获取满足要求的部分列表元素。

以一个示例说明如何在列表中进行切片操作:

```
number = [10,20,30,40,50,60,70,80]
print(number[2:5])          #截取索引 2～5 的元素
print(number[6:])           #截取索引从 6 开始到末尾的元素
print(number[:3])           #截取索引从头开始到索引 2 的元素
print(number[1::3])         #截取索引从 1 开始到末尾步长为 3 的元素
print(number[::-2])         #截取从尾到头步长为 2 的元素
```

输出结果如下：

```
[30, 40, 50]
[70, 80]
[10, 20, 30]
[20, 50, 80]
[80, 60, 40, 20]
```

（4）列表元素查找

查找指定的元素是否存在于列表中，与查找字符串中是否包含指定字符类似，均是利用 Python 提供的成员运算符。

- in：如果指定元素存在于列表中，则结果为 True，否则为 False。
- not in：如果指定元素不存在于列表中，则结果为 True，否则为 False。

通过一个案例说明如何在列表中查找元素：

```
fruit = ['orange','peach','cherry']
find_fruit = 'cherry'
if find_fruit in fruit:
    print('列表中有水果%s'%find_fruit)
else:
    print('列表中没有水果%s'%find_fruit)

find_fruit = 'pear'
if find_fruit not in fruit:
    print('列表中没有水果%s'%find_fruit)
else:
    print('列表中有水果%s'%find_fruit)
```

在该程序中，第一次为变量 find_fruit 赋值为'cherry'，即查找的水果为'cherry'，第一个分支结构判断'cherry'是否存在于列表中；第二次对变量 find_fruit 重新赋值为'pear'，第二个分支结构判断'pear'是否不存在于列表中，得到的运行结果如下所示：

```
列表中有水果 cherry
列表中没有水果 pear
```

（5）列表元素修改

对列表中的元素进行修改时，其语法与访问列表中的元素类似。通过指定列表名和需要修改的元素索引，对列表中该索引位置的元素重新赋值，即可修改当前索引位置上的元素。

通过一个案例说明如何在列表中修改元素：

```
food = ['cake','pizza','pasta']
print('------ 修改之前,列表 food 中的数据 ------')
print(food)


food[1] = 'hamburger'
print('------ 修改之后,列表 food 中的数据 ------')
print(food)
```

首先定义一个列表 food,列表 food 中包含三种食物,其中第二个元素为' pizza '。之后,将第二个元素(即索引为 1 的位置上的元素)修改为' hamburger ',得到的输出结果如下：

```
------ 修改之前,列表 food 中的数据 ------
['cake', 'pizza', 'pasta']
------ 修改之后,列表 food 中的数据 ------
['cake', 'hamburger', 'pasta']
```

由输出结果可见,列表中的第二个元素发生了改变,但其他列表元素没有变化。通过该方法,可以修改列表中任意位置上元素的值。

（6）列表元素添加

Python 提供了多种在列表中添加元素的方式。

• 利用 append 添加元素

append 方法可将新元素添加到列表末尾。其一般形式为

```
list.append(element)
```

其中 list 为列表名,element 为要添加的任何类型的元素。

以 food 列表为例,在其末尾添加新元素：

```
food = ['cake','pizza','pasta']
print('------ 添加元素之前,列表 food 中的数据 ------')
print(food)


food.append('hamburger')
print('------ 添加元素之后,列表 food 中的数据 ------')
print(food)
```

程序使用 append 可在列表末尾添加新元素,并且不影响列表中的其他元素：

```
------ 添加元素之前,列表 food 中的数据 ------
['cake', 'pizza', 'pasta']
------ 添加元素之后,列表 food 中的数据 ------
['cake', 'pizza', 'pasta', 'hamburger']
```

利用 append 方法可以动态创建列表。例如,先创建一个空列表,用于存储用户将要输入的数据,之后根据用户提供的每个新元素,用 append 方法不断添加到该列表中。

以 food 列表为例,先创建名为 food 的空列表,再在其中分别添加元素' cake '、' pizza '和' pasta ':

```
food = []
food.append('cake')
food.append('pizza')
food.append('pasta')
print(food)
```

在空列表 food 中,每次使用一条 append 语句添加一个新元素,共使用了三次,按顺序添加了三个新元素,最终得到的列表与前边示例中的完全相同:

```
['cake', 'pizza', 'pasta']
```

- 利用 extend 添加元素

extend 方法可一次性将另一个列表中的多个元素添加到当前列表末尾。其一般形式为

```
list.extend(seq)
```

其中 list 为列表名,seq 为要添加的元素列表。

以一个数字列表为例,在其末尾一次性添加多个数字:

```
number = [1,2,3,4,5]
number.extend([6,7,8])
print(number)
```

在程序中,利用 extend 方法将列表[6,7,8]中的元素全部添加到列表 number 的末尾,结果如下所示:

```
[1, 2, 3, 4, 5, 6, 7, 8]
```

在上述示例中,如果使用 append 方法添加 6,7,8 三个元素到 number 列表末尾,需要多次使用 append 语句,每次分别添加一个元素。如果用 append 方法将列表[6,7,8]直接添加,会和分别添加元素的结果有什么不同?

```
number = [1,2,3,4,5]
number.append(6)
number.append(7)
number.append(8)
print('----- append 方法分别添加元素 -----')
print(number)


number = [1,2,3,4,5]
number.append([6,7,8])
print('----- append 方法整体添加列表 -----')
print(number)
```

第一种方法利用三条 append 语句,按顺序分别添加了 6,7,8 三个元素在列表末尾;第二

种方法利用一条 append 语句,将列表[6,7,8]整体添加在列表末尾。得到的运行结果如下:

```
----- append 方法分别添加元素 -----
[1, 2, 3, 4, 5, 6, 7, 8]
----- append 方法整体添加列表 -----
[1, 2, 3, 4, 5, [6, 7, 8]]
```

可见,append 方法和 extend 方法实现的功能有所区别。

• 利用 insert 添加元素

insert 方法可在列表中任意指定位置处插入新元素。其一般形式为

```
list.extend(index,obj)
```

其中 list 为列表名,index 为要插入元素的索引位置,obj 为要插入的元素。

以 food 列表为例,在其中插入元素'chips':

```
food = ['cake','pizza','pasta']
print('------ 插入元素之前,列表 food 中的数据 ------')
print(food)

food.insert(1,'chips')
print('------ 添加元素之后,列表 food 中的数据 ------')
print(food)
```

程序使用 insert 方法,在列表 food 索引为 1 的位置添加新元素'chips',得到的运行结果如下:

```
------ 插入元素之前,列表 food 中的数据 ------
['cake', 'pizza', 'pasta']
------ 添加元素之后,列表 food 中的数据 ------
['cake', 'chips', 'pizza', 'pasta']
```

可见,insert 方法在索引 1 处添加空间,并将新元素'chips'存储在此处,同时将之前从索引 1 位置开始到末尾的所有元素均右移一个位置。

(7) 列表元素删除

Python 常用的列表元素删除方式有以下几种。

• 利用 del 删除元素

del 方法可以删除已知索引位置的元素或者整个列表。其一般形式为

```
del list[index]
```

或

```
del list
```

其中,list 为列表名,index 为元素索引。

通过一个案例说明 del 方法的使用方法:

```
sport = ['jogging','swimming','skiing','tennis']
print('------ 删除元素之前,列表 sport 中的数据 ------')
print(sport)


del sport[2]
print('------ 删除元素之后,列表 sport 中的数据 ------')
print(sport)
```

程序中使用 del 方法删除了列表中索引为 2 位置处的元素,得到的结果如下:

```
------ 删除元素之前,列表 sport 中的数据 ------
['jogging', 'swimming', 'skiing', 'tennis']
------ 删除元素之后,列表 sport 中的数据 ------
['jogging', 'swimming', 'tennis']
```

可见,索引为 2 的元素'skiing'从列表中被删除,并且删除的元素无法再次访问。

另外,还可以通过 del 方法删除列表中的一部分元素,甚至整个列表:

```
sport = ['jogging','swimming','skiing','tennis']
del sport[0:3]    ♯ 删除列表中索引 0~2 的元素
print(sport)


del sport         ♯ 删除整个列表
print(sport)
```

该程序中首先利用切片方式,删除了列表中从 0 开始到 3 结束的元素并输出结果,之后又删除了整个列表,最终运行结果如下:

```
['tennis']
NameError: name 'sport' is not defined
```

其中,删除索引 0~2 的元素,即列表中的前三个元素均被删除,只剩下元素'tennis'。之后,删除整个列表后,再次打印列表,程序会报错,提示列表未被定义。

- 利用 pop 删除元素

pop 方法可删除列表末尾的元素,并且删除的元素可以赋值给变量,从而依然能够被访问。其一般形式为

```
list.pop()
```

其中 list 为列表名。通过一个示例说明 pop 方法:

```
sport = ['jogging','swimming','skiing','tennis']
print('------ 删除元素之前,列表 sport 中的数据 ------')
print(sport)


delete = sport.pop()
print('------ 删除元素之后,列表 sport 中的数据 ------')
print(sport)
print('删除的元素为 %s'% delete)
```

程序中利用 pop 方法删除了列表中的最后一个元素,并且将删除的元素赋值给变量 delete,运行结果为

```
------ 删除元素之前,列表 sport 中的数据 ------
['jogging','swimming','skiing','tennis']
------ 删除元素之后,列表 sport 中的数据 ------
['jogging','swimming','skiing']
删除的元素为 tennis
```

可见,列表末尾的元素' tennis '已被删除,但是该元素现在存储在变量 delete 中。
• 利用 remove 删除元素
remove 方法可以删除列表中指定值的元素,其一般形式为

```
list.remove(obj)
```

其中,list 为列表名,obj 为要删除的值。
以下示例展示了 remove 方法的使用方法:

```
sport = ['jogging','swimming','tennis','skiing','tennis']
print('------ 删除元素之前,列表 sport 中的数据 ------')
print(sport)

sport.remove('tennis')
print('------ 删除元素之后,列表 sport 中的数据 ------')
print(sport)
```

程序指定删除列表中值为' tennis '的元素,而无须知道该元素在列表中的索引位置。运行结果如下:

```
------ 删除元素之前,列表 sport 中的数据 ------
['jogging','swimming','tennis','skiing','tennis']
------ 删除元素之后,列表 sport 中的数据 ------
['jogging','swimming','skiing','tennis']
```

虽然列表中存在两个值为' tennis '的元素,但是 remove 方法只删除该值在列表中的第一个匹配项,而不是所有匹配项。
(8) 列表排序
Python 提供了几种方法,这几种方法可以轻松地对列表进行排序。
• 利用 sort 进行排序
sort 方法用于对列表按照特定顺序重新排列,且默认从小到大排序。
以下示例展示了 sort 方法的使用方法:

```
list_example = [2,4,1,3]
print('------ 排序之前,列表中的数据 ------')
print(list_example)

list_example.sort()
```

```
print('—————— 排序之后,列表中的数据 ——————')
print(list_example)
```

sort 方法会修改列表元素的排列顺序,并且无法恢复到原来的排列顺序,运行结果如下:

```
—————— 排序之前,列表中的数据 ——————
[2, 4, 1, 3]
—————— 排序之后,列表中的数据 ——————
[1, 2, 3, 4]
```

如果希望利用 sort 方法进行从大到小排序,需要在 sort 方法中加入参数 reverse＝True。例如:

```
list_example = [2,4,1,3]
list_example.sort(reverse = True)
print(list_example)
```

同样,列表元素的排列顺序会被修改,且无法恢复:

```
[4, 3, 2, 1]
```

• 利用 sorted 进行排序

sorted 方法可实现需要保留列表元素原始排列顺序,只是以特定顺序展示的功能。
以下案例说明 sorted 方法的使用方法:

```
list_example = [2,4,1,3]
print('—————— 排序之前,原始列表元素的顺序 ——————')
print(list_example)

print('—————— 排序之后,展示的列表元素顺序 ——————')
print(sorted(list_example))

print('—————— 排序之后,原始列表元素的顺序 ——————')
print(list_example)
```

程序中先输出原始顺序的列表,再按照从小到的顺序显示该列表。之后验证原始列表的排列顺序与之前相同,得到的结果如下:

```
—————— 排序之前,原始列表元素的顺序 ——————
[2, 4, 1, 3]
—————— 排序之后,展示的列表元素顺序 ——————
[1, 2, 3, 4]
—————— 排序之后,原始列表元素的顺序 ——————
[2, 4, 1, 3]
```

可见使用 sorted 方法后,原始列表的元素顺序并未发生改变。

另外,sorted 方法默认从小到大进行排序,如果需要按照从大到小显示列表,可在 sorted

方法中加入参数 reverse=True，与 sort 方法的降序使用方法类似。

• 利用 reverse 进行反向排序

reverse 方法可以逆置列表元素的排列顺序，即反向排序列表中的元素。

以下示例展示了 reverse 方法的使用方法：

```
list_example = [2,4,1,3]
print('------ 排序之前,列表元素的顺序 ------')
print(list_example)

list_example.reverse()
print('------ 排序之后,列表元素的顺序 ------')
print(list_example)
```

reverse 方法与其他两种排序方法不同，并不按照大小关系排列元素，而是对列表元素进行反向排序，得到的结果如下：

```
------ 排序之前,列表元素的顺序 ------
[2, 4, 1, 3]
------ 排序之后,列表元素的顺序 ------
[3, 1, 4, 2]
```

reverse 方法对于修改列表顺序也是永久性的，但可以通过再次使用 reverse 方法，可将列表恢复至原来的排列顺序。

（9）列表复制

复制列表时，常用的一种方法是，创建一个包含整个列表的切片，即在切片中省略所有索引值，则可得到从列表起始到列表末尾的所有元素，从而完成复制整个列表。

例如，假设一个列表中包含了一个人喜欢的三项运动，之后创建一个新列表，其中包含了另一个人喜欢的三项运动。巧的是，第一个人喜欢的三项运动第二个人都喜欢，此时可通过复制的方法创建第二个列表：

```
sport_human1 = ['jogging','swimming','skiing']
sport_human2 = sport_human1[:]

print('第一个人喜欢的运动是')
print(sport_human1)
print('第二个人喜欢的运动是')
print(sport_human2)
```

该程序首先创建第一个列表 sport_human1，之后利用不指定索引的方法，从列表 sport_human1 中提取一个切片，并将其复制到第二个列表 sport_human2 中。运行程序后，发现两个列表中包含的元素完全相同：

```
第一个人喜欢的运动是
['jogging', 'swimming', 'skiing']
```

第二个人喜欢的运动是
```
['jogging', 'swimming', 'skiing']
```

为了验证创建了两个列表,下面在每个列表中分别添加一项新运动,且两人喜欢的新运动不同:

```
sport_human1 = ['jogging','swimming','skiing']
sport_human2 = sport_human1[:]
sport_human1.append('table tennis')
sport_human2.append('basketball')

print('第一个人喜欢的运动是')
print(sport_human1)
print('第二个人喜欢的运动是')
print(sport_human2)
```

程序首先通过切片复制的方法,将列表 sport_human1 中的元素全部复制到列表 sport_human2 中。之后,在每个列表中分别添加一项新运动:在列表 sport_human1 中添加运动'table tennis',在列表 sport_human2 中添加运动'basketball',然后输出两个添加元素后的列表:

```
第一个人喜欢的运动是
['jogging', 'swimming', 'skiing', 'table tennis']
第二个人喜欢的运动是
['jogging', 'swimming', 'skiing', 'basketball']
```

由结果可见,两个新元素分别添加在两个列表的末尾,且两个列表不再相同,说明的确创建了两个列表。

如果简单地将第一个列表 sport_human1 直接赋值给列表 sport_human2,则不能得到两个列表。

以一个案例说明不使用切片复制列表时的情况:

```
sport_human1 = ['jogging','swimming','skiing']
sport_human2 = sport_human1    #直接赋值,不再使用切片复制
sport_human1.append('table tennis')
sport_human2.append('basketball')

print('第一个人喜欢的运动是')
print(sport_human1)
print('第二个人喜欢的运动是')
print(sport_human2)
```

该程序将列表 sport_human1 直接复制给列表 sport_human2,此时虽然有两个列表名,但是都指向同一个列表。因此,将元素'table tennis'添加到列表 sport_human1 中时,它也会出现在列表 sport_human2 中。同样,虽然元素'basketball'看起来被添加到列表 sport_human2

的末尾,实际上它也会出现在列表 sport_human1 中。

输出表明,两个列表中包含的元素及顺序完全相同,但这并不是期望的复制列表的结果:

```
第一个人喜欢的运动是
['jogging', 'swimming', 'skiing', 'table tennis', 'basketball']
第二个人喜欢的运动是
['jogging', 'swimming', 'skiing', 'table tennis', 'basketball']
```

(10) 列表遍历

当需要对列表中的每个元素执行相同操作时,可使用 for 和 while 循环遍历列表。

• 使用 for 循环遍历列表

利用 for 循环遍历列表时,可将列表作为 for 循环中的序列,获取其中的每个元素。

通过一个案例演示:

```
city_list = ['Beijing', 'Shanghai', 'Guangzhou']
for city in city_list:
    print(city)
```

由于列表本身就是一种序列,因此可直接将其作为 for 的序列,一一获取列表中的元素。最终运行结果如下:

```
Beijing
Shanghai
Guangzhou
```

• 使用 while 循环遍历列表

使用 while 循环遍历列表时,需要先获取列表长度(即其中包含元素的个数),之后将长度作为循环的判断条件。

通过一个案例演示:

```
city_list = ['Beijing', 'Shanghai', 'Guangzhou']
i = 0
while i < len(city_list):
    print(city_list[i])
    i = i + 1
```

程序中通过 len 函数获取列表的长度,当循环控制变量 i 的值小于列表长度时,循环输出当前索引 i 位置上的元素,直到列表末尾。最终结果如下:

```
Beijing
Shanghai
Guangzhou
```

2.6.2 元组

由于列表可以修改,因此适合于存储在程序运行期间元素可能变化的数据。然而有时候在程序中需要创建一系列不能修改的元素,因此 Python 提供了元组这种数据类型。

(1) 创建元组

元组的创建与列表类似,区别在于,列表中使用方括号,而元组使用圆括号。例如:

```
name = ('Audree','Andrew','Andy')
number = (11,22,33)
mix = ('第二章',2.3,50)
```

(2) 访问和修改元组元素

访问元组元素的语法与列表相同,也是通过索引访问元组中的元素,并且索引从 0 开始。另外,列表切片使用的语法也适用于元组。例如:

```
name = ('Audree','Andrew','Andy')
print(name[1])
print(name[0:2])
```

程序中访问元组中索引为 1 的元素,以及利用切片访问索引 0~1 的元素,得到的结果如下:

```
Andrew
('Audree','Andrew')
```

如果尝试修改元组中的一个元素,如

```
name = ('Audree','Andrew','Andy')
name[1] = 'Alfred'
```

此时程序中希望修改索引为 1 的元素的值,但 Python 会返回错误信息:

```
TypeError:'tuple' object does not support item assignment
```

可见,Python 不支持修改元组中的元素,同样不允许删除元组中的元素。

(3) 元组遍历

与列表相同,元组作为一种序列,也可以利用循环实现元组:

```
name = ('Audree','Andrew','Andy')
for i in name:
    print(i)
```

循环后会输出元组中每个元素的值:

```
Audree
Andrew
Andy
```

2.6.3 字典

在列表中对某个特定元素进行操作时,需要利用索引获取该元素。但是当该元素位置发生变化时,其索引也会发生变化,此时需要首先修改程序中该元素的索引,才能够对该元素进行操作。Python 提供了一种数据类型——字典,不再需要通过索引访问元素,并且元素位置改变时,也不需要修改索引,就能够快速定位到该元素。

(1) 创建字典

字典使用大括号定义,由多个键及其相对应的值组合构成,例如:

```
info = {'name':'Amy','age':26,'country':'France'}
print(info)
```

字典 info 由一系列键值对组成,其中,'name'、'age'和'country'为键,'Amy'、26 和'France'为值。键和值之间用冒号分隔,键值对之间用逗号分隔。字典的键必须唯一,而值可以是任何数据类型。该字典的输出结果如下:

```
{'name': 'Amy', 'country': 'France', 'age': 26}
```

在输出结果中,字典 info 中元素的顺序与创建的顺序并不一致。这说明字典与序列不同,序列讲究顺序,字典讲究一一对应,而不关心顺序。

(2) 访问字典元素

需要访问字典中的某个值时,可以根据键来获取,例如:

```
info = {'name':'Amy','age':26,'country':'France'}
print(info['country'])
print(info['age'])
```

通过在字典名后的方括号内写入键,则可得到字典中与该键相关联的值,结果如下所示:

```
France
26
```

如果使用不存在的键访问,则程序会报错。例如,利用 info['gender']访问键名为'gender'相对应的值,则程序会显示如下错误信息:

```
KeyError: 'gender'
```

Python 还提供了 get 方法,能够在不确定字典中是否存在某个键时访问其值。当键存在时,返回相对应的值;如果不存在时,则返回 None 或者设置的默认返回值。

示例程序如下:

```
info = {'name':'Amy','age':26,'country':'France'}
gender = info.get('gender')
print(gender)
gender = info.get('gender','Female')
print(gender)
```

第一次使用 get 方法时,由于不存在键'gender',则返回 None;第二次使用 get 方法时,在第二个参数设置了该键对应的默认返回值'Female',最终运行结果如下:

```
None
Female
```

（3）添加字典元素

同列表一样，字典中可以添加新的键值对。通过一个案例说明：

```
info = {'name':'Amy','age':26,'country':'France'}
print('------ 添加键值对之前的字典 ------')
print(info)


info['gender'] = 'Female'
info['ID'] = 1001
print('------ 添加键值对之后的字典 ------')
print(info)
```

该程序中添加了两个键值对，第一个键为' gender '，赋值' Female '；第二个键为' ID '，赋值 1001。得到的运行结果如下：

```
------ 添加键值对之前的字典 ------
{'country':'France', 'name':'Amy', 'age': 26}
------ 添加键值对之后的字典 ------
{'country':'France', 'name':'Amy', 'ID': 1001, 'gender':'Female', 'age': 26}
```

由输出可见，键值对的顺序与添加顺序并不相同，再次说明，字典不关心顺序，只关心键和值之间的对应关系。

（4）修改字典元素

字典是可变的，因此可以在字典中修改元素。通过一个案例说明：

```
info = {'name':'Amy','age':26,'country':'France'}
print("Amy's age is % d" % info['age'])


info['age'] = 22
print("Now, Amy's age is % d" % info['age'])
```

程序中将键' age '相对应的值进行了修改，输出表明，年龄从 26 变成了 22：

```
Amy's age is 26
Now, Amy's age is 22
```

（5）删除字典元素

Python 提供了两种方法删除字典中不再需要的信息。

· 使用 del 方法删除

del 方法用于删除字典中指定的键值对，例如：

```
info = {'name':'Amy','age':26,'country':'France'}
print('------ 删除键值对之前的字典 ------')
print(info)


del info['name']
```

```
print('------ 删除键值对之后的字典 ------')
print(info)
```

程序中将字典中的键'name'删除,同时删除与该键相关联的值。输出表明,键'name'与其值'Amy'均从字典中删除,但不影响其他键值对:

```
------ 删除键值对之前的字典 ------
{'name':'Amy','country':'France','age':26}
------ 删除键值对之后的字典 ------
{'country':'France','age':26}
```

• 使用 clear 方法删除

clear 方法用于一次性删除所有字典元素。例如:

```
info = {'name':'Amy','age':26,'country':'France'}
print('------ 删除之前的字典 ------')
print(info)


info.clear()
print('------ 删除之后的字典 ------')
print(info)
```

输出表明,clear 方法清空了字典中的所有元素:

```
------ 删除之前的字典 ------
{'name':'Amy','country':'France','age':26}
------ 删除之后的字典 ------
{}
```

(6) 字典遍历

同序列一样,字典的遍历也可以通过 for 循环来实现。

• 遍历键值对

示例代码如下:

```
info = {'name':'Amy','age':26,'country':'France'}
for key,value in info.items():
    print('key = %s, value = %s'%(key,value))
```

其中,items 方法返回字典的键值对列表,因此可以作为循环中的序列使用。之后将每个键值对分别赋值给 value 和 key 两个循环控制变量中,最终输出结果如下:

```
key = name, value = Amy
key = country, value = France
key = age, value = 26
```

• 遍历键

示例代码如下:

```
info = {'name':'Amy','age':26,'country':'France'}
for key in info.keys():
    print(key)
```

其中,keys 方法返回字典的键列表,之后将每个键赋值给循环控制变量 key 中,得到的运行结果如下:

```
name
country
age
```

• 遍历值

示例代码如下:

```
info = {'name':'Amy','age':26,'country':'France'}
for value in info.values():
    print(value)
```

其中,values 方法返回字典的值列表,之后将每个值赋值给循环控制变量 value 中,输出结果如下:

```
Amy
France
26
```

2.7　函　　数

有时在程序中需要多次实现一个功能。如果每次需要该功能时,要重复编写实现该功能的代码,则会使程序变得不够精练。如果将实现某个功能的代码抽象成一个函数,则之后在程序中多次执行同一项任务时,直接调用能够完成该任务的函数即可,从而使得程序的编写、阅读和维护都更容易,程序的条理性会更清晰。

可见,函数是组织好的、可重复使用的、能够实现特定功能的语句块。Python 提供了很多封装好的函数,如 print、sort、split 等,用户不必自己定义即可直接使用,但是无法包括实际应用中的所有函数。因此,除了 Python 提供的内建函数之外,用户可以自定义函数,由用户根据实际需要自己设计,用来实现指定的功能。

2.7.1　函数的定义与调用

（1）函数定义

Python 中定义函数的基本语法格式如下:

```
def  函数名(参数列表):
    "函数_文档字符串"
```

```
    函数体
    return  表达式
```

基于上述格式，以下是对函数定义规则的说明：

- 函数使用关键字 def 开头，后接函数名称和圆括号；
- 函数的参数需放在圆括号内；
- 若参数列表中包含多个参数，在一般情况下，参数值和参数名称按照函数声明中定义的顺序一一匹配；
- 函数内容以冒号开始，并且缩进；
- 函数的第一行语句称为文档字符串，用来描述函数功能，可选择性写入；
- 函数体表示函数功能，指定函数完成相应的操作；
- return 表达式表明函数结束，并且选择性地返回一个值给调用方。如果 return 后没有表达式则相当于返回 None。

以一个简单的函数定义为例：

```
def information(string)：
    '打印输出传入的字符串'
    print(string)
    return
```

其中，information 为函数名，传入参数为 string。函数体内完成的操作是打印输出该字符串，并且返回值为 None。

（2）函数调用

定义了具有特定功能的函数之后，如果需要使用该功能，则要调用该函数。调用函数时，通过"函数名()"的方式即可。

例如，可用如下方式调用上述定义的函数 information：

```
＃定义函数
def information(string)：
    '打印输出传入的字符串'
    print(string)
    return
＃调用函数
string ='Hello Python'
information(string)
```

程序中字符串 string 中存储的值为' Hello Python'，并将该字符串中的内容通过参数传入到函数内，并且打印输出，得到的结果如下：

```
Hello Python
```

2.7.2 函数参数

从调用角度来说，函数参数可分为形式参数和实际参数。其中，函数名后圆括号内的参数称为形式参数,简称形参;调用函数时传递给函数的参数称为实际参数,简称实参。

由于函数定义时可能包含多个形参,函数调用时可能包含多个实参,因此,在函数调用时传递参数的方式有很多,Python 中提供了如下四种方式。

(1) 位置实参

位置实参需将函数调用时的实参,与函数定义的形参数量匹配,且按照顺序一一对应。例如:

```python
def information(name,age):
    print('name:',name)
    print('age:',age)
    return


information('Audree',6)
```

该函数名后的圆括号中包含两个形参,因此需要传递进来两个参数,并且顺序一一对应,即实参' Audree '与形参 name 相对应,同样实参 6 与形参 age 相对应,得到的运行结果如下:

```
name: Audree
age: 6
```

利用位置实参调用函数时,如果实参顺序有误,则结果会和预期不符。例如:

```python
def information(name,age):
    print('name:',name)
    print('age:',age)
    return


information(6,'Audree')
```

在该函数调用中,按顺序将实参 6 传递给形参 name,实参' Audree '传递给形参 age,最终结果是不符合逻辑的:

```
name: 6
age: Audree
```

如果调用时传递的实参数量少于形参数量,程序会出现语法错误。例如,函数调用语句为 information(' Audree '),缺少给第二个形参传递的数据,则程序会出现语法错误,报错信息如下:

```
TypeError: information() missing 1 required positional argument: 'age'
```

(2) 关键字实参

位置实参需要正确地按照参数顺序传递数据,而关键字参数允许函数调用时传递的数据与参数顺序不一致。通过在实参中将参数名和值相关联,从而避免向函数传递实参时因顺序错误而导致程序运行结果不正确。

以一个案例说明:

```
def information(name,age):
    print('name:',name)
    print('age:',age)
    return

information(age = 6,name = 'Audree')
```

在该程序中,函数定义的部分没有发生改变,但调用该函数时,明确指定了形参和要传递给它们的实参,即将实参 6 传递给形参 age,实参' Audree '传递给形参 name。另外,关键字实参在使用时不需要指定顺序,因为 Python 能够明白各个值应该存放到哪个形参中。最终运行结果如下:

```
name: Audree
age: 6
```

（3）默认形参

定义函数时,可以给形参设置默认值。之后调用函数时,由于默认形参已经有值,所以是否传入实参不是必须的,而其他形参必须传入相对应的实参。当没有给默认形参提供实参时,则直接使用形参的默认值,否则将使用提供的实参值。

通过一个案例说明:

```
def information(name,age = 6):
    print('name:',name)
    print('age:',age)
    return

print('------ 没有提供实参给默认形参 ------')
information(name = 'Audree')
print('------ 提供实参给默认形参 ------')
information(name = 'Audree',age = 20)
```

在函数定义中,形参 name 没有设置默认值,age 作为默认形参设置了默认值。当第一次调用函数 information 时,只给形参 name 提供了实参值' Audree ',因此程序会使用形参 age 的默认值;第二次调用函数 information 时,形参 name 和 age 均提供了相应的实参值,此时程序会使用传给形参 age 的实参值 20,而不采用默认值。运行结果如下:

```
------ 没有提供实参给默认形参 ------
name: Audree
age: 6
------ 提供实参给默认形参 ------
name: Audree
age: 20
```

需要注意,使用默认形参时,在形参列表中,默认形参应放在最后,前边应为没有默认值的形参,否则程序会报错。

例如,定义函数为 def information(name,age＝6,gender)时,会得到如下错误信息：

```
SyntaxError: non-default argument follows default argument
```

（4）不定长参数

定义函数时,如果需要函数能够处理比定义时数量更多的参数,可采用不定长参数。其基本语法格式如下：

```
def 函数名([formal_args,] * args_tuple, * * args_dict):
    "函数_文档字符串"
    函数体
    return   表达式
```

在该函数定义中共包含三部分参数,其中,formal_args 为普通形参,* args_tuple 和 ** args_dict 为不定长参数。

调用函数时,函数传入的实参会优先一一对应普通形参。如果实参与普通形参数量相同,不定长参数会返回空元组或空字典。如果实参多于普通形参数,可分为以下两种情况：

- 如果实参没有指定名称而只有值,则 Python 会创建一个名为 args_tuple 的空元组,将接收到的数量多于普通形参的实参以值的形式一一放入该元组中；
- 如果实参指定了名称以及值,如 a＝1,则 Python 会创建一个名为 args_dict 的空字典,将接收到的数量多于普通形参的实参以键值对的形式一一放入该字典中。

通过一个案例说明不定长参数的使用方法：

```
def information(name,age, * args_tuple, * * args_dict):
    print(name)
    print(age)
    print(args_tuple)
    print(args_dict)
    return


information('Audree',20)
```

该函数定义了两个不定长参数 args_tuple 和 args_dict。在调用函数 information 时,如果只传入'Audree'和 20 两个实参,则会从左向右按序依次匹配形参 name 和 age,而不定长参数 args_tuple 和 args_dict 均没有接收到数据,因此分别为一个空元组和一个空字典。输出结果如下：

```
Audree
20
()
{}
```

如果在调用函数 information 时,传入实参数大于 2 个,会出现什么情况？示例程序如下：

```
def information(name,age, * args_tuple, * * args_dict):
    print(name)
```

```
        print(age)
        print(args_tuple)
        print(args_dict)
        return

information('Audree',20,'Algorithms','Data Science')
```

调用函数 information 时,若传入多于两个实参,则前两个实参仍然会与两个普通形参一一匹配,由于多余的实参只传递了实参的值,因此这些值会组成一个元组,得到的运行结果如下:

```
Audree
20
('Algorithms', 'Data Science')
{}
```

在什么情况下,传递的实参才可以与不定长参数 args_dict 匹配呢? 将上述示例修改为

```
def information(name,age, * args_tuple, * * args_dict):
        print(name)
        print(age)
        print(args_tuple)
        print(args_dict)
        return

information('Audree',20,'Algorithms','Data Science',gender ='Female')
```

同上述示例,普通形参按序与相等数量的实参匹配,多出来的实参如果只传递值,则会进入元组 args_tuple 中,如果传递的不仅有值还有名称,则会作为键值对进入字典 args_dict 中。运行结果如下:

```
Audree
20
('Algorithms', 'Data Science')
{'gender':'Female'}
```

2.7.3　返回值

有的函数在完成相应功能后,需要返回一个或一组值给函数,这就是函数的返回值。在 Python 中,使用 return 语句将值返回。

以一个示例说明:

```
def add(number1,number2):
    return number1 + number2


print(add(10,20))
```

关键字 return 之后有一个相加的表达式,而表达式的值为函数的返回值,即 number1 和 number2 相加的结果,因此,运行结果如下:

```
30
```

2.7.4 匿名函数

所谓匿名函数,即没有名称的函数,也不再使用 def 定义函数。定义匿名函数时,需要使用关键字 lambda,其基本的语法格式如下:

```
lambda arg1,arg2,…,argn: expression
```

其中,方括号内的 arg1 等表示函数参数,函数参数可以有多个,expression 代表函数的表达式。

如果将返回值的函数定义示例用 lambda 来定义,其写法如下:

```
lambda number1,number2:number1 + number2
```

对比两个程序可见,原函数的参数放在 lambda 关键字后,多个参数用逗号分隔,冒号右边为原函数的返回值表达式。

由于 lambda 函数返回的是一个对象,因此需要进行赋值操作,才可以得到相应的执行结果。例如:

```
result = lambda number1,number2:number1 + number2
print(result(10,20))
```

程序中将 lambda 函数返回的对象赋值给变量 result,再输出该对象的结果,结果为 30。

与 def 函数相比,lambda 函数存在很多区别:

* def 创建函数需要指定函数名称,而 lambda 函数没有函数名称;
* lambda 函数冒号后只能有一个表达式,而 def 函数可以包含语句块;
* lambda 函数返回一个对象,而不会将结果直接赋给一个变量,def 函数可以通过 return 表达式将结果直接赋给一个变量;
* lambda 函数一般用于定义简单的函数,可精简程序,提高程序可读性,而 def 可以定义复杂的函数。

2.8 本 章 小 结

本章首先介绍了 Python 的发展历史、特点和在人工智能领域的应用,同时讲解了其安装过程和环境界面。之后,分别从变量、数据类型、运算符、程序结构、函数等方面,介绍了 Python 语言的基础语法知识,为读者后期的深入学习打好基础,做好准备。

第3章 机器学习相关库的介绍

在本书中机器学习算法的实现依赖 Numpy、Matplotlib、Pandas 和 Sklearn 4 个基础库。数据可视化工具 Matplotlib 将在第 5 章单独介绍,本章将介绍 Numpy、Pandas 和 Sklearn 的基础方法,为读者对后续章节的学习打下基础。

3.1 基础科学计算库 Numpy

NumPy(Numerical Python)是 Python 语言的一个扩展程序库,支持数组与矩阵运算,科学计算功能非常强大,在科学和工程领域广泛使用。NumPy 通常与 SciPy 和 Matplotlib 一起组合使用,是一个强大的科学计算环境,有助于我们通过 Python 学习数据科学或者机器学习,进行数据的分析和预测。

使用 NumPy 功能以前,首先要将其导入,导入的程序代码如下:

```
Import numpy as np
```

Numpy 中的数组类为 ndarray,功能比 numpy.array 更为强大。

接下来,本节介绍 Numpy 中的数据类型和常用操作。

1. 数组创建

有几种创建数组的方式。

(1) 将 Python 中的列表或元组转化为 ndarray

例如,对于如下程序代码

```
import numpy as np
scores = np.array([89,76,93,58])
scores
```

其程序输出如下:

```
array([89, 76, 93, 58])
```

函数 np.array 将 Python 中的列表类型转化为 NumPy 中的 ndarray 对象。

也可以把序列的序列转化为二维数组,程序如下:

```
temperation = np.array([(36.2,36.5),(38,40)])
temperation
```

程序输出如下：

```
array([[36.2, 36.5],
       [38. , 40. ]])
```

函数 np.array 将 Python 中元素是元组的列表转化为二维数组的 ndarray 对象。

创建数组的时候也可以通过参数指定数组的数据类型，实现方法如下：

```
scores = np.array([89,76,93,58],dtype = 'float')
scores.dtype
```

程序输出如下：

```
dtype('float64')
```

（2）创建元素符合等差数列的数组

① arange 函数

NumPy 中的 arange 函数类似于 Python 内置的函数 range，可创建一个等差序列，不同之处是，arange 返回一个数组。

函数 arange 的语法如下：

```
arange(初值,终值,增量)
```

其中初值为等差序列的第一个值，省略时为 0。终值指定等差数列的下界，但是不包含终值。增量为等差数列的步长，省略时为 1。

例如：

```
np.arange( 10, 30, 5 )
```

生成数组：array([10, 15, 20, 25])。

```
np.arange(1,10,2)
```

生成数组：array([1, 3, 5, 7, 9])。

```
np.arange(10)
```

生成数组 array([0, 1, 2, 3, 4, 5, 6, 7, 8, 9])。

```
np.arange(1,11)
```

生成数组 array([1, 2, 3, 4, 5, 6, 7, 8, 9, 10])。

```
np.arange( 0, 2, 0.3 )
```

生成数组 array([0. , 0.3, 0.6, 0.9, 1.2, 1.5, 1.8])。

可见，arange 函数可以使用浮点参数，得到浮点型的数组元素，这与 Python 内置的函数 range 只能使用整数参数，产生整型元素不同。但是当采用浮点参数时，我们不能直观得到数组元素的个数，下面的 linspace 函数可以弥补这个缺陷。

② linspace 函数

NumPy 中的 linspace 函数根据初值、终值和元素个数来产生等差数列数组。语法如下：

```
numpy.linspace(初值,终值,元素个数)
```

例如，

```
np.linspace( 0, 1, 10 )
```

运行结果如下：

```
array([0.        , 0.11111111, 0.22222222, 0.33333333, 0.44444444,
       0.55555556, 0.66666667, 0.77777778, 0.88888889, 1.        ])
```

例如：

```
from numpy import pi
x = np.linspace( 0, 2 * pi, 10 )
x
```

运行结果为

```
array([0.        , 0.6981317, 1.3962634,  2.0943951,  2.7925268 ,
       3.4906585, 4.1887902, 4.88692191, 5.58505361, 6.28318531])
```

（3）创建特殊数组

程序设计中经常遇到数组大小固定，但是元素未知的情况。Numpy 为了避免在程序运行过程中出现动态增长矩阵，提供了几个函数，可以对数组进行初始化。经常用到的初始化数组如下。

① 零数组

· zeros 函数

numpy.zeros()：生成元素值全为零的数组，参数为元组，指定生成零数组的尺寸。

例如，程序

```
np.zeros((5))
```

生成元素个数为 5 的一维零数组，结果如下：

```
array([0., 0., 0., 0., 0.])
```

对于程序

```
np.zeros((3, 4))
```

zeros 的参数有两个元素，则生成 3 行 4 列的二维零数组，程序运行结果如下：

```
array([[0., 0., 0., 0.],
       [0., 0., 0., 0.],
       [0., 0., 0., 0.]])
```

程序

```
np.zeros((2,3,4))
```

生成的三维数组如下：

```
array([[[0., 0., 0., 0.],
        [0., 0., 0., 0.],
        [0., 0., 0., 0.]],

       [[0., 0., 0., 0.],
        [0., 0., 0., 0.],
        [0., 0., 0., 0.]]])
```

- zeros _like 函数

Numpy. zeros _like():生成一个和指定数组同样尺寸和同种类型的零数组。

```
scores = np.array([[89,76,90],[93,58,78]])
np.zeros_like(scores)
```

zeros_like 函数会生成和 scores 大小和类型一样的零数组,运行结果如下:

```
array([[0, 0, 0],
       [0, 0, 0]])
```

② 单位数组

- ones 函数

numpy. ones():生成元素值都为 1 的数组,参数为元组,指定生成单位数组的尺寸。
例如,

```
np.ones(10)
```

生成元素个数为 10 的一维单位数组,结果如下:

```
array([1., 1., 1., 1., 1., 1., 1., 1., 1., 1.])
```

例如,

```
np.ones((2,3))
```

生成 2 行 3 列的二维单位数组,结果如下:

```
array([[1., 1., 1.],
       [1., 1., 1.]])
```

例如,

```
np.ones( (2,3,4), dtype = np.int16 )
```

生成三维整型的单位矩阵,结果如下:

```
array([[[1, 1, 1, 1],
        [1, 1, 1, 1],
        [1, 1, 1, 1]],

       [[1, 1, 1,1],
```

```
        [1, 1, 1, 1],
        [1, 1, 1, 1]]], dtype = int16)
```

- ones_like 函数

numpy.ones_like():生成一个和指定参数同样尺寸和同种类型的单位数组。

例如：

```
scores = np.array([[89,76],[93,58],[89,90]])
np.ones_like(scores)
```

ones_like 函数会生成和 scores 大小和类型一样的单位数组,运行结果如下:

```
array([[1, 1],
       [1, 1],
       [1, 1]])
```

③ 空数组

- empty 函数

numpy.empty 函数:生成未指定元素值的数组,参数为元组,指定生成零数组的尺寸。

例如,

```
np.empty((3,3))
```

运行结果如下:

```
array([[0.00000000e + 000, 0.00000000e + 000, 0.00000000e + 000],
       [0.00000000e + 000, 0.00000000e + 000, 5.86949987e - 321],
       [3.44900368e - 307, 4.22792213e - 307, 1.89147405e - 307]])
```

该程序生成 3 行 3 列的二维数组。数组的值是随机的,没有初始化,每次运行生成的值可能不同。

- empty_like 函数

numpy.empty_like 函数:生成和指定参数同样大小和数据类型的空数组。

例如,

```
scores = np.array([[89,76],[93,58],[89,90]])
np.empty_like(scores)
```

运行结果如下:

```
array([[  1160,       0],
       [     0, 6619239],
       [     0,     121]])
```

empty_like 生成和 scores 大小和数据类型一样的空数组。数组的值是随机的,没有初始化,每次运行生成的值可能不同。

2. ndarray 对象的常用属性

当创建了 ndarray 类型的变量以后,我们可以了解这个数据的什么信息呢? 可以通过

ndarray 类的属性来了解。

ndarray 对象的常用属性如下。

ndarray. ndim：数组的维数，即坐标轴个数。

ndarray. shape：数组的尺寸。这是一个整数元组，用于显示每个维度中数组的大小。对于具有 n 行和 m 列的矩阵，shape 将为(n,m)。元组的长度为轴数 ndim。

ndarray. size：数组元素的总数。这等于 shape 的各个元素的乘积。

ndarray. dtype：描述数组中元素类型的对象。可以使用标准 Python 类型创建或指定 dtype。另外，NumPy 提供了自己的类型，如 numpy. int32、numpy. int16 和 numpy. float64。

ndarray. itemsize：数组中每个元素的大小(以字节为单位)。例如，类型为 float64 的数组大小为 itemsize/8(= 64/8=8)，而类型 complex32 中的一个元素具有 itemsize/4(= 32/8= 4)个字节。该参数等同于 ndarray. dtype. itemsize。

ndarray. data：包含数组元素的缓冲区。通常不需要使用此属性，因为可以使用索引工具访问数组中的元素。

例如，以下程序段显示了 ndarray 类型数组 score 的各个属性，代码如下：

```
scores = np.array([[89,76,90],[93,58,78]])
print("scores 数组的维度是:",scores.ndim)
print("scores 数组的形状是:",scores.shape)
print("scores 数组的尺寸是:",scores.size)
print("scores 数组元素的类型是:",scores.dtype)
print("scores 数组的 itemsize 是:",scores.itemsize)
```

运行程序，得到运行结果：

```
scores 数组的维度是：2
scores 数组的形状是：(2, 3)
scores 数组的尺寸是：6
scores 数组元素的类型是：int32
scores 数组的 itemsize 是：4
```

3. ndarray 数组元素的访问

ndarray 类型数组创建好以后，就可以用下标、切片的方式或循环进行访问。接下来，我们分别了解一维数组和多维数组中访问元素的方式。

(1) 一维数组

当创建 ndarray 类型的数组时，系统就会在内存开辟空间以存储数组中的数据。例如，运行 scores = np. array([89,76,93,58,84,75])语句时，系统在内存开辟了相应的空间，并把要赋值的内容按顺序存储在相应的位置上。当数组存储好后，那如何访问其数据呢？系统为数组分配了下标，下标有两种索引方式——正下标和负下标，如图 3.1 所示。正下标从 0 开始，到 len(scores)—1 结束，负下标从—1 开始，到—len(scores)结束，方便从后向前访问数据。

scores:	89	76	93	58	84	75
index:	0	1	2	3	4	5
index:	−6	−5	−4	−3	−2	−1

图 3.1　两种索引方式

访问数组单个数据元素的语法是

数组名[下标]

例如,scores[0] 访问数组的第一个学生的成绩 89。scores[−1]访问最后一个成绩 75。
还可以采用切片的方法访问数组多个元素。切片访问的语法是

数组名字[起始下标:结束下标:步长]

切片表示返回数组中从起始下标开始,每次增加步长,直到结束下标所指示的元素。
省略起始下标时从 0 开始,到结束下标结束,但不包括最后下标的元素,结束下标省略时
取到最后一个位置的元素。步长省略时为 1。
例如:

scores[0:2]

返回

    array([89, 76])
    scores[::2]

返回

    array([89, 93, 84])
    scores[1::2]

返回

     array([76, 58, 75])
    scores[3:]

返回

    array([58, 84, 75])
    scores[3:5]

返回

    array([58, 84])
    scores[:]

返回

    array([89, 76, 93, 58, 84, 75])

虽然 scores[:]返回和原来数组一样的数据,但是返回数组和原数组是位于不同内存空间

的变量,可以用于硬拷贝。

也可以通过循环逐个访问数组中的元素,程序如下:

```
scores = np.array([89,76,93,58,84,75])
print("成绩有:")
for score in scores:
    print(score,end=" ")
```

程序运行结果如下:

```
成绩:
89 76 93 58 84 75
```

(2) 多维数组

多维数组访问数据元素时每个轴可以有一个索引,索引之间用逗号隔开。下面以二维数组为例说明多维数组的使用情况。

例如:

```
data = np.array([[ 0,  1,  2,  3],
        [10, 11, 12, 13],
        [20, 21, 22, 23],
        [30, 31, 32, 33],
        [40, 41, 42, 43]])
print('data 第三行第四列的内容:{}\n'.format(data[2,3]))
print('data 前 5 行第一列的内容:\n{}\n'.format(data[0:5, 1]))
print('第一行所有列的内容:\n{}\n'.format(data[1 ,:]))
print('第 2,3 行内容:\n{}'.format(data[1:3, : ]))
```

运行结果显示如下:

```
data 第三行第四列的内容:23

data 前 5 行第一列的内容:
[ 1 11 21 31 41]

第一行所有列的内容:
[10 11 12 13]

第 2,3 行内容:
[[10 11 12 13]
 [20 21 22 23]]
```

同样通过循环也可以依次访问多维数组中的数据。

```
data = np.array([[ 0,  1,  2,  3],
       [10, 11, 12, 13],
       [20, 21, 22, 23],
       [30, 31, 32, 33],
       [40, 41, 42, 43]])
print('数组中所有元素:')
for i in data.flat:
    print(i, end = ' ')
print('\n 数组中所有元素,二维形式显示如下:')
for row in data:
    for elem in row:
        print('%2d'% elem, end = ' ')
    print("")
```

程序运行结果如下:

```
数组中所有元素:
0 1 2 3 10 11 12 13 20 21 22 23 30 31 32 33 40 41 42 43
数组中所有元素,二维形式显示如下:
 0  1  2  3
10 11 12 13
20 21 22 23
30 31 32 33
40 41 42 43
```

程序中的 flat 表示把多维数组,按第一维联结成一维数组。

4. ndarray 数组的操作

(1) 基本数学运算

数组的基本数学运算是逐点对每个元素运算。例如:

```
a = np.array( [10,20,30,40,50] )
b = np.arange( 5)
c = a + b
d = a * b
e = a ** b
f = a < 30
print("a:{}".format(a))
print("b:{}".format(b))
print("a + b:{}".format(c))
print("a * b:{}".format(d))
print("a 的 b 次方:{}".format(e))
print("a < 30? {}".format(f))
```

程序运行结果如下：

```
a:[10 20 30 40 50]
b:[0 1 2 3 4]
a + b:[10 21 32 43 54]
a * b:[  0  20  60 120 200]
a 的 b 次方:[      1      20     900   64000 6250000]
a<30?:[ True  True False False False]
```

矩阵乘法和数组乘法不同,在 numpy 中用@或 dot 函数实现矩阵相乘。例如:

```
A = np.array( [[1,1],[0,1]] )
B = np.array( [[2,0],[3,4]] )
M = A @ B
N = np.dot(A,B)
print("矩阵 A:\n{}".format(A))
print("矩阵 B:\n{}".format(B))
print("矩阵乘积 A@B:\n{}".format(M))
print("矩阵乘积 np.dot(A,B):\n{}".format(N))
```

程序运行结果如下:

```
矩阵 A:
[[1 1]
 [0 1]]
矩阵 B:
[[2 0]
 [3 4]]
矩阵乘积 A@B:
[[5 4]
 [3 4]]
矩阵乘积 np.dot(A,B):
[[5 4]
 [3 4]]
```

(2) ndarray 常用的方法

ndarray 类型集成了一些对数组元素操作的方法。例如,利用方法中的一些统计函数可以实现对数据的简单统计。

例如:

```
scores = np.array([89,76,93,58])
scores_sum = scores.sum()
scores_ave = scores.mean()
scores_min = scores.min()
```

```
scores_max = scores.max()
print("该同学各科成绩为:{}".format(scores))
print("该同学各科总成绩为:{}".format(scores_sum))
print("该同学各科平均成绩为:{}".format(scores_ave))
print("该同学最低成绩为:{}".format(scores_min))
print("该同学最高成绩为:{}".format(scores_max))
```

程序运行结果如下:

```
该同学各科成绩为:[89 76 93 58]
该同学各科总成绩为:316
该同学各科平均成绩为:79.0
该同学最低成绩为:58
该同学最高成绩为:93
```

（3）数组的形状操作

数组的形状是由每一维（轴）上的元素个数决定的,我们可以通过 shape 属性查看数据的形状,也可以通过一些函数改变形状。下面是一些改变数组形状的函数实例,程序如下:

```
data = np.ones((2,12))
print("原始数据:\n{}".format(data))
print("原始数据尺寸:{}\n".format(data.shape))
print("变换为一维数组:\n{}".format(data.ravel()))
print("变换为一维数组后的数组尺寸:{}\n".format(data.ravel().shape))
print("变换为二维数组:\n{}".format(data.reshape(4,6)))
print("变换为二维数组后的数组尺寸:{}\n".format(data.reshape(4,6).shape))
print("变换为三维数组:\n{}".format(data.reshape(2,3,4)))
print("变换为三维数组后的数组尺寸:{}\n".format(data.reshape(2,3,4).shape))
print("变化为二维数组,列数对应 -1,自动根据元素数和行数计算列数:\n{}\n".
format(data.reshape(6,-1)))  #标注 -1 的轴自动计算维度
print("转置后的数组:\n{}".format(data.T))
print("转置后的数组尺寸:{}\n".format(data.T.shape))
```

程序输出如下:

```
原始数据:
[[1. 1. 1. 1. 1. 1. 1. 1. 1. 1. 1. 1.]
 [1. 1. 1. 1. 1. 1. 1. 1. 1. 1. 1. 1.]]
原始数据尺寸:(2, 12)

变换为一维数组:
[1. 1. 1. 1. 1. 1. 1. 1. 1. 1. 1. 1. 1. 1. 1. 1. 1. 1. 1. 1. 1. 1. 1. 1.]
变换为一维数组后的数组尺寸:(24,)
```

变换为二维数组：

```
[[1. 1. 1. 1. 1. 1.]
 [1. 1. 1. 1. 1. 1.]
 [1. 1. 1. 1. 1. 1.]
 [1. 1. 1. 1. 1. 1.]]
```

变换为二维数组后的数组尺寸：(4，6)

变换为三维数组：

```
[[[1. 1. 1. 1.]
  [1. 1. 1. 1.]
  [1. 1. 1. 1.]]

 [[1. 1. 1. 1.]
  [1. 1. 1. 1.]
  [1. 1. 1. 1.]]]
```

变换为三维数组后的数组尺寸：(2，3，4)

变化为二维数组，列数对应 -1，自动根据元素数和行数计算列数：

```
[[1. 1. 1. 1.]
 [1. 1. 1. 1.]
 [1. 1. 1. 1.]
 [1. 1. 1. 1.]
 [1. 1. 1. 1.]
 [1. 1. 1. 1.]]
```

转置后的数组：

```
[[1. 1.]
 [1. 1.]
 [1. 1.]
 [1. 1.]
 [1. 1.]
 [1. 1.]
 [1. 1.]
 [1. 1.]
 [1. 1.]
 [1. 1.]
 [1. 1.]
 [1. 1.]]
```

转置后的数组尺寸：(12，2)

上面程序段用到的函数都返回改变形状后的数组,但是原始数组形状不变。resize 功能和 reshape 类似,但是会修改原始数组的形状。

例如:

```
data = np.ones((2,6))
print("原始数据:\n{}".format(data))
print("原始数据尺寸:{}\n".format(data.shape))
data.resize(3,4)
print("变换维数后数组:\n{}".format(data))
print("变换维数后的数组尺寸:{}".format(data.shape))
```

程序运行结果如下:

```
原始数据:
[[1. 1. 1. 1. 1. 1.]
 [1. 1. 1. 1. 1. 1.]]
 原始数据尺寸:(2, 6)


变换维数后数组:
[[1. 1. 1. 1.]
 [1. 1. 1. 1.]
 [1. 1. 1. 1.]]
变换维数后的数组尺寸:(3, 4)
```

(4) 多个数组的堆积

多个数组可以沿不同的轴堆积在一起,vstack、row_stack 和 r_为按行堆积的函数,hstack、column_stack 和 c_为按列堆积的函数。例如:

```
a = np.array([[1,2,3],[4,5,6]])
b = np.array([[1,2,3],[4,5,6]])
print("原始数组 a:\n{}\n".format(a))
print("原始数组 b:\n{}\n".format(b))
c_vstack = np.vstack((a,b))
c_row_stack = np.row_stack((a,b))
c_r_ = np.r_[a,b]
print("两矩阵 vstack 行堆积后的数组 c:\n{}\n".format(c_vstack))
print("两矩阵 row_stack 行堆积后的数组 c:\n{}\n".format(c_row_stack))
print("两矩阵 r_行堆积后的数组 c:\n{}\n".format(c_r_))
d = np.hstack((a,b))
d_column_stack = np.column_stack((a,b))
d_r_ = np.c_[a,b]
print("列 hstack 堆积后的数组 d:\n{}\n".format(d))
print("两矩阵 column_stack 行堆积后的数组 c:\n{}\n".format(d_column_stack))
print("两矩阵 c_r_行堆积后的数组 c:\n{}\n".format(d_r_))
```

程序运行结果如下：

原始数组 a：

[[1 2 3]

 [4 5 6]]

原始数组 b：

[[1 2 3]

 [4 5 6]]

两矩阵 vstack 行堆积后的数组 c：

[[1 2 3]

 [4 5 6]

 [1 2 3]

 [4 5 6]]

两矩阵 row_stack 行堆积后的数组 c：

[[1 2 3]

 [4 5 6]

 [1 2 3]

 [4 5 6]]

两矩阵 r_行堆积后的数组 c：

[[1 2 3]

 [4 5 6]

 [1 2 3]

 [4 5 6]]

列 hstack 堆积后的数组 d：

[[1 2 3 1 2 3]

 [4 5 6 4 5 6]]

两矩阵 column_stack 行堆积后的数组 c：

[[1 2 3 1 2 3]

 [4 5 6 4 5 6]]

两矩阵 c_r_行堆积后的数组 c：

[[1 2 3 1 2 3]

 [4 5 6 4 5 6]]

（5）数组的拆分

使用 hsplit 可以沿数组的水平轴拆分数组,方法是指定要返回的形状相同的数组数量,或者指定要在其后进行划分的列。vsplit 沿垂直轴拆分数组,方法与 hsplit 类似。例如:

```
data = np.array([[ 0,  1,  2,  3],
       [10, 11, 12, 13],
       [20, 21, 22, 23],
       [30, 31, 32, 33]])
a_split = np.hsplit(data,2)
print("原始数组 data:\n{}\n".format(data))
print("按列拆分为 2 个数组后的数组为:\n{}\n".format(a_split))
b_split = np.hsplit(data,(3,1))
print("按列拆分为 3 和 1 后的数组为:\n{}\n".format(b_split))
c_split = np.vsplit(data,2)
print("按行拆分为 2 个数组后的数组为:\n{}\n".format(c_split))
d_split = np.vsplit(data,(3,1))
print("按行拆分为 3 和 1 后的数组为:\n{}\n".format(d_split))
```

程序的运行结果如下:

```
原始数组 data:
[[ 0  1  2  3]
 [10 11 12 13]
 [20 21 22 23]
 [30 31 32 33]]


按列拆分为 2 个数组后的数组为:
[array([[ 0,  1],
        [10, 11],
        [20, 21],
        [30, 31]]),
array([[ 2,  3],
        [12, 13],
        [22, 23],
        [32, 33]])]


按列拆分为 3 和 1 后的数组为:
[array([[ 0,  1,  2],
        [10, 11, 12],
        [20, 21, 22],
        [30, 31, 32]]),array([], shape = (4, 0), dtype = int32), array([[ 1,  2,  3],
        [11, 12, 13],
```

```
           [21, 22, 23],
           [31, 32, 33]])]


按行拆分为 2 个数组后的数组为：
[array([[ 0,  1,  2,  3],
        [10, 11, 12, 13]]),
array([[20, 21, 22, 23],
        [30, 31, 32, 33]])]


按行拆分为 3 和 1 后的数组为：
[array([[ 0,  1,  2,  3],
        [10, 11, 12, 13],
        [20, 21, 22, 23]]), array([], shape = (0, 4), dtype = int32),
 array([[10, 11, 12, 13],
        [20, 21, 22, 23],
        [30, 31, 32, 33]])]
```

3.2　数据分析库 Pandas

Pandas 是 Python 中的一个数据分析包，是基于 Numpy 构建的。Pandas 可以使我们更方便快捷地处理数据，经常用于数据预处理、数据清洗、数据分析工作。本节简单介绍一下 Pandas 中的数据类型，第 5 章会详细介绍 Pandas 中的预处理功能。

使用 Pandas 以前，首先要导入 Pandas 库，导入代码如下：

```
Import pandas as pd
```

3.2.1　Pandas 中的数据类型

Pandas 中有两种常用的数据类型：Series 和 DataFrame。

1. Series

Series 是一种类似于一维数组的对象，可以存放一组任意类型的数据。创建语法如下：

```
s = pd.Series(data, index = index)
```

这里，data 可以是以下类型数据：
- Python 的字典
- Numpy 中的 ndarray
- 标量数据

参数 index 是数据索引，是一个轴标签的列表，省略时默认是 0,1,2,…。可以通过索引访问 Series 的元素。

创建和访问 Series 的元素的示例程序如下：

```
import pandas as pd
import numpy as np
no = pd.Series(np.arange(5))
score1 = pd.Series([89,78,68,90,56], index = ["a", "b", "c", "d", "e"])
score2 = pd.Series({"wang": 1, "zhang": 0, "li": 2})
print("no:\n{}\n".format(no))
print("score1:\n{}\n".format(score1))
print("score2:\n{}\n".format(score2))
print("no[0]:{}".format(no[0]))
print("score1['a']:{}".format(score1['a']))
print("score2.wang:{}".format(score2.wang))
```

程序的运行结果如下：

```
no:
0    0
1    1
2    2
3    3
4    4
dtype: int32

score1:
a    89
b    78
c    68
d    90
e    56
dtype: int64

score2:
wang     1
zhang    0
li       2
dtype: int64

no[0]:0
score1['a']:89
score2.wang:1
```

2. DataFrame

DataFrame 是最常用的 Pandas 对象,可以存放表格型的数据类型。

创建 DataFrame 的语法如下:

```
s = pd.DataFrame(data, index = index, columns = columns)
```

其中,data 可以是 Python 的字典、Numpy 中二维 ndarray、Series、DataFrame 或 ndarray 中的结构或记录类型的数据;参数 index 是数据行索引,是一个轴标签的列表,省略时默认是 0,1,2,…;参数 columns 是数据列索引。可以通过行索引和列索引访问 DataFrame 的数据。

通过字典创建 DataFrame 的示例代码如下:

```
student = {'No':[1,2,3,4,5],'Name':['Rose','Jack','Tom','Brown','Alice'],'Age':[12,
11,10,13,15]}
student_dataframe = pd.DataFrame(student)
student_dataframe
```

程序结果如图 3.2 所示。

	No	Name	Age
0	1	Rose	12
1	2	Jack	11
2	3	Tom	10
3	4	Brown	13
4	5	Alice	15

图 3.2　程序结果 1

通过 Numpy 的数组创建 DataFrame 对象的代码如下:

```
dates = pd.date_range("20200101", periods = 5)
df = pd.DataFrame(
    np.random.randn(5, 4),
    index = dates,
    columns = ['Beijing','Shanghai','Guangzhou','Shenzhen'])
df
```

程序结果如图 3.3 所示。

	Beijing	Shanghai	Guangzhou	Shenzhen
2020-01-01	0.061850	1.444453	0.707778	-0.080910
2020-01-02	1.440632	1.418342	2.192554	1.247713
2020-01-03	-1.975542	-0.318640	-0.660377	-0.404881
2020-01-04	0.615296	1.298458	0.366806	0.238518
2020-01-05	-1.696507	1.547862	-0.321234	0.993633

图 3.3　程序结果 2

3.2.2　Pandas 中的数据处理

1. 数据访问

（1）通过 column 访问一列数据

例如，student_dataframe[' Name ']或 student_dataframe. name 两种方式都可以显示一列数据，如图 3.4 所示。

```
0      Rose
1      Jack
2       Tom
3     Brown
4     Alice
Name: Name, dtype: object
```

图 3.4　程序结果 3

（2）通过切片显示多行数据

例如，"student_dataframe[0:2]，"可显示 student_dataframe 中的前两行数据，如图 3.5 所示。

	No	Name	Age
0	1	Rose	12
1	2	Jack	11

图 3.5　程序结果 4

例如，"df["20200102":"20200104"]，"可显示索引所指定的三行数据，如图 3.6 所示。

	Beijing	Shanghai	Guangzhou	Shenzhen
2020-01-02	1.440632	1.418342	2.192554	1.247713
2020-01-03	-1.975542	-0.318640	-0.660377	-0.404881
2020-01-04	0.615296	1.298458	0.366806	0.238518

图 3.6　程序结果 5

（3）通过标签显示数据中的子表

例如，"df. loc["20200102":"20200104"，["Beijing"，"Shenzhen"]]，"显示 2020-1-02 至 2020-1-04"Beijng"和"Shenzhen"两列数据，如图 3.7 所示。

	Beijing	Shenzhen
2020-01-02	1.440632	1.247713
2020-01-03	-1.975542	-0.404881
2020-01-04	0.615296	0.238518

图 3.7　程序结果 6

（4）通过位置选择数据

通过位置可以选择表格中的某些行。

例如，"df.iloc[1]，"可显示 df 中第二行数据，如图 3.8 所示。

```
Beijing     1.440632
Shanghai    1.418342
Guangzhou   2.192554
Shenzhen    1.247713
Name: 2020-01-02 00:00:00, dtype: float64
```

图 3.8　程序结果 7

可以通过切片选择表中的多行数据。

例如，"df.iloc[3:5，0:2]，"的结果如图 3.9 所示。

	Beijing	Shanghai
2020-01-04	0.615296	1.298458
2020-01-05	-1.696507	1.547862

图 3.9　程序结果 8

可以通过整数列表指定选择的行和列。

例如，"df.iloc[[1，2，4]，[0，2]]，"的结果如图 3.10 所示。

	Beijing	Guangzhou
2020-01-02	1.440632	2.192554
2020-01-03	-1.975542	-0.660377
2020-01-05	-1.696507	-0.321234

图 3.10　程序结果 9

2. 数据筛选

（1）根据设置条件筛选数据。

例如，"student_dataframe[student_dataframe['Age']>12]"可以根据"Age"筛选出年龄大于 12 的学生数据，如图 3.11 所示。

	No	Name	Age	Gender
3	4	Brown	13	boy
4	5	Alice	15	girl

图 3.11　程序结果 10

（2）根据多个条件进行筛选。

例如，

```
student_dataframe[(student_dataframe['Age']>12) & (student_dataframe['Gender']
== 'girl')]
```

运行结果如图 3.12 所示。

	No	Name	Age	Gender
4	5	Alice	15	girl

图 3.12　程序结果 11

（3）利用 isin 函数进行数据的筛选。

例如，

```
student_dataframe[student_dataframe['Name'].isin(['Jack','Alice'])]
```

筛选结果如图 3.13 所示。

	No	Name	Age	Gender
1	2	Jack	11	boy
4	5	Alice	15	girl

图 3.13　程序结果 12

（4）利用 between 函数设置条件进行筛选。

例如，

```
student_dataframe[student_dataframe.Age.between(12,14)]
```

筛选结果如图 3.14 所示。

	No	Name	Age	Gender
0	1	Rose	12	girl
3	4	Brown	13	boy

图 3.14　程序结果 13

3. 数据排序

（1）升序排序

按某列升序排序的实现方法如下：

```
student_dataframe.sort_values('Age')
```

函数 sort_values 按列"Age"列的值对表格的各行进行升序排序,结果如图 3.15 所示。

	No	Name	Age	Gender
2	3	Tom	10	boy
1	2	Jack	11	boy
0	1	Rose	12	girl
3	4	Brown	13	boy
4	5	Alice	15	girl

图 3.15　程序结果 14

（2）降序排序各行

按某列降序排序实现方法如下：

```
student_dataframe.sort_values(by='Age',ascending = False)
```

运行结果如图 3.16 所示。

	No	Name	Age	Gender
4	5	Alice	15	girl
3	4	Brown	13	boy
0	1	Rose	12	girl
1	2	Jack	11	boy
2	3	Tom	10	boy

图 3.16　程序结果 15

4. 数据统计

（1）利用 describe 函数对表格中的数据进行统计。

例如，利用 df.describe 函数对数值型的各列数据统计记录的个数、均值、标准差、最小值、最大值等，得到结果如图 3.17 所示。

	Beijing	Shanghai	Guangzhou	Shenzhen
count	5.000000	5.000000	5.000000	5.000000
mean	-0.310854	1.078095	0.457106	0.398814
std	1.479492	0.785827	1.111008	0.702886
min	-1.975542	-0.318640	-0.660377	-0.404881
25%	-1.696507	1.298458	-0.321234	-0.080910
50%	0.061850	1.418342	0.366806	0.238518
75%	0.615296	1.444453	0.707778	0.993633
max	1.440632	1.547862	2.192554	1.247713

图 3.17　程序结果 16

（2）计算常用的统计量

例如，对各列分别求和、平均、标准差、方差，实现方法及运行结果如图 3.18 所示。

（3）分类统计

Pandas 可以采用 groupby 和统计函数相结合的方式实现分类汇总。

例如，下面语句可实现对 DataFrame 数据根据性别分类计数：

```
student_dataframe.groupby('Gender').count()
```

运行结果如图 3.19 所示。

例如，下面语句可实现根据性别统计不同性别的平均年龄：

```
1  df.sum()
```
```
Beijing    -1.554271
Shanghai    5.390475
Guangzhou   2.285528
Shenzhen    1.994072
dtype: float64
```
(a) 求和

```
1  df.mean()
```
```
Beijing    -0.310854
Shanghai    1.078095
Guangzhou   0.457106
Shenzhen    0.398814
dtype: float64
```
(b) 平均

```
1  df.std()
```
```
Beijing    1.479492
Shanghai   0.785827
Guangzhou  1.111008
Shenzhen   0.702886
dtype: float64
```
(c) 标准差

```
1  df.cov()
```

	Beijing	Shanghai	Guangzhou	Shenzhen
Beijing	2.188896	0.652691	1.497044	0.418318
Shanghai	0.652691	0.617524	0.464402	0.369934
Guangzhou	1.497044	0.464402	1.234338	0.450646
Shenzhen	0.418318	0.369934	0.450646	0.494048

(d) 方差

图 3.18　程序结果 17

	No	Name	Age
Gender			
boy	3	3	3
girl	2	2	2

图 3.19　程序结果 18

```
student_dataframe.groupby('Gender').Age.mean()
```

运行结果如图 3.20 所示。

```
Gender
boy     11.333333
girl    13.500000
Name: Age, dtype: float64
```

图 3.20　程序结果 19

3.3　机器学习库 Scikit-learn

Scikit-learn 简称 Sklearn,是 Python 中重要的机器学习第三方模块。它对常用的机器学习方法进行了封装,包括分类(Classification)、回归(Regression)、聚类(Clustering)、降维(Dimensionality Reduction)、模型选择(Model Selection)和预处理(Preprocessing)等方法,如图 3.21 所示。

Sklearn 基于 Numpy、Matplotlib 和 Scipy 构建,封装了大量的机器学习算法,内置了大量的数据集,拥有完善的文档,可以提高采用机器学习解决问题的效率。

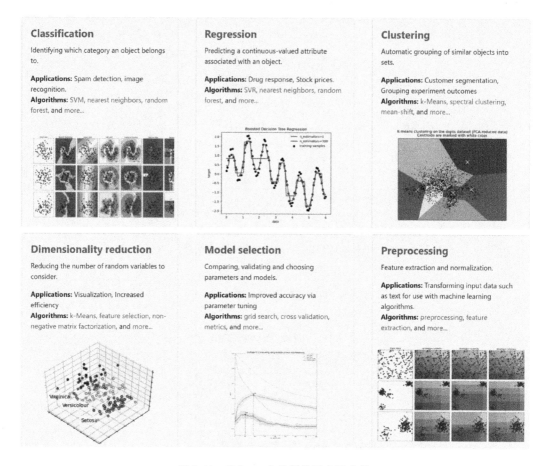

图 3.21　Sklearn 中机器学习方法分类

　　采用机器学习解决问题的一般流程是数据获取、数据预处理、模型训练、模型评估、预测。采用 Sklearn 实现时,可以参考图 3.22 所示的路径图来解决问题。

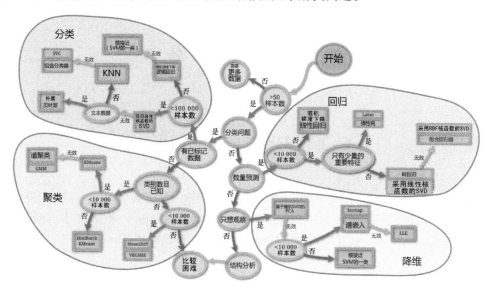

图 3.22　Sklearn 算法选择路径图

3.3.1　Sklearn 中的数据集

Sklearn 中内置大量的优质数据集,在学习机器学习的过程中,我们可以使用这些数据集实现不同的机器学习模型,从而提高我们的动手实践能力。

使用 Sklearn 中的数据集时,首先要导入 Datasets 模块。导入代码如下:

```
from sklearn import datasets
```

Datasets 中包含的常用数据集和调用方法如表 3.1 所示。

表 3.1　Sklearn 中的常用数据集和调用方法

数据集名称	调用方法	数据规模	适用方法
鸢尾花数据集	load_iris()	150×4	分类
乳腺数据集	load_breast_cancer	569×30	分类
手写数字数据集	load_digits()	5 620×64	分类
红酒数据集	load_wine()	178×13	分类
糖尿病数据集	Load_diabetes()	442×10	回归
波士顿房价数据集	Load_boston()	506×13	回归
Olivetti 人脸数据集	fetch_olivetti_faces()	400×4 096	分类
新生儿文本数据集	fetch_20newsgroups()	18 000×20	分类

除了使用 Datasets 中自带的数据集外,还可以采用 Datasets 中的方法生成数据集。下面我们介绍几种常用的生成数据集的方法。

1. 用 make_blobs 生成分类数据集

make_blobs 可根据样本数目、特征个数、类别数目、每类的标准差等参数生成数据集,使用语法如下:

```
sklearn.datasets.make_blobs(n_samples = 100, n_features = 2, centers = 3,cluster_std = 1.0, center_box = ( - 10.0, 10.0), shuffle = True, random_state = None)
```

其中,n_samples 表示生成的样本数目;n_features 表示数据特征的维度;centers 表示数据点中心个数,即类别个数;cluster_std 表示每个聚类的标准差。

函数返回值:

X:[n_samples, n_features]形状的数组,存放生成的样本。

y:[n_samples]形状的数组,存放每个样本的标签(类别)。

例如,下面代码生成了 100 个样本的二维数据,数据有 3 个类别。

```
from sklearn.datasets import make_blobs
from matplotlib import pyplot
data,label = make_blobs(n_samples = 100,n_features = 2,centers = 3)
pyplot.scatter(data[:,0],data[:,1],c = label)
pyplot.show()
```

生成的分类数据如图 3.23 所示。

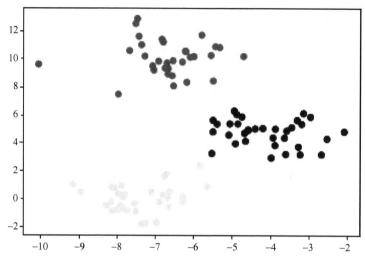

图 3.23　用 make_blobs 生成的分类数据

2. 用 make_classification 生成含噪声的分类数据集

make_classification 在生成分类数据过程中通过冗余和信息特征个数、每类数据高斯聚类中心个数、特征空间的线性变换这些方式引入噪声。make_classification 语法如下：

```
sklearn.datasets.make_classification(n_samples = 100, n_features = 20, *, n_
informative = 2, n_redundant = 2, n_repeated = 0, n_classes = 2, n_clusters_per_class
= 2, weights = None, flip_y = 0.01, class_sep = 1.0, hypercube = True, shift = 0.0,
scale = 1.0, shuffle = True, random_state = None)
```

其中：

n_samples 表示生成的样本个数；

n_features 表示生成数据的特征维数；

n_informative 表示信息特征个数；

n_redundant 表示冗余特征个数，冗余特征是由信息特征的随机线性组合生成的；

n_repeated 表示重复特征个数，重复特征是从信息特征和冗余特征随机选取的；

n_classes 表示生成数据的类别个数；

n_clusters_per_class 表示每类聚类中心的个数。

函数返回值：

X：[n_samples, n_features]形状的数组，存放生成的样本。

y：[n_samples]形状的数组，存放每个样本的标签（类别）。

3. 用 make_regression 生成回归数据

make_regression 函数可生成回归数据，语法如下：

```
sklearn.datasets.make_regression(n_samples = 100, n_features = 100, *, n_
informative = 10, n_targets = 1, bias = 0.0, effective_rank = None, tail_strength = 0.5,
noise = 0.0, shuffle = True, coef = False, random_state = None)
```

其中：

　　n_samples 表示生成的样本个数；

　　n_features 表示生成数据的特征维数；

　　n_informative 表示信息特征个数；

　　n_targets 表示目标值的个数，即输出矢量的维数；

　　noise 表示高斯噪声的标准差。

　　make regression 函数返回值：

　　X：[n_samples，n_features]形状的数组，存放生成的样本。

　　y：[n_samples]形状的数组，存放每个样本的输出值。

3.3.2　数据预处理

　　数据预处理是机器学习中非常重要的一环，Sklearn 中的 preprocessing 模块提供了很多常用的函数和类，它们可以将原始数据转化为更适合建模的数据表示。常用的预处理函数如表 3.2 所示。

表 3.2　Sklearn 中 preprocessing 模块中常用的预处理函数

预处理函数的名称	功能
StandardScaler	将数据标准化为均值为 0，方差为 1 的数据
MaxAbsScaler	最大绝对值标准化
MinMaxScaler	最小最大标准化
RobustScaler	鲁棒标准化
Normalizer	正则化
OrdinalEncoder	类别特征编码
OneHotEncoder	类别特征编码
KBinsDiscretizer	特征离散化化
Binarizer	特征二值化
SimpleImputer	缺失数据处理方法
IterativeImputer	多特征缺失数据补充

　　第 5 章将专门介绍数据预处理方法，在此不再详细讲解。

3.3.3　数据建模

　　Sklearn 中提供的机器学习建模方法有很多，如线性模型、支持向量机、k 近邻、朴素贝叶斯、决策树、集合方法、人工神经网络等。从第 7 章开始会详细介绍常用方法的原理及实现，在此不再详细介绍。

3.3.4　模型评估与优化

1. 样本划分

　　在机器学习问题中，我们通常对训练集进行样本划分，划分为训练样本和测试样本两部分,训练样本用来训练,测试样本用来测试。

sklearn. model_selection 模块的 triain_test_split 函数将样本可以划分为 train 和 test 两部分,其中 train 用来训练模型,test 用来评估模型。实现语法如下:

```
sklearn.model_selection.train_test_split( * arrays, test_size = None, train_size = None, random_state = None, shuffle = True, stratify = None)
```

其中,arrays 中存放样本数据,test_size 指定测试样本所占总样本的比例,train_size 指定训练样本所占比例,random_state 表示随机状态。

2. 模型评估

Sklearn 的 metric 模块实现了很多模型评价指标。

(1) 分类模型评估

在 Sklearn 中分类模型评估指标有很多,下面介绍常用的几种。

① 分类正确率

Sklearn 的每个机器学习方法对象中都有 score 方法,可以根据测试样本的标签和测试样本的预测标签计算平均正确率。另外,Skearn 中的 metrics 模块封装了 accuracy_score 方法,它也可用来计算测试样本的正确率或者正确预测样本的个数。

accuracy_score 函数语法如下:

```
sklearn.metrics.accuracy_score(y_true, y_pred, * , normalize = True, sample_weight = None)
```

其中:

y_true 表示存储测试样本真正的标签。

Y_pred 表示存放分类模型预测的标签。

normalize 表示布尔类型的值。当是 True 时,返回正确率,否则返回正确分类的样本个数。该参数省略时为 True。

sample_weight 表示样本权重。

函数返回值如下。

score:当 normalize = True 时返回正确率,否则返回正确分类的样本个数。

例如:

```
from sklearn.metrics import accuracy_score
y_pred = [0, 2, 1, 3, 1, 1, 2, 3, 0, 0]
y_true = [0, 1, 2, 3, 1, 2, 2, 3, 1, 0]
rightrate = accuracy_score(y_true, y_pred)
print("样本正确率为:%.2f%%" %(rightrate * 100))
right_num = accuracy_score(y_true, y_pred, normalize = False)
print("正确预测样本的个数为:%d" % right_num)
```

程序运行结果如下:

```
样本正确率为:60.00%
正确预测样本的个数为:6
```

② 混淆矩阵

混淆矩阵衡量的是一个分类器分类的准确程度。对于 n 个类别的分类器,混淆结果是一个 $n \times n$ 的矩阵。行代表真实分类,列代表模型预测分类。第 i 行、第 j 列代表第 i 类样本预测为第 j 类的样本个数。

例如:

```
from sklearn.metrics import confusion_matrix
y_pred = [0, 2, 1, 3, 1, 1, 2, 3, 0, 0]
y_true = [0, 1, 2, 3, 1, 2, 2, 3, 1, 0]
confusion_matrix(y_true = y_true, y_pred = y_pred)
```

运行结果如下:

```
array([[2,0,0,0],
       [1,1,1,0],
       [0,2,1,0],
       [0,0,0,2]], dtype = int64)
```

从样本标签可以看到样本有 4 类:0、1、2 和 3。所以混淆矩阵为 4×4 的矩阵。从运行结果可以看到,把第 1 类错预测为第 0 类有 1 个样本,把第 1 类错预测为第 2 类有 1 个样本,把第 2 类错预测第 1 类有 2 个样本,混淆矩阵对角线的样本为每类正确预测样本的个数。混淆矩阵可以很好地反应分类器的分类情况,是一个非常好的评价指标。

③ classification_report

在 Sklearn 中 metrics 模块的 classification_report 可以显示主要分类指标的文字报告,语法如下:

```
sklearn.metrics.classification_report(y_true, y_pred, * , labels = None, target
_names = None, sample_weight = None, digits = 2, output_dict = False, zero_division = '
warn')[source]
```

其中:

y_true 表示存储测试样本真正的标签。

Y_pred 表示存放分类模型预测的标签。

Labels 表示包含在报告中的标签下标列表。

target_names 表示报告中显示的类别名称。

sample_weight 表示样本权重。

output_dict 为布尔型值,默认是 False。如果为 True,则返回值类型为字典型,否则为字符串型。

函数返回值如下。

report:每类的精确度、回召率、F1 score 的文字总结。如果 output_dict＝True,则返回字典。字典结构如下:

```
{'label 1': {'precision':0.5,
            'recall':1.0,
            'f1-score':0.67,
            'support':1},
'label 2': { ... },
  ...
}
```

例如：

```
from sklearn. metrics import classification_report
y_true = [0, 2, 1, 2, 1, 1, 2, 1, 0, 0]
y_pred = [0, 1, 2, 2, 1, 2, 2, 1, 1, 0]
target_names = ['class 0', 'class 1', 'class 2']
print(classification_report(y_true, y_pred, target_names = target_names))
```

程序运行结果如图 3.24 所示。

```
              precision    recall  f1-score   support

     class 0       1.00      0.67      0.80         3
     class 1       0.50      0.50      0.50         4
     class 2       0.50      0.67      0.57         3

    accuracy                          0.60        10
   macro avg       0.67      0.61      0.62        10
weighted avg       0.65      0.60      0.61        10
```

图 3.24　classification_report 运行结果

④ 精确率、回召率、F1_score

在 Sklearn 中 metrics 模块的 precision_score、recall_score、f1_score 可以分别计算精确率、回召率、F1_score。precision_recall_fscore_support 可以通过一个函数返回这三个参数的值。

⑤ ROC 曲线

metric 模块中的 roc_curve 可计算 ROC 特征，auc 可计算 ROC 曲线下的面积，RocCurveDisplay 可绘制 ROC 曲线。

例如：

```
import matplotlib. pyplot as plt
import numpy as np
from sklearn import metrics
y = np. array( [0, 1, 1, 0, 1, 1, 0, 1, 1, 0, 0, 1, 1, 0, 1, 1, 0, 1, 1, 0,0, 1, 1, 0,
1, 1, 0, 1, 1, 0])
```

```
pred = np.array([0, 1, 0, 0, 1, 0, 0, 1, 1, 0, 0, 1, 1, 0, 1, 1, 0, 1, 1, 0, 0, 1, 1,
0, 1, 1, 0, 1, 1, 0])
fpr, tpr, thresholds = metrics.roc_curve(y, pred)
roc_auc = metrics.auc(fpr, tpr)
display = metrics.RocCurveDisplay(fpr = fpr, tpr = tpr, roc_auc = roc_auc,
estimator_name = 'example estimator')
display.plot()
plt.show()
```

程序运行结果如图 3.25 所示。

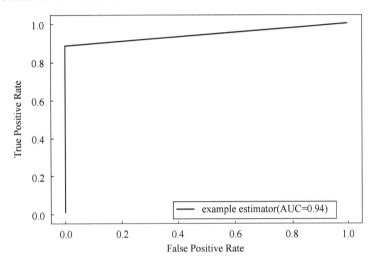

图 3.25　ROC 曲线

（2）回归模型评估

Sklearn. metrics 模块实现了几个损失函数,用得分函数来评价回归性能。

① Explained variance score

$$\text{explained\_variance}(y, \hat{y}) = 1 - \frac{\text{Var}(y - \hat{y})}{\text{Var}(y)}$$

Sklearn. metrics 模块的 explained_variance_score 函数可计算该得分。

② Max error

$$\text{MaxError} = \max(\left| y_i - \hat{y}_i \right|)$$

Sklearn. metrics 模块的 max_error 函数可计算该得分。

③ Mean_absolute_error

$$\text{MAE}(y, \hat{y}) = \frac{1}{n_{\text{samples}}} \sum_{i=0}^{n_{\text{sample}}-1} \left| y_i - \hat{y}_i \right|$$

Sklearn. metrics 模块的 mean_absolute_error 函数可计算该得分。

④ Mean_squared_error

$$\text{MSE}(y, \hat{y}) = \frac{n_{\text{sample}}-1}{i=0} (y_i - \hat{y}_i)^2$$

Sklearn. metrics 模块的 mean_squared_error 函数可计算该得分。

⑤ Mean_squared_logarithmic error

$$\text{MSLE}(y,\hat{y}) = \frac{1}{n_{\text{sample}}} \sum_{i=0}^{n_{\text{sample}}-1} (\log(1+y_i) - \log(1+\hat{y}_i))^2$$

Sklearn. metrics 模块的 mean_squared_log_error 函数可计算该得分。
例如：

```
from sklearn import metrics
y_true = [3, 0.5, 2, 7]
y_pred = [2.5, 0.0, 2, 8]
print("Explained Variance Score：% f"
        % metrics. explained_variance_score(y_true, y_pred))
print("Max Error：% f" % metrics. max_error(y_true, y_pred))
print("Mean Absolute Error：% f" % metrics. mean_absolute_error(y_true, y_pred))
print("Mean Squared Error：% f" % metrics. mean_squared_error(y_true, y_pred))
print("Mean Squared log Error：% f"
        % metrics. mean_squared_log_error(y_true, y_pred))
```

程序运行结果如下：

```
Explained Variance Score：0.935310
Max Error：1.000000
Mean Absolute Error：0.500000
Mean Squared Error：0.375000
Mean Squared log Error：0.049026
```

3. 模型优化

采用 train_test_split 方法时，数据划分具有偶然性，样本数量比较少时，结果不够可靠，因此可采用交叉检验的方式。交叉检验可以用于优化模型。常用的交叉检验方法是 k-fold 交叉检验。数据集分成 k 份，轮流将其中的 $k-1$ 份作为训练样本，1 份作为验证样本，将 k 次结果的均值作为对算法精度的估计。例如，5-fold 交叉检验如 3.26 所示。

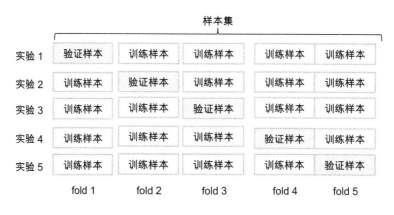

图 3.26　5-fold 交叉检验

在 Sklearn 中,model_selection 模块实现常规交叉检验的函数是 cross_val_score、cross_validate。这两个函数参数相似,返回值不同,cross_val_score 返回通过交叉检验对模型进行验证所得的平均得分,cross_validate 会返回模型得分、训练样本得分、测试样本得分、训练时间,评估时间、模型等参数。

语法如下:

```
sklearn.model_selection.cross_val_score(estimator, X, y = None, *, groups =
None, scoring = None, cv = None, n_jobs = None, verbose = 0, fit_params = None, pre_
dispatch ='2 * n_jobs', error_score = nan)
    sklearn.model_selection.cross_validate(estimator, X, y = None, *, groups =
None, scoring = None, cv = None, n_jobs = None, verbose = 0, fit_params = None, pre_
dispatch ='2 * n_jobs', return_train_score = False, return_estimator = False, error_
score = nan)
```

其中:

estimator 为待评估的模型。

X,y 分别为样本特征和标签。

scoring 为评价模型的指标。

cv 为样本划分策略,默认为 5-fold 交叉检验。当是整数时,指定将样本划分为几份。

3.4　本　章　小　结

本章介绍了 Numpy、Pandas 的数据类型和基本操作,为后期生成、处理数据奠定了基础。本章还介绍了 Sklearn 的基本模块和功能,为后期人工智能算法的实现奠定了基础。

第4章 数 据 获 取

大数据作为人工智能的重要基础已经成为人工智能时代下必不可少的一部分。但是如何获取数据呢？网络爬虫是一种高效的信息采集利器，利用它可以快速、准确地采集各种数据资源，因此成为获取数据的重要途径。网络爬虫是一种按照一定的规则，自动地抓取互联网信息的程序。通过网络爬虫，按照设定好的规则自动采集精准的目标数据，是数据分析的前提。

4.1 爬虫的基础知识

网络爬虫又名"网络蜘蛛"，是通过网页的链接地址来寻找网页，从网站的一个页面开始，读取网页的内容，找到在网页中的其他链接地址，然后通过这些链接地址寻找下一个网页，这样一直循环下去，直到按照某种策略把互联网上所有的网页都抓取完为止的技术。爬虫的本质就是自动化地去模拟正常人类发起的网络请求，然后获取网络请求所返回的数据。

4.1.1 爬虫分类

网络爬虫按照系统结构和实现技术的不同，通常分为以下几种类型，如表 4.1 所示。

表 4.1　爬虫分类

分类	简介
通用爬虫	搜索引擎抓取系统（百度、Google、Bing 等）
聚焦爬虫	爬取特定领域或主题的信息
增量爬虫	只爬取新产生或发生变化的内容
深层爬虫	爬取需求填写表单才能访问下载的网站，通常需要密码登录

通用爬虫从互联网中搜集网页，将互联网上的网页下载到本地，形成互联网内容的镜像备份，这些网页信息为搜索引擎提供支持，是搜索引擎抓取系统（百度、Google、Bing 等）的重要组成部分。它决定着整个搜索引擎的内容是否丰富，信息是否及时，因此其性能直接影响着搜索引擎的效果。

聚焦爬虫是面向特定领域或主题的一种网络爬虫程序。聚焦爬虫在实施网页抓取时会对内容进行处理筛选，只抓取与需求相关的网页信息。通用爬虫与聚焦爬虫的区别就在有没有对信息进行过滤以尽量保证只抓取与领域或主题相关的网页信息。

　　增量爬虫是指在具有一定量规模的网络页面集合的基础上,通过爬虫程序监测某网站数据更新的情况,采用更新数据的方式选取更新的网页信息并进行数据抓取,以保证所抓取到的数据与真实网络数据足够接近。

　　深层爬虫是指爬取深层网页(Deep Web)的爬虫。深层网页是指那些存储在网络数据库中,不能通过超链接访问而需通过动态网页技术(常用的语言有 ASP、PHP、JSP 等)访问的资源集合。现有的深层爬虫主要采用基于表单填写或以 Ajax 为基础的 JavaScript 网络信息抽取技术实现。

4.1.2　robots 协议

　　robots 协议告诉网络爬虫,网站中的哪些内容是不应被获取的,哪些内容是可以获取的,是互联网通行的道德规范,其目的是保护网站数据和敏感信息,确保用户个人信息不被泄露和隐私不被侵犯。网络爬虫可以据此自动抓取或者不抓取该网页内容,因为一些系统中的 URL 是对大小写敏感的,所以 robots.txt 的文件名统一为小写,放置于网站的根目录下。

　　网络爬虫在爬取一个网站之前,要先获取到这个文件,然后解析其中的规则,robots.txt 文件通用语法规则的写法如下。

　　(1) User-agent:指定对哪些爬虫生效。

　　(2) Disallow:指定要屏蔽的网址。

　　(3) 允许所有爬虫收录本站:robots.txt 为空就可以,什么都不要写。

　　(4) 禁止所有爬虫收录网站的某些目录:

```
user-agent: *
disallow: /目录名 1/
disallow: /目录名 2/
disallow: /目录名 3/
```

　　(5) 禁止某个爬虫收录本站,如禁止百度:

```
user-agent: baiduspider
disallow: /
```

　　(6) 禁止所有爬虫收录本站:

```
user-agent: *
disallow: /
```

4.1.3　HTTP 协议

　　HTTP 协议即超文本传输协议(Hypertext Transfer Protocol),定义了 Web 客户端如何从 Web 服务器请求 Web 页面,以及服务器如何把 Web 页面传送给客户端。

　　HTTPS 的全称是 Hyper Text Transfer Protocol over Secure Socket Layer ,是基于 HTTP 协议,通过 SSL 或 TLS 提供加密处理数据、验证对方身份以及实现数据完整性保护,简单讲是 HTTP 安全版,即在 HTTP 下加入 SSL 层,简称为 HTTPS。现在越来越多的网站开始使用 HTTPS 协议。

HTTP/HTTPS 协议请求/响应的步骤如下。

1. 客户端与 Web 服务器连接

一个 HTTP 客户端通常是浏览器,与 Web 服务器的 HTTP 端口建立一个连接,如 https://www.baidu.com/。

2. 发送 HTTP 请求

浏览器发送消息给该网址所在的服务器,这个过程叫作 HTTP Request,一个 Request 请求分为 4 部分内容:请求网址(Request URL)、请求方法(Request Method)、请求头(Request Headers)、请求体(Request Body)。

下面用 Chrome 浏览器开发者模式下的 Network 监听组件来说明这个过程。打开 Chrome 浏览器,单击右键选择"检查"菜单项,打开浏览器的开发者工具。这里以访问百度为例,在浏览器地址栏输入 https://www.baidu.com/后回车,可以看到这个过程中 Network 页面下方出现了一个个的条目,其中一个条目就代表一次发送请求和接收响应的过程,如图 4.1 所示。

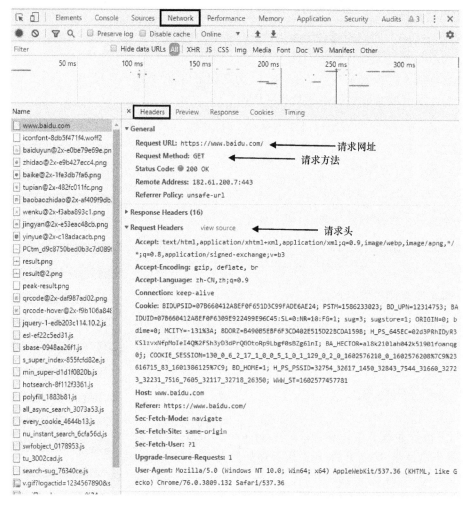

图 4.1　HTTP 的请求过程

（1）请求网址

请求网址即统一资源定位符(URL)，它可以唯一确定我们想请求的资源。

（2）请求方法

在浏览器中直接输入 URL 回车，这里便发起了一个 GET 请求。常见的请求方法有两种：GET 和 POST。POST 请求大多在表单提交时发起。例如，在登录表单、输入用户名和密码后，单击“登录”按钮，通常会发起一个 POST 请求，其数据通常以表单的形式传输，而不会体现在 URL 中。

（3）请求头

请求头是请求的重要组成部分，在写爬虫时，在大部分情况下都需要设定请求头。下面简要说明一些常用的头信息。

Accept：指定客户端可接受哪些类型的信息。

Accept-Language：指定客户端可接受的语言类型。

Accept-Encoding：指定客户端可接受的内容编码。

Host：指定请求资源的主机 IP 和端口号。

Cookie：主要功能是维持当前访问会话，是网站为了辨别用户进行会话跟踪而存储在用户本地的数据。例如，输入用户名和密码成功登录某个网站后，服务器会用会话保存登录状态信息，以后每次刷新或请求该站点的其他页面时，会发现都是登录状态，这就是 Cookie 的作用。

Referer：用来标识请求是从哪个页面发送过来的，服务器可以拿到这一信息并做相应的处理，如做来源统计、防盗链处理等。

User-Agent：可以使服务器识别客户使用的操作系统及版本、浏览器及版本等信息。若在做爬虫时加上此信息，可以伪装为浏览器，而如果不加，爬虫很容易会被识别出。

（4）请求体

对于 GET 请求，请求体为空。请求体的内容是 POST 请求中的表单数据。

3. 服务器接受请求并返回 HTTP 响应

服务器收到浏览器发送的消息后，能够根据浏览器发送消息的内容，做相应处理，然后把消息回传给浏览器。这个过程叫作 HTTP Response。响应由响应状态码(Response Status Code)、响应头(Response Headers)和响应体(Response Body)三部分组成。浏览器收到服务器的 Response 信息后，首先解析状态行，查看表明请求是否成功的状态代码(常见的状态码如表 4.2 所示)。

表 4.2　HTTP 状态码列表

状态码	状态码的英文名称	中文描述
200	OK	请求成功。一般用于 GET 与 POST 请求
400	Bad Request	客户端请求的语法错误，服务器无法理解
401	Unauthorized	请求要求用户的身份认证
403	Forbidden	服务器理解请求客户端的请求，但是拒绝执行此请求
404	Not Found	服务器无法根据客户端的请求找到资源(网页)。通过此代码，网站设计人员可设置“您所请求的资源无法找到”的个性页面
500	Internal Server Error	服务器内部错误，无法完成请求
503	Service Unavailable	由于超载或系统维护，服务器暂时无法处理客户端的请求

响应头包含的信息如图 4.2 所示。

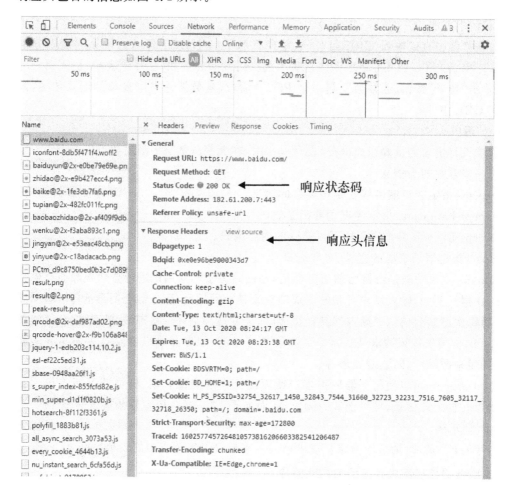

图 4.2　HTTP 的响应头信息

常用的服务器响应头的信息如下：

Content-Encoding：指定响应内容的编码。

Content-Type：指定返回的数据类型。

Date：标识响应产生的时间。

Expires：指定响应的过期时间。

Server：包含服务器的名称、版本号信息。

Set-Cookie：设置 Cookies。

响应体的信息是爬虫请求的内容，若请求网页，响应体就是网页的 HTML 代码，若请求图片，响应体就是图片的二进制数据。响应体为网页的结果，如图 4.3 所示。

4. 解析 HTML 内容

网页解析其实就从网页服务器返回给我们的信息中提取我们想要数据的过程。因为当前绝大多数网页源代码都是用 HTML 语言写的，而 HTML 语言是非常有规律性的。例如，所有文章标题都具有相同结构，可以利用网页解析库批量获取，然后在浏览器窗中展示。

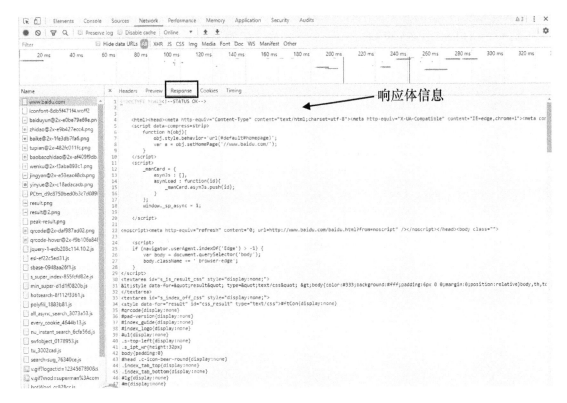

图 4.3　HTTP 的响应体信息

4.1.4　网页结构

互联网中的数据都是以网页的形式存在的,为了清楚地了解爬虫如何对网页进行解析,需要先了解网页的结构。

我们在浏览器中看到的网页源代码是由一系列 HTML 代码构成的,HTML(Hyper Text Markup Language)不是一种编程语言,而是一种标记语言,HTML 使用标签来描述网页。例如,在 Chrome 浏览器里面打开任意一个页面,如今日头条(https://www.toutiao.com/),单击右键选择"检查"项(或者直接按快捷键 F12),打开浏览器的开发者工具,在 Elements 选项卡即可看到当前网页的源代码,如图 4.4 所示。

图 4.4　网页源代码的显示页面

网页是数据的载体,为了更好地提取网页中所需的数据,需要分析网页的结构,网页主要由三部分——HTML、CSS 和 JavaScript——构成。下面先从一个最简单的 HTML 页面开始学起。

1. HTML

例 4.1 HTML 的具体代码和在浏览器中的运行结果如图 4.5 所示。

```
<html>
    <head>
        <title>我的第一个 HTML</title>
    </head>
    <body>
        <h1>这是一个简单的 HTML</h1>
        <h2>这是一个简单的 HTML</h2>
        <h3>这是一个简单的 HTML</h3>
        <p>Hello World! </p>
    </body>
</html>
```

图 4.5　HTML 显示页面

HTML 都是成对出现的,一个最基本的 HTML 主要包括以下几个部分。

(1) html 标签:网页都是以"<html>"开始的,然后在网页最后以"</html>"结尾。

(2) head 标签:<html>后接着是<head>页头,其在<head></head>中的内容在浏览器中不显示,这里是放置 JavaScript、CSS 样式的区域;head 标签里面的"<title></title>"中放置的是网页标题,可在浏览器标题栏的最左边看见。

(3) body 标签:<body></body>是网页的内容呈现区,放置的内容可以通过浏览器呈现,其内容可以是 table 表格布局格式内容,也可以 DIV 布局的内容,也可以直接是文字。h1、h2、h3 元素分别标记的内容是一级标题、二级标题和三级标题,p 是一个段落。

从图 4.5 可以看到,在选项卡上显示了"我的第一个 HTML"字样,这是 head 中 title 里面定义的文字,网页正文是由 body 标签内部定义的各个元素生成的,可以看到这里显示了一级标题、二级标题、三级标题和段落。

2. CSS

HTML 定义了网页的结构,要想让 HTML 页面的布局美观需要借助 CSS(全称叫作 Cascading Style Sheets,即层叠样式表)。CSS 用于描述网页页面排版样式,是一种标准样式表语言。"层叠"是指当在 HTML 中引用了数个样式文件,当样式发生冲突时,浏览器能依据层叠顺序处理。"样式"是指网页中文字大小、颜色、元素间距、排列等格式。

CSS 在网页中会统一定义整个网页的样式规则,CSS 样式可以写在网页开头的<head></head>中,或者写入 CSS 文件中(其后缀为 css)。

例 4.2 一个写在网页开头的 CSS 样式的代码如下:

```
<head>
    <title>我的第一个 HTML 页面</title>
    <meta charset = "utf-8"/>
```

```
< style type = "text/css">
        h1 {
            color: red
        }
        p {
            color: blue
        }
    </style>
</head>
……
```

样式的定义放到 HTML 的< head ></head >的标签内,写在< style type ＝ "text/css"></style >标签当中,在这个样式表中,定义了一级标题 h1 的颜色是红色,段落 p 的颜色为蓝色。

3. JavaScript

JavaScript 是互联网上最流行的脚本语言之一,可用于 HTML 和 Web,插入 HTML 页面后,可在所有的浏览器中执行。

例 4.3　JavaScript 时钟效果具体实现代码如下:

```
< head >
    <title>我的第一个 HTML 页面</title>
    < meta charset = "utf - 8"/>
 < script type = "text/javascript">
        function startTime() {
            var today = new Date()
            var h = today. getHours()
            var m = today. getMinutes()
            var s = today. getSeconds()
            m = checkTime(m)
            s = checkTime(s)
            document. getElementById('txt'). innerHTML = h + ":" + m + ":" + s
            t = setTimeout('startTime()', 500)
        }
        function checkTime(i) {
            if (i < 10) {
                i = "0" + i
            }
            return i
        }
    }
        </script >
</head >
< body onload = "startTime()">
```

```
< div id = "txt"></div>
</body>
</html>
```

运行结果如图 4.6 所示。

图 4.6　JavaScript 显示页面

4.2　爬 虫 步 骤

爬取数据时首先需要爬取数据的 URL,通过浏览器向 URL 所在的服务器发送请求,并获得响应。

requests 是一个简洁强大的包,提供基本访问 URL 的功能,能把网页的源代码给下载下来。响应就是该网页的源代码,然后从网页源代码中解析提取需要的数据。

数据解析的方法有许多,常用的有两种:一种是用 BeautifulSoup 对树状 HTML 进行解析;另一种是通过正则表达式(Regular Expression)从文本中抽取数据。BeautifulSoup 比较简单,对于结构固定的 HTML,即在同样的字段处 tag、id 和 class 名称都相同,采用 BeautifulSoup 解析是一种简单高效的方案。如果数据本身格式固定,但有的网站混乱,同样的数据在不同页面间的 HTML 结构不同,在这种情况下用正则表达式更方便。正则表达式很强大,但构造起来有点复杂,需要专门去学习。

提取的文字可以存为文本文件,也可以存入到数据库中,提取的图片和视频则是以二进制文件的格式存放。爬虫的基本思路如图 4.7 所示。

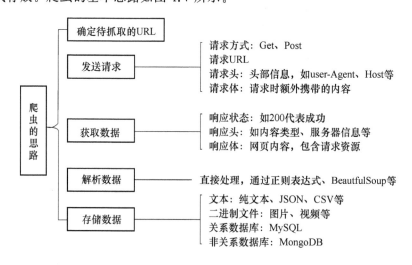

图 4.7　爬虫的基本思路

4.2.1 requests 模块

requests 是 Python 语言编写的基于 urllib 的开源 HTTP 库。它比 urllib 更加方便,是最简单易用的 HTTP 库。因为是第三方库,所以使用前需要在 cmd 中使用命令行的方式安装。

安装命令:pip install requests。

如果使用的是 Anaconda 的编程环境,那么 requests 提前已经安装好了,直接导入使用即可。

1. 请求方式

requests 的各种请求方式如表 4.3 所示。

表 4.3 Requests 的请求方式

方法	解释
requests. get	获取 HTML 的主要方法
requests. head	获取 HTML 头部信息的主要方法
requests. post	向 HTML 网页提交 post 请求的方法
requests. put	向 HTML 网页提交 put 请求的方法
requests. patch	向 HTML 提交局部修改的请求
requests. delete	向 HTML 提交删除请求

requests 常用的请求方式有 get 和 post 两种方式,对应 requests. get 和 requests. post 方法,其语法格式如下:

```
requests.get(url,params, ** kwargs)
requests.post(url,data = None,json = None, ** kwargs)
```

url:需要爬取的网站地址。

params:url 中的额外参数、字典或者字节流格式,可选。若发送 get 请求,则使用 param 传参,若发送 post 请求,则使用 data 传参。

＊＊kwargs :12 个控制访问的参数。

例 4.4 使用 requests 发送 get 请求。

实现代码如下:

```
import requests # 导入模块
# 基本的 get 方法获取请求
r = requests.get("https://tieba.baidu.com/")
print(r.text)
# 请求参数传递方式一,直接将参数放在 URL 内
r = requests.get("https://tieba.baidu.com/f? kw = 钟南山")
print(r.text)
# 请求参数传递方式二,将参数填写在字典中,发起请求时 params 参数指定为字典
kv = {
```

```
        'kw':'钟南山吧',
}
r = requests.get("https://tieba.baidu.com/f",params = kv)
print(r.text)
```

将 Python 爬取网页的功能写为一个函数的通用代码框架,如下所示:

```
import requests
def getHTMLText(url):
    try:
        r = requests.get(url,timeout = 30)
        r.raise_for_status()  # 如果状态不是 200,引发 HTTPError 异常
        r.encoding = r.apparent_encoding
        return r.text     # 返回网页的内容
    except:
        return '产生异常'    # 如果网页有问题,则触发异常
```

r.raise_for_status 用于判断请求返回的状态信息时候是否是 200,如果是 200,则不会触发异常;如果不是 200,也就是返回的内容是不正常的数据或者没有得到请求的数据,则会触发异常。

例 4.5 使用 requests 发送 post 请求。

实现代码如下:

```
import requests
data = {'name':'tom','age':'22'}
r = requests.post('http://httpbin.org/post', data = data)
print(r.text)
```

显示结果如下:

```
{
  "args": {},
  "data": "",
  "files": {},
  "form": {
    "age": "22",
    "name": "tom"
  },
  "headers": {
    "Accept": "*/*",
    "Accept-Encoding": "gzip, deflate",
    "Content-Length": "15",
    "Content-Type": "application/x-www-form-urlencoded",
    "Host": "httpbin.org",
```

```
        "User-Agent": "python-requests/2.21.0",
        "X-Amzn-Trace-Id": "Root = 1-5f94197b-6391bec807cb99a535d707af"
    },
    "json": null,
    "origin": "223.72.99.117",
    "url": "http://httpbin.org/post"
}
```

有些网站会拒绝爬虫直接访问,这时需要将 requests 发起的 HTTP 请求伪装成浏览器,通常的方法是使用 headers 关键字参数,headers 参数是一个字典类型。例如,在访问知乎网站的时候,如果没有浏览器的头部信息,访问会被拒绝,报"400 Bad Request"错误。

例4.6　使用 requests 加入头部信息。

实现代码如下:

```
import requests
#加入浏览器信息
headers = {
    'User-Agent':'Mozilla/5.0 (Windows NT 10.0;Win64;x64) AppleWebKit/537.36\
(KHTML,like Gecko)Chrome/71.0.3578.98 Safari/ 537.36'
}
r = requests.get("https://www.zhihu.com/explore", headers = headers)
print(r.text)
```

图片、音频和视频文件都是由二进制代码组成的,爬取这些数据需要拿到这些文件的二进制形式,响应的 content 属性返回的是二进制格式。

例4.7　将爬取图片保存到本地。

实现代码如下:

```
import requests
url ='https://www.baidu.com/img/PCtm_d9c8750bed0b3c7d089fa7d55720d6cf.png'
response = requests.get(url)
b = response.content
with open('d://logo.jpg','wb') as f:
    f.write(b)
```

在很多时候,网站请求到的返回值是 JSON 格式,因此格式之间的转换是非常有必要的,requests 库中有一种非常方便的 JSON 格式转变方式——JSON 方法。

例4.8　使用 requests 解析 JSON 格式。

实现代码如下:

```
import requests
r = requests.get("http://httpbin.org/get")
print(r.json())
print(type(r.json()))
```

运行结果如下：

```
{
  "args": {},
  "headers": {
    "Accept": "*/*",
    "Accept-Encoding": "gzip, deflate",
    "Host": "httpbin.org",
    "User-Agent": "python-requests/2.21.0",
    "X-Amzn-Trace-Id": "Root = 1-5f941c9c-787327cb7320b4d91299abdb"
  },
  "origin": "223.72.99.117",
  "url": "http://httpbin.org/get"
}
<class 'dict'>
```

2. 响应方式

发送请求后，得到响应，有很多属性和方法可以用来获取响应信息，如相应内容、状态码、响应头、Cookie 等。例如，我们在前面的实例中使用 text 和 content 来获取响应的内容。response 响应属性如表 4.4 所示。

表 4.4   response 响应属性

属性	说明
r. status_code	HTTP 请求的返回状态，若为 200 则表示请求成功
r. text	HTTP 响应内容的字符串形式，即返回的页面内容
r. encoding	从 HTTP header 中猜测的响应内容的编码方式
r. apparent_encoding	从内容中分析出的响应内容的编码方式（备选编码方式）
r. content	HTTP 响应内容的二进制形式

示例如下：

```
import requests
r = requests.get("http://www.baidu.com")
print(r.status_code)
print(r.apparent_encoding)
print(r.text)
```

这里分别打印输出 status code 属性，得到状态码、响应内容的编码和页面内容。

例 4.9   使用爬取网页的通用框架，输入查询关键字，提交搜索 360 获取访问结果。实现代码如下：

```
import requests
def keyword_post(url, data):
    try:
```

```
        user_agent = "Mozilla/5.0（X11；Linux x86_64）AppleWebKit/537.36
（KHTML，like Gecko）Chrome/59.0.3071.109 Safari/537.36"
        response = requests.get(url, params = data, headers = {'User - Agent':
user_agent})
        response.raise_for_status()    ♯若状态码不是 200，则抛出异常；
        response.encoding = response.apparent_encoding    ♯判断网页的编码格
式，便于 respons.text 知道如何解码；
    except Exception as e：
        print("爬取错误" + e)
    else：
        print(response.url)
        print("爬取成功!")
        return   response.content
def search360()：
    url = "https://www.so.com/s"
    keyword = input("请输入搜索的关键字：")
    ♯ q 是 360 需要
    data = {
        'q': keyword
    }
content = keyword_post(url, data)
with open('360.html','wb') as f：
    f.write(content)
if __name__ == '__main__'：
search360()
```

4.2.2　BeautifulSoup 模块

爬取网页信息后，下一步就要提取出其中需要的具体信息。HTML 文档是结构化的文本，有一定的规则，通过它的结构可以简化信息提取的过程。提取网页信息的 Python 库有 lxml、pyquery、BeautifulSoup 等，其中最简单易用的是 BeautifulSoup。

BeautifulSoup（简称 bs）翻译成中文就是"美丽的汤"，名字来源于《爱丽丝梦游仙境》。它是 Python 的一个 HTML 或 XML 的解析库，借助网页的结构和属性等特性来解析网页，用它可以方便地从网页中提取数据。

BeautifulSoup3 已经停止开发，现在使用 BeautifulSoup4，使用前要先安装它，安装命令：pip install beautifulsoup4。

如果使用的是 Anaconda 的编程环境，那么 BeautifulSoup 已经安装好了，直接导入使用即可。

BeautifulSoup 支持 Python 标准库中的 HTML 解析器，还支持一些第三方的解析器，如果不安装第三方的解析器，则使用 Python 默认的解析器，表 4.5 列出了 BeautifulSoup4 中几种主要的解析器。

表 4.5　BeautifulSoup4 中几种主要的解析器

解析器	使用方法	优势	劣势
Python 标准库	BeautifulSoup(html,"html. parser")	Python 的内置标准库;执行速度适中	容错能力弱
lxml HTML 解析器	BeautifulSoup(html,"lxml")	速度快;容错能力强	需要安装 C 语言库
lxml XML 解析器	BeautifulSoup(html,["lxml","xml"])	速度快;容错能力强;唯一支持 XML	需要安能 C 语言库
html5lib	BeautifulSoup(html,"html5lib")	容错能力强;以浏览器方式解析	速度慢

使用 BeautifulSoup 格式化输出网页内容的例子。

```
import requests
from bs4 import BeautifulSoup      ♯导入 bs4 库
r = requests.get("http://www.pku.edu.cn")
r. encoding ='utf - 8'
soup = BeautifulSoup(r. text,'html. parser')
print(soup)   ♯输出响应的 html 对象
print(soup.prettify())   ♯使用 prettify()格式化显示输出
```

BeautifulSoup 的使用方式是将一个 HTML 文档,转化为 BeautifulSoup 对象,然后通过对象的方法或属性去查找指定的节点内容。

1. 创建 BeautifulSoup 对象

首先导入库 bs4 和 requests。

```
from bs4 import BeautifulSoup
import requests
```

下面的一段 HTML 代码是 Beautifulsoup 官网上的文档,将其作为例子介绍 BeautifulSoup 的使用方法,这是《爱丽丝梦游仙境》的一段内容。

```
html_doc = """
<html><head><title>The Dormouse's story</title></head>
<body>
<p class = "title"><b>The Dormouse's story</b></p>

<p class = "story">Once upon a time there were three little sisters; and their
names were
<a href = "http://example.com/elsie" class = "sister" id = "link1">Elsie</a>,
<a href = "http://example.com/lacie" class = "sister" id = "link2">Lacie</a> and
<a href = "http://example.com/tillie" class = "sister" id = "link3">Tillie</a>;
and they lived at the bottom of a well.</p>

<p class = "story">...</p>
"""
```

接下来创建 BeautifulSoup 对象,用文本创建一个 BeautifulSoup 对象,指定解析器为 html. parser:

```
soup = BeautifulSoup(html_doc, 'html.parser')
```

2. 提取信息

BeautifulSoup 将复杂 HTML 文档转换成一个复杂的树形结构,每个节点都是 Python 对象,所有对象可以归纳为 4 种,我们就是利用这 4 种对象提取信息。

- Tag
- NavigableString
- BeautifulSoup
- Comment

(1) Tag

Tag 是 HTML 中的标签,它有两个重要的属性:attributes 和 name。例如,对于"<p class="story">Once upon a time …</p>","p class="story""是属性 attributes,通常是一个或多个,p 是 name,通常 name 是成对出现的。

```
print(soup.title)        # 获取 title 标签的所有内容
print(soup.head)         # 获取 head 标签的所有内容
print(soup.a)            # 获取第一个 a 标签的所有内容
print(soup.head.name)    # 对于其他内部标签,输出的值为标签的名称
print(soup.a.attrs)      # 打印输出 a 标签的所有属性,其类型是一个字典
```

显示的结果为

```
<title>The Dormouse's story</title>
<head><title>The Dormouse's story</title></head>
<a class = "sister" href = "http://example.com/elsie" id = "link1">Elsie</a>
head
{'href': 'http://example.com/elsie', 'class': ['sister'], 'id': 'link1'}
```

(2) NavigableString

NavigableString 对象用于操作字符串,若要得到标签的内容,则用 . string 即可获取标签内部的文字。例如:

```
print(soup.p.string)
```

结果为

```
The Dormouse's story
```

(3) BeautifulSoup

BeautifulSoup 对象表示一个文档的全部内容,是一个特殊的 Tag,下面分别获取它的名称:

```
print(soup.name)
```

结果为

[document]

（4）Comment

Comment 对象是一个特殊类型的 NavigableString 对象，其输出的内容不包括注释符号。例如：

```
from bs4 import BeautifulSoup
html = """<a class = "sister" href = "http://example.com/elsie" id = "link1"><! --
Elsie --></a> """
soup = BeautifulSoup(html,'html.parser')
print (soup.a)
print (soup.a.string)
print (type(soup.a.string))
```

运行结果为

```
< a class = "sister" href = "http://example.com/elsie" id = "link1"><! -- Elsie -->
</a>
    Elsie
< class 'bs4.element.Comment'>
```

3. 遍历文档树

常用的属性如下。

① .contents：获取 Tag 的所有子节点，返回一个 list。

② .children：获取 Tag 的所有子节点，返回一个生成器。

③ .descendants：获取 Tag 的所有子节点。

其中，.contents 和 .children 属性仅包含 Tag 的直接子节点，.descendants 属性可以对所有 Tag 的子节点进行递归循环。

例如：

```
for item in soup.body.children:
    print(item)
```

显示结果为

```
< p class = "title"><b>The Dormouse's story</b></p>

< p class = "story"> Once upon a time there were three little sisters; and their
names were
< a class = "sister" href = "http://example.com/elsie" id = "link1"> Elsie </a>,
< a class = "sister" href = "http://example.com/lacie" id = "link2"> Lacie </a> and
< a class = "sister" href = "http://example.com/tillie" id = "link3"> Tillie </a>;
and they lived at the bottom of a well.</p>

< p class = "story">...</p>
```

4. 搜索文档树

find 返回符合条件的第一个 Tag。

find_all 方法用来查找所有符合条件的标签元素,返回一个列表类型,存储查找的结果。

例如:获取示例文档中的超级链接。

```
for link in soup.find_all('a'):     # for 循环遍历所有 a 标签
    print(link.get('href'))          # 获取 a 标签中的 URL 链接
```

显示结果为

```
http://example.com/elsie
http://example.com/lacie
http://example.com/tillie
```

5. 传入 CSS 选择器

BeautifulSoup 支持大部分的 CSS 选择器,其语法为向 tag 或 soup 对象的 select 方法中传入字符串参数,选择的结果以列表形式返回。

例如:

```
print(soup.select('title'))     # 选择所有 title 标签并打印出来
```

结果为

```
[<title>The Dormouse's story</title>]
```

下面来看一个 BeautifulSoup 的应用实例。

例 4.10　在豆瓣 top250 网站(网址:https://movie.douban.com/top250)使用 BeautifulSoup 方法爬取电影信息。

首先分析一下网站,为防止网站有反爬虫措施,需要设置文件头的信息。如何获取爬虫程序中的 headers 信息呢?方法是访问豆瓣 top250 网站,选择 Network 下面 All 中的 headers,如图 4.8 所示。

图 4.8　豆瓣 top250 网站的文件头信息

可知文件头信息为

```
headers = {'User-Agent':'Mozilla/5.0 (Windows NT 10.0; WOW64) AppleWebKit/537.
36 (KHTML, like Gecko) Chrome/63.0.3239.108 Safari/537.36'}
```

下面分析网页结构,通过浏览器右键单击检查,选择 Elements,如图 4.9 所示。

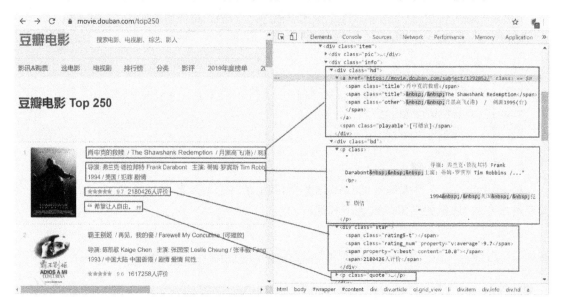

图 4.9　豆瓣 top250 网站影片信息的网页结构

每一部电影的信息都在一个 class 属性为 item 的 div 盒子里面,通过 BeautifulSoup 的 find_all('div',{'class':'item'})来找到所有与该页相关的盒子,class 属性为 hd 的 div 盒子包含电影链接、电影名称,class 属性为 start 的 div 盒子包含电影星级和评论人数,引言在 class 属性为 quote 的 p 标签里面。

接下来分析一下 URL 翻页的网页结构,如图 4.10 所示。

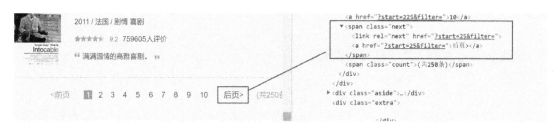

图 4.10　豆瓣 top250 网站翻页的网页结构

翻页链接的信息在 class 属性为 next 的 div 盒子里面,通过 https://movie.douban.com/top250 加上 soup.find('span',class_='next').a['href'] 就可以获取下一页的链接信息。

按上述思路实现的代码如下:

```
import requests
from bs4 import BeautifulSoup

url = 'https://movie.douban.com/top250'
```

```
while url :
        headers = {'User - Agent' : 'Mozilla/5.0 (Windows NT 10.0; WOW64)
AppleWebKit/537.36 (KHTML, like Gecko) Chrome/63.0.3239.108 Safari/537.36'}
        r = requests.get(url,headers = headers)
        soup = BeautifulSoup(r.text,'html.parser')
        for each in soup.find_all('div',class_ ='info'):
            title = each.find('div',class_ ='hd').get_text(strip = True).replace('\xa0','')
            actor = list(each.find('p',class_ ='').strings)[0].strip().replace('\xa0','')
            type_ = list(each.find('p',class_ ='').strings)[1].strip().replace('\xa0','')
            score = each.find('div',class_ ='star').get_text('/',strip = True)
            if each.find('span',class_ ='inq'):
                quote = each.find('span', class_ ='inq').string
            else:
                quote = '没有总结'
            print([title,actor,type_,score,quote])
            try:
url ='https://movie.douban.com/top250'+ soup.find('span',class_ ='next').a['href']
    #到最后一页时没有下一页按钮,会报 TypeError 错误,这时执行语句让 url = None,
while 循环停止
            except TypeError:
                url = None
```

4.2.3　正则表达式

正则表达式又称规则表达式,是对字符串操作的一种逻辑公式,就是用事先定义好的一些特定字符及这些特定字符的组合,组成一个"规则字符串"。这个"规则字符串"用来检索、替换那些符合某个模式(规则)的文本。利用正则表达式,可以从爬虫返回的页面内容中提取出我们想要的内容。

正则表达式是一种用来匹配字符串的、非常强大的工具,是在多种编程语言中都有的概念。给定一个正则表达式和另一个字符串,可以完成两种功能:

一是判断给定的字符串是否符合正则表达式的过滤逻辑("匹配");

二是通过正则表达式,从文本字符串中获取我们想要的特定部分("过滤")。

表 4.6 给出一些正则表达式的示例。

表 4.6　正则表达式示例

正则表达式	待匹配字符	匹配结果	说明
[0123456789]	3	True	在一个字符组里枚举合法的所有字符,字符组里的任意一个字符和"待匹配字符"相同都视为可以匹配
[0123456789]	b	False	由于字符组中没有"b"字符,所以不能匹配
[0-9]	2	True	[0-9]和[0123456789]是一个意思

正则表达式	待匹配字符	匹配结果	说明
[a-z]	c	True	要匹配所有的小写字母,用[a-z]表示
[A-Z]	B	True	表示所有的大写字母
[0-9a-fA-F]	d	True	可以匹配数字、大小写形式的字母 a～f,用来验证十六进制字符

1. 正则表达式模式

模式字符串使用特殊的语法来表示一个正则表达式,多数字母和数字在前面加了一个反斜杠时才会拥有不同的含义。标点符号只有被转义时才匹配自身,否则就表示特殊的含义。反斜杠本身需要使用反斜杠转义。

表 4.7 列出了一些常用的正则表达式模式语法中的特殊元素。

表 4.7　正则表达式模式

模式	描述
.	匹配除换行符以外的任意字符
\w	匹配字母或数字或下划线
\s	匹配任意的空白符
\d	匹配数字
\n	匹配一个换行符
\t	匹配一个制表符
\b	匹配一个单词的结尾
^	匹配字符串的开始
$	匹配字符串的结尾
\W	匹配非字母或数字或下划线
\D	匹配非数字
\S	匹配非空白符
a|b	匹配字符 a 或字符 b
()	匹配括号内的表达式,也表示一个组
[...]	匹配字符组中的字符
[^...]	匹配除了字符组中字符的所有字符

2. 量词

字符组都只能匹配一个字符,如果需要匹配一个身份证号,那就需要多次重复使用字符组,量词的存在便是为了解决重复的读写问题。量词的通用形式为 $\{m,n\}$,m,n 为数字,限定字符组中字符存在的个数,$\{m,n\}$ 是闭区间,m 为下限,n 为上限。例如,$\backslash d\{3,5\}$ 表示匹配字符串的长度最少为 3,最大为 5。正则表达式中还存在其他量词,分别为＋、*、?。这些量词常用于具体元素后,表示出现次数。例如,a＋表示 a 存在且至少出现一次。表 4.8 列出了一些常用的正则表达式量词。表 4-9 给出了一些正则表达式示例。

表 4.8　正则表达式量词

操作符	说明	实例
[ ]	字符集,对单个字符给出取值范围	[abc]表示 a、b、c,[a-z]表示 a 到 z 单个字符
[^]	非字符集,对单字符给出排除范围	[^abc]表示非 a 或非 b 或非 c 的单个字符
*	扩展前一个字符 0 次或无限次	abc * 表示 ab、abc、abcc、abccc 等
+	扩展前一个字符 1 次或无限次	abc+表示 abc、abcc、abccc 等
?	扩展前一个字符 0 次或 1 次	abc? 表示 ab、abc
|	左右表达式任意一个	abc|def 表示 abc、def
{m}	扩展前一个字符 m 次	ab{2}c 表示 abcc
{m,n}	扩展前一个字符 m 至 n 次(含 n)	ab{1,2}c 表示 abc、abbc

表 4.9 列出了一些经典正则表达式示例。

表 4.9　正则表达式示例

正则表达式示例	说明
[1-9]\d{5}	中国境内邮政编码为 6 位
[\u4e00-\u9fa5]	"\u4e00"和"\u9fa5"是 unicode 编码,并且正好是中文编码开始和结束的两个值,所以这个正则表达式可以用来判断字符串中是否包含中文
\d{3}-\d{8}|\d{4}-\d{7}	国内电话号码:010-88888888
(([1-9]? \d|1\d{2}|2[0-4]\d|25[0-5]).){3}([1-9]? \d|1\d{2}|2[0-4]\d|25[0-5])	IP 地址的正则表达式

4.2.4　re 模块

在 Python 中,使用内置的 re 模块来使用正则表达式。下面介绍 re 模块中的常用功能函数。

1. compile

编译正则表达式模式,将正则表达式编译成 Pattern 对象,返回一个对象的模式。格式:

```
re.compile(pattern,flags = 0)
```

pattern:编译时用的表达式字符串。

flags:编译标志位,用于修改正则表达式的匹配方式,如是否区分大小写、多行匹配等。常用的 flags 如表 4.10 所示。

表 4.10　常用的 flags

标志	含义
re. S(DOTALL)	使匹配包括换行在内的所有字符
re. I(IGNORECASE)	使匹配对大小写不敏感
re. M(MULTILINE)	多行匹配

例如：

```
import re
tt = "Amy is a good girl, she is cool, clever..."
rr = re.compile(r'\w*oo\w*')
print(rr.findall(tt))    #查找所有包含'oo'的单词
```

执行结果为

```
['good','cool']
```

2. match

如果字符串开头的 0 个或多个字符与正则表达式模式匹配,则返回相应的匹配对象。
格式:

```
re.match(pattern, string, flags = 0)
```

例如:

```
print(re.match('com','comwww.runcom').group())
print(re.match('com','Comwww.runcom',re.I).group())
```

执行结果为

```
com
com
```

3. search

格式:

```
re.search(pattern, string, flags = 0)
```

re.search 函数会在字符串内查找模式匹配,找到一个匹配后就返回,如果字符串没有匹配,则返回 None。
例如:

```
re.search('\w+','abcde').group()
re.search('a','abcde').group()
```

执行结果为

```
'abcde'
'a'
```

4. findall

findall 可以获取字符串中所有匹配的字符串,然后返回一个列表。
格式:

```
re.findall(pattern, string, flags = 0)
```

例如:

```
p = re.compile(r'\d+')
print(p.findall('o1m2j3r4'))
```

执行结果为

```
['1','2','3','4']
```

5. split

split 按照能够匹配的子串将 string 分割后返回列表。

格式：

```
re.split(pattern, string[, maxsplit])
```

maxsplit 用于指定最大分割次数,若不指定,则将全部分割。

例如：

```
print(re.split('\d+','one1two2three3four4five5'))
```

执行结果为

```
['one','two','three','four','five','']
```

6. sub

sub 返回通过用替换 repl 替换字符串中最左边的不重叠模式所获得的字符串。如果找不到该模式,则返回的字符串不变。

格式：

```
re.sub(pattern,repl,string,count = 0,flags = 0)
```

其中 count 参数表示将匹配到的内容进行替换的次数。

例如：

```
re.sub('\d','S','abc12jh45li78', 2) #将匹配到的数字替换成 S,替换 2 个
re.sub('\d','S','abc12jh45li78') #将匹配到所有的数字替换成 S
```

执行结果为

```
'abcSSjh45li78'
'abcSSjhSSliSS'
```

例 4.11 使用正则表达式提取文本中完整的年月日和时间字段。

实现代码如下：

```
s = "se234 2020-02-0907:30:00   2019-02-10 07:25:00"
程序如下:
import re
a = re.findall('\d{4}-0|1\d-[0-3]\d',s)
b = re.findall('[0-2]\d:[0-6]\d:[0-6]\d',s)
print('完整的年月日有:')
for seq in a:
    print(seq)
```

```
print('完整的时间字段有:')
for seq in b:
    print(seq)
```

下面来看一个正则表达式的应用实例。

例 4.12 获取猫眼网站排名前 100 名电影的信息,使用正则表达式方法爬取(网址: https://maoyan.com/board/4? offset=1)。

首先对网址 URL 进行分析,首页地址为 http://maoyan.com/board/4? offset=1,单击第 2 页可以看到网址变为 http://maoyan.com/board/4? offset=10,然后通过不断翻页寻找地址栏中 URL 的变化规律,可以发现 URL 的变化规律:offset 表示偏移,10 代表一个页面的电影偏移数量,即第一页电影是从 0~10,第二页电影是从 11~20。因此,获取全部 100 部电影,只需要构造出 10 个 URL。

然后获取单页源代码,先定义一个获取单个页面的函数——get_one_page,传入 URL 参数。

接下来就需要从整个网页源代码中提取出几项我们需要的内容,登录首页 http://maoyan.com/board/4? offset=1,通过浏览器右键单击检查,选择 Elements,如图 4.11 所示。

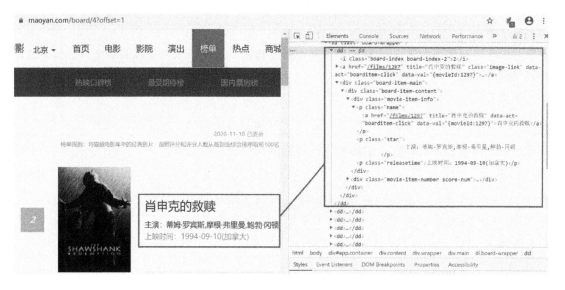

图 4.11 猫眼爬取内容对应的网页源码

可以看到每部电影的相关信息都在 dd 这个节点之中。所以就可以从该节点运用正则表达式进行提取。

第 1 个要提取的内容是电影名。它位于 class="name" 的 i 节点内。不需要提取的内容用 '.*?' 替代。正则表达式可以写为

```
'<dd>.*? name"><a'+ '.*?>(.*?)</a>
```

同理,可以依次用正则表达式写下主演、上映时间和评分等内容,完整的正则表达式如下:

```
'<dd>.*? name"><a'+ '.*?>(.*?)</a>.*? star">(.*?)</p>.*? releasetime">
(.*?)</p>.*? integer">(.*?)</i>.*? fraction">(.*?)</i>.*? </dd>'
```

正则表达式写好以后,定义一个页面解析提取方法——parse_one_page,用其来提取内容。

按上述思路实现的代码如下:

```python
import requests
import re
# 猫眼电影网站有反爬虫措施,设置 headers 后可以爬取
headers = {
    'Content-Type': 'text/plain; charset = UTF-8',
    'Origin': 'https://maoyan.com',
    'Referer': 'https://maoyan.com/board/4',
    'User-Agent': 'Mozilla/5.0 (Windows NT 10.0; Win64; x64) AppleWebKit/537.36
(KHTML, like Gecko) Chrome/67.0.3396.99 Safari/537.36'
}
# 爬取网页源代码
def get_one_page(url, headers):
    try:
        response = requests.get(url, headers = headers)
        if response.status_code == 200:
            return response.text
        return None
    except Exception:
        return None
# 正则表达式提取信息
def parse_one_page(html):
    pattern = re.compile('<dd>. * ? name"><a' + '. * ? >(. * ?)</a>. * ? star">(.
* ?)</p>. * ? releasetime">(. * ?)</p>. * ? integer">(. * ?)</i>. * ? fraction">(.
* ?)</i>. * ? </dd>',
                         re.S)
    items = re.findall(pattern, html)
    for item in items:
        yield {
            'title': item[0],
            'actor': item[1].strip()[3:],
            'time': item[2].strip()[5:],
            'score': item[3] + item[4]
        }


def main(offset):
```

```
        url = "https://maoyan.com/board/4? offset = " + str(offset)
        html = get_one_page(url, headers)
        for item in parse_one_page(html):
            print(item)


if __name__ == '__main__':
    # 对每一页信息进行爬取
    for i in range(10):
        main(i * 10)
```

4.2.5 数据的存储

爬虫爬取到数据可以直接保存为文本文件,如 TXT 、JSON 、CSV 等,还可以保存到数据库中。

1. TXT 文本存储

用 Python 提供的 open 方法打开一个文本文件,获取一个文件操作对象,这里赋值为 file,接着利用 file 对象的 write 方法将提取的内容写入文件,最后调用 close 方法将其关闭,这样即可完成文本文件的写入。例如:

```
file = open('info.txt', 'a', encoding ='utf - 8')
file.write('Hello world! ')
file.write('\n')
file.close()
```

打开方式分为三种模式。
- r——只读模式打开(read),打开时指针在文件首部,文件必须存在,这是默认的模式。
- w——写入模式打开(write),若文件存在,则覆盖它,不存在则新建文件。
- a——追加模式打开(add),若文件存在,则在文件尾部开始写入,不存在则新建文件。

每种模式又有不同的方式,例如,rb、r+、rb+表示的含义如下。
- rb——二进制只读。
- r+——读写。
- rb+——二进制读写。

在文件读写时建议使用 with as 语法,在 with 控制块结束时,文件会自动关闭,不用再调用 close 方法,这样就避免了忘记关闭文件而导致数据丢失的情况。

例如:

```
with open('info.txt', 'a', encoding ='utf-8') as file:
    file.write('\n'.join(list))
```

例 4.13 爬取小说 http://www.lewengu.com/books/21/21335/并存入文本文件中。

首先分析一下网页中每章小说内容的网页结构,如图 4.12 所示。

```
131 </div>
132 <DIV id=bgdiv align=center class=kfyd>
133 <TABLE cellSpacing=0 cellPadding=0 width="100%">
134   <TBODY>
135   <TR>
136     <TD class=corner_up_l_l></TD>
137     <TD class=border_t> </TD>
138     <TD class=corner_up_r_l></TD></TR></TBODY></TABLE>
139 <TABLE class=border_l_r cellSpacing=0 cellPadding=0 width="100%">
140   <TBODY>
141   <TR>
142     <TD vAlign=top>
143       <DIV align=center>
144       <H2>相见欢</H2>
145       <H1>2访客</H1>
146       <DIV class=border_b
147       style="PADDING-RIGHT: 0px; PADDING-LEFT: 0px; PADDING-BOTTOM: 10px; WIDTH: 90%; PADDING-TOP: 10px">类别: 架空历史
148       作者: 菲夫夜翔 书名: 相见欢 </DIV>
149 <DIV id=kfjz style="MARGIN-TOP: 10px"><script language="javascript" type="text/javascript" src="/js/selectstyle.js"></script></DIV>
150 <br>
151 <center class="web_tips3">最新网址: www.lewengu.com</center><br><br>
152 <div class="cad"><div class="show1"><script type="text/javascript">show1();</script></div><div class="show2"><script type="text/javascript">show2();</script>
     <script type="text/javascript">show3();</script></div></div>        <TABLE style="MARGIN-TOP: -10px" cellSpacing=0 cellPadding=0
153   width="100%"><TBODY>
154   <TR>
155   <TD>
156     <DIV id=content name="content">
157     <div class="kongwei"></div><div class="ad250left"><script type="text/javascript">neirongye300();</script></div>
158     <P>    亡国生春草，离宫没古丘。<br /><br />    自打辽帝南下，一路攻破陈国上梓，汉人便撤进了玉壁关，玉壁关
```

图 4.12　小说内容对应的网页源码

每一部电影的信息都在一个 div 标签的 ID 号为 bgdiv 中 table 表格的一个单元格中，表格的 class 属性为 border_l_r，其中单元格中 div 标签的 ID 号为 content，小说内容都在<p></p>中，通过以下命令可以获得小说每一章节的内容。

```
data = BeautifulSoup(html,"html.parser")
section_text = data.select('#bgdiv.border_l_r #content p')[0].text
```

要获取整本小说的内容，还需要比较每一章的网址。

第一章：http://www.lewengu.com/books/21/21335/6381842.html。

第二章：http://www.lewengu.com/books/21/21335/6381843.html。

第三章：http://www.lewengu.com/books/21/21335/6381844.html。

……

因此 URL 的构成为 http://www.lewengu.com/books/21/21335/章节序号.html。

程序的源码如下：

```
import re
import requests
from bs4 import BeautifulSoup
from tqdm import trange


#头部伪装
headers = {
    'User-Agent':'Mozilla/5.0 (Windows NT 6.1; WOW64) AppleWebKit/537.36 (KHTML,
like Gecko) Chrome/63.0.3239.132 Safari/537.36 QIHU 360SE'
    }


def get_download(url,novel):
```

```
        req = requests.get(url,headers = headers)
        req.encoding = 'utf8'
        html = req.text
        data = BeautifulSoup(html,"html.parser")
        #获取每一章的章节名
        section_name = data.title.string
        #获取每一章节的文章内容
        section_text = data.select('#bgdiv.border_l_r #content p')[0].text
        #规范内容格式
        #re.sub('\s+', '\r\n\t', section_text)指的是将内容中含有多个空格的地方替换
为回车(空行) + tab 缩进
        #strip('\r\n')指的是内部开头和结尾的空行
        section_text = re.sub( '\s+', '\r\n\t', section_text).strip('\r\n')
        with open(novel,'a') as f:
            f.write(section_name + "\n")
            f.write(section_text + "\n")
        #通过正则表达式获取下一章节的 URL 序号
        pt_nexturl = 'var next_page = "(. * ?)"'
        pt = re.compile(pt_nexturl)
        nexturl_num = re.findall(pt,str(data))[0]
        return nexturl_num


if __name__ == '__main__':
    url = "http://www.lewengu.com/books/21/21335/6381842.html"
    novel = '相见欢.txt'
    num = 228 #共 228 章
    for i in trange(num):
        nexturl = get_download(url,novel)
        url = "http://www.lewendu8.com/books/21/21335/" + nexturl
        if(nexturl == 'http://www.lewendu8.com/books/21/21335/'):
            break
```

2. 图片文件存储

将网页中爬取的图片存储到本地时是以二进制格式存储的。例如:

```
import requests
import os
url = "https://www.pku.edu.cn/Uploads/Picture/2019/12/26/s5e04176fbbfa3.png"
root = "D://pics//"
path = root + url.split('/')[-1]
try:
```

```
    if not os.path.exists(root):
        os.mkdir(root)                          # 生成目录
    if not os.path.exists(path):
        r = requests.get(url)
        with open(path,'wb') as f:
            f.write(r.content)
            print("文件保存成功")
    else:
        print("文件已存在")
except:
    print("失败")
```

3. JSON 格式存储

JSON 全称为 JavaScript Object Notation,是量级的数据交换格式。JSON 格式和 Python 中的字典很像,也是由键值对组成的,但是 Python 中的值可以为任何对象(列表、字典、字符串、数字等),而 JSON 的值只能是数组(列表)、字典、字符串、数组、布尔值中的一中或几种。

JSON 主要有两个方法:loads(string)读取和 dumps(obj,fp)输出。函数 dump(obj,fp) 的第一个参数 obj 是要转换的对象,第二个参数 fp 是要写入数据的文件对象。

例如,爬取的信息如下:

```
infors = [ {"name":"小明","age":20,"sex":"男"},
{"name":"小红","age":21,"sex":"女"}, ]
```

将上述信息写入到 JSON 文件中,代码如下:

```
import json
json_str = json.dumps(infors,ensure_ascii = False)
with open("info.json","w",encoding = "utf-8") as fp :
fp.write(json_str)
```

注意:如果要转换的对象里有中文字符,则需要把 ensure_ascii 设置为 False,否则中文会被编码为 ASCII 格式。

4. CSV 格式存储

CSV 全称为 Comma-Sep arat ed Values,以纯文本的格式存储表格数据,相比 Excel 它要简洁很多,不包含函数、公式等内容。写入时用 csv.writer()对象,读取时用 csv.reader()对象。

例如,写入一个文本的步骤如下:

```
import csv                              # 导入 CSV 安装包
# 1.创建文件对象
with open(''d://file.csv','w',newline ='') as f:
# 2.基于文件对象构建 CSV 写入对象
csv_writer = csv.writer(f)
# 3.构建列表头
```

```
csv_writer.writerow(["姓名","年龄","性别"])
# 4.写入 csv 文件内容
csv_writer.writerow(["l",'18','男'])
csv_writer.writerow(["c",'20','男'])
csv_writer.writerow(["w",'22','女'])
```

4.3 Ajax 数据爬取

Ajax 全称为 Asynchronous JavaScript and XML,即异步的 JavaScript 和 XML。它是利用 JavaScript 在保证页面不被刷新,连接不变的情况下服务器和客户端机器交换数据并更新部分网页的技术。

以新浪微博为例,向下滑动滚动条时发现出现图 4.13 所示的加载延迟。

图 4.13 Ajax 加载页面

很快页面下方就会继续出现新的微博内容,在这个过程中页面其实并没有整个刷新,页面的链接也没有任何变化,但是网页中却多了新内容,这就是通过 Ajax 获取新数据并呈现的过程。

这时候我们使用浏览器查看页面正常显示的数据与使用 requests 抓取页面得到的数据不一致,这是因为 requests 获取的是原始的 HTML 文档,而浏览器中的那些数据是通过 Ajax 加载而来的,是一种异步加载方式,原始的页面最初不会包含某些数据,原始页面加载完后,会再向服务器请求某个接口以获取数据,然后数据才被处理,从而呈现到网页上。

Ajax 是一种用于创建快速动态网页的技术,对网页的某部分进行更新。传统的网页(不使用 Ajax)如果需要更新内容,必须重载整个网页页面。

4.3.1 Ajax 基本原理

下面介绍 Ajax 的基本原理。发送 Ajax 请求到网页更新这个过程如图 4.14 所示,客户端发送请求给服务器,服务器收到请求后,将 type 为 xhr 的文件返送给客户端,客户端进行解析并渲染显示页面。

图 4.14 Ajax 工作原理

该过程可以分为三步。

（1）发送请求

Ajax 其实是由 JavaScript 实现的，发送请求实际上执行了如下代码：

```
var xmlhttp;
    if (window.XMLHttpRequest) {
        // IE7,Firefox,Chrome,Safari,opera
        xmlhttp = new XMLHttpRequest()
    } else {
        // IE6,IE5
        xmlhttp = new ActiveXObject('Microsoft.XMLHTTP');
    }
    xmlhttp.onreadystatechange = function () {
        if (xmlhttp.readyState == 4 && xmlhttp.status == 200) {
                document.getElementById ( " content"). innerHTML = xmlhttp.
responseText;
        }
    };
    xmlhttp.open('POST', '/ajax', true);
    xmlhttp.send()
```

这是使用 JavaScript 对 Ajax 的底层实现，XMLHttpRequest 用于在后台与服务器交换数据。这意味着可以在不重新加载整个网页的情况下，对网页的某部分进行更新。通过新建 XMLHttpRequest 对象，调用 onreadystatechange 实现监听设置，然后使用 open 和 send 方法向服务器发送请求。响应返回时监听对应的方法便被触发，解析响应内容。

- 创建 XMLHttpRequest 对象，所有现代浏览器（IE7＋、Firefox、Chrome、Safari 以及 Opera）均内建 XMLHttpRequest 对象。
- 创建 XMLHttpRequest 对象的语法为"variable＝new XMLHttpRequest();"。
- 将请求发送到服务器，我们使用 XMLHttpRequest 对象的 open 和 send 方法，如表 4.11 所示。

表 4.11 XMLHttpRequest 对象的 open 和 send 方法

方法	描述
open(method,url,async)	规定请求的类型、URL 以及是否异步处理请求。①method：请求的类型，包括 Get 或 Post；②url：文件在服务器上的位置；③asymc：true（异步）或 false（同步）
send(string)	将请求发送到服务器。string 仅用于 Post 请求

与 Post 相比,Get 更简单也更快,并且在大部分情况下都能用。然而,在以下情况中,需要使用 Post 请求:无法使用缓存文件(必须需要更新服务器上的文件或数据库);向服务器发送大量数据(Post 没有数据量限制);发送包含未知字符的用户输入。在这些情况下,Post 比 Get 更稳定也更可靠。

XMLHttpRequest 对象如果要用于 Ajax 的话,其 open 方法的 async 参数必须设置为 true。

（2）解析内容

前面用 Python 实现请求发送之后,由于设置了监听,所以当服务器返回响应时,onreadystatechange 对应的方法便会被触发,此时利用 xmlhttp 的 responseText 属性便可提取到响应内容。要获得来自服务器的响应,需使用 XMLHttpRequest 对象 responseText 或 responseXML 属性,如表 4.12 所示。

表 4.12　responseText 或 responseXML 属性含义

属性	描述
responseText	获得字符串形式的响应数据
responseXML	获得 XML 形式的响应数据

其中 responseText 用于获取文本或 JSON 格式的数据,而 responseXML 用于获取 XML 文档。

（3）渲染显示页面

解析响应完成之后,接下来只需要在方法中用 JavaScript 进一步处理即可。例如,通过 "document. getElementById("content"). innerHTML＝xmlhttp. responseText;"这样的方法对 ID 为 content 的节点内部的 HTML 代码进行更改,content 元素便会呈现服务器返回的新数据,网页就会实现部分内容的更新,从而渲染网页。这样的操作便是对 Document 进行的操作。

4.3.2　Ajax 方法分析

下面以新浪微博为例,查看 Ajax 请求,使用 Chrome 浏览器访问新浪微博首页,选择检查,切换到 Network 选项卡,重新刷新页面,此时可以看到非常多的条目。Ajax 请求其实有它特殊的请求类型,叫作 xhr。在图 4.15 中 Type 对应的请求类型中,单击图中的 XHR 可以过滤出所有的 xhr 请求。找到其中一个 xhr 的请求,单击查看详细内容。其中 Request Headers 中有一条信息为 X-Requested-With:XMLHttpRequest,这就标记了这次请求是 Ajax 请求,如图 4.15 所示。

然后一直向下滑动页面,我们会看到不断有 Ajax 请求发出。选定其中一个请求,单击,进入请求详情,分析其参数信息,如图 4.16 所示。

可 以 发 现,这 是 一 个 GET 请 求,URL 为 https://weibo. com/a/aj/transform/loadingmoreunlogin? ajwvr＝6&category＝0&page＝3&lefnav＝0&cursor＝&__rnd＝1559115353265。请求的参数有 6 个:ajwvr、category、page、lefnav、cursor、__rnd。

再看看其他请求,发现只有 page、__rnd 这两个参数在改变。因为 page 是用来控制分页

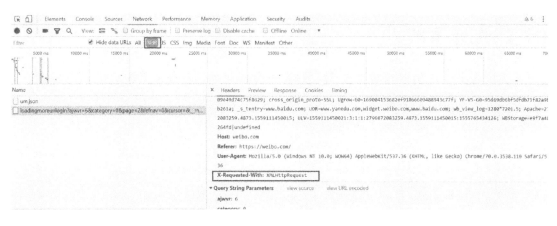

图 4.15 Ajax 请求页面

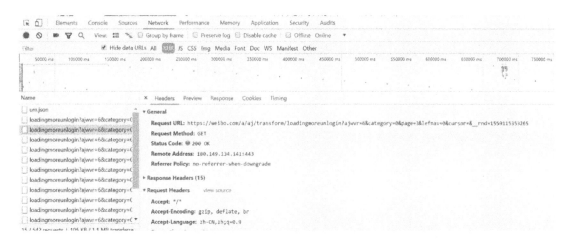

图 4.16 Ajax 请求详情页面

的,__rnd 的值为对应的时间戳。

观察这个请求的响应内容,如图 4.17 所示。这个内容的格式为 JSON,其中主要的内容在 data 对应的值里面。这样请求一个接口,改变 page 参数就可以获得对应数据。

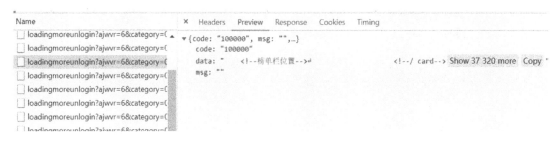

图 4.17 Ajax 请求的响应内容

分析出 Ajax 请求的信息后,只需要用 Python 程序实现 Ajax 请求的模拟,就可以爬取需要的信息。

4.3.3 Ajax 实例

下面用程序模拟 Ajax 请求获取微博数据，并将前 10 页微博全部爬取下来。代码如下：

```python
import requests, time
from urllib.parse import urlencode

base_url = 'https://weibo.com/a/aj/transform/loadingmoreunlogin? '
headers = {
    'Host':'weibo.com',
    'Referer':'https://weibo.com/',
    'User-Agent': 'Mozilla/5.0 (Windows NT 10.0; WOW64) AppleWebKit/537.36
(KHTML, like Gecko) Chrome/70.0.3538.110 Safari/537.36',
    'X-Requested-With':'XMLHttpRequest',
}
#定义 get_page 方法来获取每次请求的结果。在请求时，page 是一个可变参数，将它作
为方法的参数传递进来，
def get_page(page):
    """
    :param page:
    :return:
    """
    #构造__rnd 参数
    rnd = int(time.time())
    #构造参数字典
    params = {
        'ajwvr':'6',
        'category':'0',
        'page': page,
        'lefnav':'0',
        'cursor':',
        '__rnd': rnd

    }
    #拼接参数与 url
    url = base_url + urlencode(params)

    try:
        res = requests.get(url, headers = headers)
```

```
            if res.status_code == 200：
                return

        except Exception as e：
            print('Error：', e.args)



def parse(res)：
    weibo = {}
    if res：
        weibo['data'] = res.get('data')
        yield weibo


if __name__ == "__main__"：
    for page in range(1, 11)：
        result = get_page(page)
        weibo_data = parse(result)
        for data in weibo_data：
            print(data)
```

4.4　本 章 小 结

　　本章介绍了与网络爬虫有关的基础知识,包括爬虫分类、robots 协议、HTTP 协议和网页的结构等,讲解了提供基本访问 URL 功能的 requests 模块,对其常用的请求和响应方式都通过实例进行了介绍。本章还介绍了数据解析的方法:BeautifulSoup 模块、正则表达式和 re 模块等。对于爬取数据的存储方式,本章讲解了如何将爬取数据存储为 TXT 、JSON 、CSV 三种不同的格式。对于采用 Ajax 方式加载数据的页面,本章介绍了其实现的基本原理和爬取 Ajax 数据的方法。

　　本章只是介绍了网络爬虫基本的爬取方法,对于复杂的爬取任务,还需要学习更多的技术方法。动态网页采用的技术不同,采取的爬虫策略也有所区别,在实际应用的过程中,要根据页面的实际情况来选择合适的方法。

第 5 章　数据预处理

高质量的决策依赖高质量的数据。准确、简洁的数据可提高数据分析的效率和准确性,数据预处理是人工智能应用中非常重要的环节。本章介绍常见的预处理方法以及在 Pandas 和 Sklearn 中实现数据预处理的方法。

5.1　数据预处理概述

数据质量影响着人工智能应用的效果。在现实世界中,数据非常复杂。例如,在数据采集过程中,受限于采集条件,某些特征可能采集得不完整,数据中可能存在噪声,数据之间存在冗余信息等。对数据进行预处理可以提高数据分析的效率和准确性,数据预处理是人工智能应用中非常重要的环节。

常见的数据预处理方法有数据清理、数据变换、数据归约、数据集成等。

5.1.1　数据清理

数据清理包括异常数据、缺失数据和噪声数据的处理。

1. 异常数据处理

异常数据也称奇异点,指采集的数据中个别数据明显偏离其余数据。例如,下面是一组老年人的一部分体温数据:35.7,36.1,36.8,36.4,36.5,36.3,36.5,37.2,36.4,36.5。上面这组体温数据比较符合体温的合理范围,但是如果数据为 35.7,36.1,3.68,36.4,36.5,36.3,36.5,37.2,364,36.5,则其中第 3 个数据 3.68、第 9 个数据 364,远远偏离正常数据,明显是不可能的,因此需要对这些数据进行相应的处理,否则会对结果产生非常严重的影响。

如何快速发现异常数据呢? 常用的方法如下。

(1) 使用统计量判断:可以统计数据的最大值、最小值、平均值,以判断数据是否超出合理范围。

(2) 使用 3σ 原则判断:根据数据正态分布的特点,距离平均值 3σ 以外的数据概率大约为 0.002 6,出现可能性非常低,因此那些和平均值的偏差超过 3 倍平均差的数据可以判断为异常数据。

(3) 使用箱线图判断:箱线图可以直观显示数据的分布情况,如果数据超出箱线图的上、下界,则可以认为其是异常数据。箱线图如图 5.1 所示。

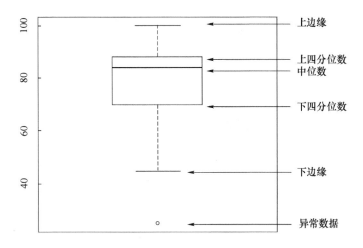

图 5.1　箱线图

发现异常数据以后如何处理呢？常见的处理方法如下。

(1) 删除有异常数据的记录或者特征。

(2) 视为缺失数据，采用缺失数据处理方法进行处理。

(3) 采用平均值修正法：采用整个数据的平均值或者用附近数据的平均值代替异常值。

2. 缺失数值处理

存在缺失数据是由于某种原因导致数据无法收集、丢失或遗漏。数据中存在缺失值，会对机器学习的效果产生影响，特别是在缺失数据比较重要的情况下，会造成模型的可靠性非常差，无法使用。

如果数据中存在缺失数据，就应该采取措施进行处理，处理方法很多，常见如下。

(1) 删除存在缺失数据的样本，或去掉包含缺失数据的特征。

(2) 使用指定的值替代缺失数据。

(3) 使用该特征的平均值、中位数或众数代替缺失数据。

(4) 使用同类别样本的平均值代替缺失数据。

(5) 使用已有样本数据预测缺失数据，如采用回归的方法估计缺失数据。

(6) 使用数据插值的方法代替缺失数据。

3. 噪声数据处理

噪声无处不在，即使采用非常精密的仪器测量也会存在或多或少的噪声。信号、图像或视频数据中常常存在噪声，当对这些数据进行分析时，如果噪声比较严重，就需要对噪声数据进行处理。

常见去除噪声的方法如下。

(1) 均值去噪法：噪声数据是随机的，而正常数据是稳定的，因此可以对数据进行重复采集，重复采集的数据的平均或邻域数据的平均可以在一定程度上去除噪声。图 5.2(a)为月球的噪声图像，本例重复采集 18 次类似图像，对其求平均就可以得到图 5.2(b)的图像，从图中可以看到均值去噪效果非常好。

(a) 月球的噪声图像　　　　　　　　(b) 均值去噪后的图像

图 5.2　均值去噪法

（2）中值滤波法：采用附近数据的中间值代替原有数据去除噪声。中值滤波法是非常简单且有效的去除噪声的方法。例如，图 5.3 就是采用中值滤波法去除噪声后的效果。

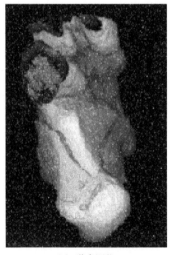 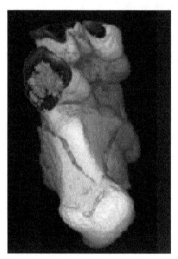

(a) 噪声图像　　　　　　　　　(b) 叶值滤波后的图像

图 5.3　中值滤波法

（3）频率滤波法：有些噪声的频率与正常数据的频率不同，这类噪声可以在频率域进行去除。频率域去除噪声的步骤：首先把数据转化到频率域，再在频率域根据噪声频率特点，选用合适滤波器去除噪声，最后将去除噪声后的频率域数据转换回原有空间。常用的频率域转换有傅里叶变换、小波变换等。图 5.4 为用频率滤波法去除噪声的实例，其中图 5.4(a) 为噪声图像，图 5.4(b) 为图 5.4(a) 图像经傅里叶变换后的频率域图像，图 5.4(c) 为滤波器，将图 5.4(c) 乘以图 5.4(b) 可进行滤波，得到去噪后的图像，去噪后的图像转换回空间域，得到去噪后的图像图 5.4(d)。

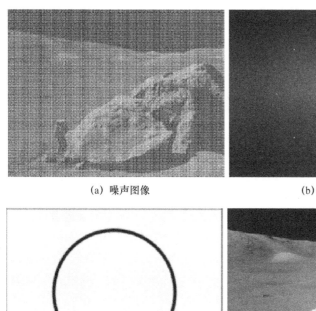

(a) 噪声图像　　　　　　　　　　　(b) 频率域噪声图像

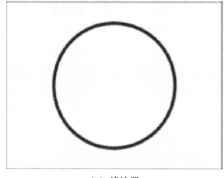

(c) 滤波器　　　　　　　　　　　(d) 去噪后的图像

图 5.4　频率滤波器

5.1.2　数据变换

　　数据变换就是将数据转换成适合人工智能算法的形式和要求。常用的数据变换有三类：简单的数学函数变换、数据标准化和连续数据离散化。简单数学函数变换时根据数据和应用的需要对原始数据采用简单的数学函数进行变换，常见的函数有平方、开方、取对数、差分运算等。

　　下面主要介绍使用数据标准化和连续数据离散化进行数据变换的方法。

1. 数据标准化

　　数据标准化也称为数据归一化，主要用于去除数据度量单位差异所造成的影响，是机器学习中数据预处理常用的方法。

　　常用的数据标准化方法有三种。

　　（1）最小-最大归一化

　　最小-最大归一化是对原始数据进行线性变换，使原有数据映射到[0,1]之间。转换函数如下：

$$X' = \frac{X - X_{\min}}{X_{\max} - X_{\min}}$$

其中，X 为需要归一化的样本特征数据；$X_{\min}$ 为样本中最小的数据值；$X_{\max}$ 为样本中最大的数据值。

例如,假设某单位职工的工资数据为 12 000,8 900,9 700,13 500,7 800,10 000,11 000,8 500,9 500,10 000,数据中的最大值为 13 500,最小值为 7 800,采用最小-最大值归一化方法,把每个数据代入公式,得到标准化结果为 0.736 842 105,0.192 982 456,0.333 333 333,1,0,0.385 964 912,0.561 403 509,0.122 807 018,0.298 245 614,0.385 964 912。

该方法在有新数据加入时,如果新值在已有数据最小-最大范围之外,则需要重新标准化。

（2）零均值标准化

零均值标准化方法也称 z-score 规范化。该方法使用原始数据的均值和方差对数据进行标准化,标准化后的数据符合标准正态分布,转换函数如下:

$$X' = \frac{X - \mu_X}{\sigma_X}$$

其中,X 为需要归一化的样本特征数据;μ_X 为样本的均值,σ_X 为样本的标准差。

例如,假设某单位职工的工资数据为 12 000,8 900,9 700,13 500,7 800,10 000,11 000,8 500,9 500,10 000,数据的均值为 10 183,标准差为 1 606.5,采用零均值标准化后,得到标准化数据为 1.130 810 048,−0.798 829 116,−0.300 857 719,2.064 506 418,−1.483 539 787,−0.114 118 445,0.508 345 801,−1.047 814 815,−0.425 350 568,−0.114 118 445。

零均值标准化方法适合近似正态分布的数据,否则效果不会太好。

（3）小数定标规范化

小数定标规范化通过移动小数点的位置进行标准化。转换公式如下:

$$X' = \frac{X}{10^k}$$

其中,k 是使 $\text{Max}(|X'|) < 1$ 的最小整数。

例如,假设某单位职工的工资数据为 12 000,8 900,9 700,13 500,7 800,10 000,11 000,8 500,9 500,10 000,其中,最大值为 13 500,因此 $k=5$。采用小数定标规范化上述数据,得到标准化数据为 0.12,0.089,0.097,0.135,0.078,0.1,0.085,0.095,0.1。

2. 连续数据离散化

连续数据离散化是将连续的特征值划分成若干区间,不同区间的数据用不同的符号或整数来表示。

连续数据离散化常用的方法如下。

（1）等宽法:根据要离散化的数据将其数据范围划分为相同宽度的区间,每个区间用一个数值表示。

（2）等频法:将数据按数据个数分成相同的区间,每个区间数据个数相等。将每个区间用不同数值表示。

（3）聚类法:将数据集进行聚类,每个类别的数据分配不同的数值表示。

5.1.3 数据归约

数据归约是指在尽可能保留原有数据信息的情况下,最大限度地精简数据。归约后的数据接近原数据的完整性,但数据量要小得多,因此后期数据分析所需的时间和内存资源更少,分析数据更为高效。

常用的数据归约方法有两类。第一类是通过减少数据的特征减小数据量,去除数据中的不相关特征,提高后期采用人工智能方法分析数据的效率。最常用的方法有通过主分量分析(Principal Component Analysis,PCA)、独立成分分析和各种特征选择等方法进行数据降维。第二类方法是通过减少样本的个数来精简数据,即从样本数据集中选出有代表性的样本子集。

在用人工智能分析数据时,为了更好地分析数据,往往会收集研究对象的众多特征。数据特征数较多,也就是数据维度比较高,这无疑会增加分析问题的难度和复杂性,而且在许多实际问题中,不同特征之间存在相关性。那么能否用较少的新特征代替原有特征,去除特征之间的相关性同时尽可能多地保留原有特征所反映的信息?主分量分析就是解决这种问题的一种强有力工具。主分量分析是把原有高维特征转化为少数综合特征的一种统计分析方法,是一种降维的技术(将高维数据转化为低维数据,称为降维)。下面以主分量分析为例介绍数据的降维。

1901 年 Karl Parson 首先提出主成分的概念,当时只是针对非随机变量。1933 年 Hotelling 将这个概念推广到随机变量,把从混合信号中求出主分量的方法称为主分量分析。主分量分析是一种经典的统计方法,也称主成分分析,通过正交变换将一组可能存在相关性的变量转换为一组线性不相关的变量,转换后的这组变量叫主成分。

什么样的成分是主成分呢? 我们先看最简单的二维数据,也就是 $p=2,m=1$,要将二维数据降到一维。数据如图 5.5 所示。我们希望找到某个维度方向,可以最大限度地代表两维数据。图中列了两个向量方向——μ_1 和 μ_2,哪个向量可以更好地代表原始数据集呢? 显然 μ_1 要优于 μ_2。

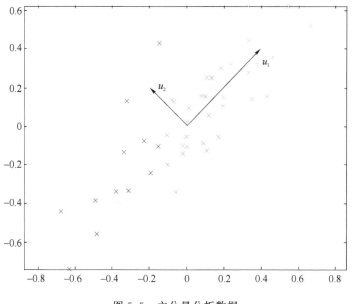

图 5.5　主分量分析数据

将数据从一个空间转化到另一个空间,最简单的方式是对原始数据进行线性变换,也称为基变换。从几何意义上来说,就是找一个投影方向(基向量),将原有数据通过投影转换到新的数据空间。用公式表示如下:

$$Y=PX$$

其中 Y 是样本在新空间的表达,P 是基向量,X 是原始样本。选择不同的基(投影方向)就能得到数据的不同表示,当基的数量少于原始样本本身的维数时可达到降维的效果。

如何选择最优的投影方向(基)呢?根据 PCA 的思想,希望转化后的数据能尽可能多地代表原始数据的信息,尽量减少信息的损失。也可以理解为投影后的数据可以尽可能分开,也就是方差尽可能大。很显然在图 5.5 中数据在 μ_1 上投影后要比在 μ_2 上投影后分散得多。因此从二维降到一维时可以采用使变换(投影)后的数据方差最大的基(投影方向)。但是对于高维数据,当采用方差最大找到第一个投影方向后,如果第二个投影方向与第一个相近,投影后的数据就会和第一个投影后的数据存在很大的相关性,不能尽可能表示更多的信息,因此需要要求变换后的数据在各个方向(基)上投影后是不相关的,也就是说两个向量是独立的。

数学中的协方差表示数据的相关性,若两个向量完全独立,则协方差为 0。因此我们现在的目标就是找到最好的投影方向(基),使投影后的数据方差尽可能大,且不同方法投影后的数据的相关性尽可能小,即协方差尽可能小。协方差的对角线是各个维度的方差,非对角线是协方差,因此,我们希望投影后的数据协方差矩阵尽可能是对角矩阵,也就是除了对角线以外其他位置都是 0,并且对角线上的值按从大到小排列,这样就达到了优化的目的。因此我们要找的基(投影方向)就是那些可以使数据协方差矩阵对角化的基(投影方向)。因此,我们只需对协方差矩阵进行特征分解,求其特征值和特征向量,找到最大特征值对应的特征向量,就可以对数据进行 PCA 变换了。总结上面的原理,我们就可以得到 PCA 的求解过程了。

已知 n 维样本集为 $X=(x_1,x_2,\cdots,x_m)$,要将数据降维到 k 维。求出降维后的样本集 Y。主成分分析的实现步骤如下。

(1)对样本矩阵 X 的每一列采用零均值方法进行标准化。

(2)利用 X 求取样本的协方差矩阵。

(3)计算协方差矩阵的特征值和特征向量。

(4)将特征向量按对应的特征值由大到小排列成矩阵,取前 k 行组成转化矩阵 P。如果没有指定降维后的维度 k,则可以采用主成分的累积贡献率决定选取主成分的个数。假设 n 个特征值 $\lambda_1 \geqslant \lambda_2 \geqslant \cdots \geqslant \lambda_m$,累积贡献率的计算方法如下:

$$\frac{\sum_{i=1}^{k}\lambda_i}{\sum_{i=1}^{m}\lambda_i}$$

可以选取累计贡献率大于指定值的 k 个特征向量进行变换。

(5)利用 $Y=PX$ 得到降维后的数据。

PCA 算法是一个非监督降维方法,只需要对协方差矩阵进行特征值分解,就可以对数据进行降维、压缩去噪,应用非常广泛。

PCA 算法的主要优点如下。

(1)仅仅需要以方差衡量信息量,不受数据集以外的因素影响。

(2)各主成分之间正交,可消除原始数据成分间相互影响的因素。

(3)计算方法简单,主要运算是特征值分解,易于实现。

PCA 算法的主要缺点如下。

(1)主成分各个特征维度的含义具有一定的模糊性,不如原始样本特征的解释性强。

(2)方差小的非主成分也可能携带样本差异的重要信息,因此降维后可能丢弃对后续数据处理有影响的信息。

为了克服传统 PCA 算法的缺点,出现了很多 PCA 算法的优化算法。例如,KPCA 算法可以解决非线性数据降维问题,增量 PCA 算法可以解决内存限制的问题,以及稀疏 PCA 算法可以解决稀疏数据降维问题等。

5.1.4　数据集成

有时,待分析的数据来源不同,数据形式多种多样,如有些数据是离散数据,有些是连续的数据,有些数据是信号、图像或视频等。充分利用不同来源数据的价值也是数据预处理经常遇到的问题。数据集成时需要考虑以下问题。

(1) 数据来源不同,可能对概念的定义不同。有些数据同名异义,如数据源 A 和数据源 B 的特征名称相同,但是含义不同;有些数据异名同义,两个数据源的数据名称不同,却在不同数据集里特征含义相同;不同数据源记录单位不一致,例如,对于身高数据,有些数据源里的单位是米,有些数据源里的单位可能是英尺。

(2) 冗余信息。不同来源的数据集中可能存在冗余信息。例如,同一特征在不同数据集中同时出现,同一特征以不同的特征名字命名等情况都会导致数据的冗余。

(3) 数据不一致。常见的有编码不一致问题和数据表示不一致问题。例如,日期"2020-12-16"和"16-12-2020"表示的是相同日期,但是表示方法不同。

Pandas 和 Sklearn 中都有一些常见的预处理实现方法。

5.2　Pandas 中数据预处理的方法

本节我们以 Dataframe 类型的表格数据的预处理为例,学习 Pandas 中数据预处理的方法。

5.2.1　预处理数据的生成

我们首先生成需要预处理的 Dataframe 数据,程序代码如下:

```python
import numpy as np
import pandas as pd
df = pd.DataFrame({"id":[1001,1002,1003,1004,1005,1006],
                   "date":pd.date_range('20130102', periods = 6),
                   "city":['Beijing', 'SH', 'guangzhou',
                   'Shenzhen', 'shanghai', 'BEIJING'],
                   "age":[23,44,54,32,34,32],
                   "price":[1200,np.nan,2133,5433,np.nan,4432],
                   "number":[np.nan,100,90,np.nan,80,90]},
                   columns = ['id','date','city','age','price','number'])
```

生成的数据是一个六行七列的表格,如图 5.6 所示。可以看到,生成的表格中有数据缺失的情况,也有数据不一致的情况,所以需要对数据进行预处理。

	id	date	city	category	age	price	number
0	1001	2013-01-02	Beijing	100-A	23	1200.0	NaN
1	1002	2013-01-03	SH	100-B	44	NaN	100.0
2	1003	2013-01-04	guangzhou	110-A	54	2133.0	90.0
3	1004	2013-01-05	Shenzhen	110-C	32	5433.0	NaN
4	1005	2013-01-06	shanghai	210-A	34	NaN	80.0
5	1006	2013-01-07	BEIJING	130-F	32	4432.0	90.0

图 5.6　生成的数据

5.2.2　缺失数据处理

数据缺失在数据分析中很常见,Pandas 尽可能无痛地处理缺失数据。在 Pandas 中用 NaN 表示缺失数据,Python 内置的 None 值也被当作缺失数据。

Pandas 中常用来处理缺失数据的相关函数如表 5.1 所示。

表 5.1　Pandas 中常用来处理缺失数据的相关函数

函数名	功能
isnull	判断数据是否为缺失数据,若是,则返回 True;否则,返回 False
notnull	判断数据是否不是缺失数据,若不是,则返回 True;否则,返回 False
fillna	填充缺失值
dropna	删除缺失值

1. 检测缺失数

Pandas 中采用 isnull 和 notnull 判断数据是否为缺失数据。

程序输入如下:

```
df.isnull()
```

返回如图 5.7 所示。

	id	date	city	category	age	price	number
0	False	False	False	False	False	False	True
1	False	False	False	False	False	True	False
2	False	False	False	False	False	False	False
3	False	False	False	False	False	False	True
4	False	False	False	False	False	True	False
5	False	False	False	False	False	False	False

图 5.7　isnull 函数

我们看到在生成的表格数据的 price 列中,第 2 和第 5 行有数据缺失,number 列的第 1 和第 3 行数据有缺失。isnull 函数在是缺失数据的位置显示 True。

程序输入如下：

```
df.notnull()
```

返回如图 5.8 所示。

	id	date	city	category	age	price	number
0	True	True	True	True	True	True	False
1	True	True	True	True	True	False	True
2	True	True	True	True	True	True	True
3	True	True	True	True	True	True	False
4	True	True	True	True	True	False	True
5	True	True	True	True	True	True	True

图 5.8　notnull 函数

notnull 函数在不是缺失数据的位置显示 True,在缺失数据的位置显示 False。

2. 填充缺失数据

当数据中出现缺失数据时,可以用其他数据去填充,常用的实现方法是采用 fillna 函数,根据所给参数不同,可以采用固定值填充,也可以采用函数填充。基本语法格式如下：

```
fillna(value,method,axis)
```

其中,value 可以是基本的数值型数据、字符串型数据,还可以是字典,当是字典时可以实现不同列填充不同的值;axis = 0 表示行,axis = 1 表示列;method 表示填充的方法。

（1）固定值填充

例如,对于表格中的缺失数据,采用固定值 0 填充,实现代码如下：

```
df.fillna(0)
```

运行程序,得到图 5.9 所示的结果。

	id	date	city	category	age	price	number
0	1001	2013-01-02	Beijing	100-A	23	1200.0	0.0
1	1002	2013-01-03	SH	100-B	44	0.0	100.0
2	1003	2013-01-04	guangzhou	110-A	54	2133.0	90.0
3	1004	2013-01-05	Shenzhen	110-C	32	5433.0	0.0
4	1005	2013-01-06	shanghai	210-A	34	0.0	80.0
5	1006	2013-01-07	BEIJING	130-F	32	4432.0	90.0

图 5.9　运行结果 1

运行程序后,表格中所有的 NaN 都用 0 来填充。

图 5.8 所示的表格中有两列存在缺失数据,可以用字典为不同列的缺失数据指定不同的填充数据。程序如下:

```
data_na = {'price':1000,'number':100}
df.fillna(data_na)
```

运行程序,得到图 5.10 所示的运行结果。

	id	date	city	category	age	price	number
0	1001	2013-01-02	Beijing	100-A	23	1200.0	100.0
1	1002	2013-01-03	SH	100-B	44	1000.0	100.0
2	1003	2013-01-04	guangzhou	110-A	54	2133.0	90.0
3	1004	2013-01-05	Shenzhen	110-C	32	5433.0	100.0
4	1005	2013-01-06	shanghai	210-A	34	1000.0	80.0
5	1006	2013-01-07	BEIJING	130-F	32	4432.0	90.0

图 5.10 运行结果 2

程序将 price 列中的缺失数据都用 1 000 来填充,number 列中的缺失数据都用 100 来填充。

（2）函数填充

可以采用指定的函数进行填充,经常采用的函数有 mean、median、max、min 等。下面我们用 price 列中非缺失数据的均值对 price 列的缺失数据进行填充,用 number 列中非缺失数据的均值对 number 列的缺失数据进行填充。

程序代码如下:

```
data_na = {'price':df.price.mean(),'number':df.number.median()}
df.fillna(data_na)
```

运行程序,得到图 5.11 所示的结果。

	id	date	city	category	age	price	number
0	1001	2013-01-02	Beijing	100-A	23	1200.0	90.0
1	1002	2013-01-03	SH	100-B	44	3299.5	100.0
2	1003	2013-01-04	guangzhou	110-A	54	2133.0	90.0
3	1004	2013-01-05	Shenzhen	110-C	32	5433.0	90.0
4	1005	2013-01-06	shanghai	210-A	34	3299.5	80.0
5	1006	2013-01-07	BEIJING	130-F	32	4432.0	90.0

图 5.11 运行结果 3

3. 删除缺失数据

dropna 函数可以删除缺失值。语法如下:

```
DataFrame.dropna(axis = 0, how = 'any')
```

其中,参数 axis 用于确定删除哪个轴,可以设置为 0 或者 1,缺省值是 0。

- 如果 axis 设置为 0,则删除缺失数据所在行。
- 如果 axis 设置为 1,则删除缺失数据所在列。

how:当 DataFrame 中存在缺失数据时,该参数用于决定是否删除行或列。可以取值"any"或者"all",缺省值是"any"。

- "any":如果存在缺失数据,则删除缺失数据所在的行或列。
- "all":如果全部是缺失数据,则删除该行或列。

删除缺失数据所在行的实现代码如下:

```
df.dropna()
```

程序运行结果如图 5.12 所示。

	id	date	city	category	age	price
0	1001	2013-01-02	Beijing	100-A	23	1200.0
2	1003	2013-01-04	guangzhou	110-A	54	2133.0
3	1004	2013-01-05	Shenzhen	110-C	32	5433.0
5	1006	2013-01-07	BEIJING	130-F	32	4432.0

图 5.12　运行结果 4

删除缺失数据所在列的实现代码如下:

```
df.dropna(axis = 1)
```

程序运行结果如图 5.13 所示。

	id	date	city	category	age
0	1001	2013-01-02	Beijing	100-A	23
1	1002	2013-01-03	SH	100-B	44
2	1003	2013-01-04	guangzhou	110-A	54
3	1004	2013-01-05	Shenzhen	110-C	32
4	1005	2013-01-06	shanghai	210-A	34
5	1006	2013-01-07	BEIJING	130-F	32

图 5.13　运行结果 5

5.2.3　格式的规范化

有些数据在格式上存在不统一的问题。例如,生成如下数据:

```
df = pd.DataFrame({"id":[1001,1002,1003,1004,1005,1006],
                "date":pd.date_range('20130102', periods = 6),
                "city":['Beijing ','SH', ' guangzhou ',
```

```
                        'Shenzhen', 'shanghai', 'BEIJING '],
                "age":[23,44,54,32,34,32],
                "price":[1200,np.nan,2133,5433,np.nan,4432],
                "number":[np.nan,100,90,np.nan,80,90]},
    columns = ['id','date','city','age','price','number'])
```

数据 df 在创建过程中,city 这一列的数据格式不统一,如同一城市的表示方法不同,'Beijing'和'BEIJING'指的是同一城市,但大小写不一致,而且'SH'和'shanghai'表示方式不一致。'Beijing'、'SH'、'guangzhou'城市名称中存在不必要的空格,所以需要对数据格式进行标准化。

1. 去除不必要的空格

方法一:采用 DataFrame 对象中字符串子对象的函数进行处理。

程序如下:

```
df['city'] = df['city'].str.strip()
```

方法二:采用 map 函数进行处理。

程序如下:

```
df['city'] = df['city'].map(str.strip)
```

上述两种方法都可以将表格中数据前后不必要的空格去掉。

2. 统一字母大小写

方法一:采用 DataFrame 对象中字符串子对象的函数进行处理。

```
df.city = df['city'].str.lower()
```

方法二:采用 map 函数进行处理。

```
df['city'] = df['city'].map(str.lower)
```

转化以后的表格如图 5.14 所示。

	id	date	city	category	age	price	number
0	1001	2013-01-02	beijing	100-A	23	1200.0	100.0
1	1002	2013-01-03	sh	100-B	44	1000.0	100.0
2	1003	2013-01-04	guangzhou	110-A	54	2133.0	90.0
3	1004	2013-01-05	shenzhen	110-C	32	5433.0	100.0
4	1005	2013-01-06	shanghai	210-A	34	1000.0	80.0
5	1006	2013-01-07	beijing	130-F	32	4432.0	90.0

图 5.14 转化以后的表格

3. 统一名称

名称不一致的问题可以通过替换函数 replace 解决。

例如,下列程序:

```
df['city'] = df['city'].replace('sh','shanghai')
df
```

运行结果如图 5.15 所示。

	id	date	city	category	age	price	number
0	1001	2013-01-02	beijing	100-A	23	1200.0	100.0
1	1002	2013-01-03	shanghai	100-B	44	1000.0	100.0
2	1003	2013-01-04	guangzhou	110-A	54	2133.0	90.0
3	1004	2013-01-05	shenzhen	110-C	32	5433.0	100.0
4	1005	2013-01-06	shanghai	210-A	34	1000.0	80.0
5	1006	2013-01-07	beijing	130-F	32	4432.0	90.0

图 5.15　运行结果 6

5.2.4　重复数据的去除

duplicated 可以用于检查数据中是否存在重复,如

```
df.city.duplicated()
```

程序运行后结果如图 5.16 所示。

```
0    False
1    False
2    False
3    False
4     True
5     True
Name: city, dtype: bool
```

图 5.16　运行结果 7

duplicated 函数返回一个布尔型的 Series,反映的是在 df 中 city 列中是否有重复。
drop_duplicates 可删除重复出现的行,默认保留第一次出现的行。
运行 df.city.drop_duplicates 函数后的表格如图 5.17 所示。

```
0      beijing
1     shanghai
2    guangzhou
3     shenzhen
Name: city, dtype: object
```

图 5.17　运行函数后的表格

通过 drop_duplicates 函数删除了与前面有重复的第 4 和第 5 行数据。当然我们可以通过添加参数"keep = 'last'"来保留重复的最后一行。程序如下：

```
df.city.drop_duplicates(keep = 'last')
```

程序运行后，表格如图 5.18 所示。

```
2      guangzhou
3       shenzhen
4       shanghai
5        beijing
Name: city, dtype: object
```

图 5.18　运行结果 8

程序删除了与前面有重复的数据，保留了表格中最后出现的行。

5.2.5　数据集成方法

Pandas 提供了将来自不同 Series 或 DataFrame 的数据合并在一起的各种方法。

1. merge 函数

merge 函数可以合并两个 Series 或 Dataframe 类型的数据，语法如下：

```
pandas.merge(left, right, how = 'inner', on = None, left_on = None, right_on = None,
left_index = False, right_index = False, sort = False, suffixes = ('_x', '_y'), copy =
True, indicator = False, validate = None)
```

其中比较重要的参数如下。

（1）left：DataFrame 类型数据。

（2）right：DataFrame 或 Series 类型的数据，要合并的对象。

（3）how：取值可以是{'left','right','outer','inner'}中的元素，缺省是'inner'，指定合并的方法。

- left：合并后的数据只包含来自 left 数据帧中的关键字。
- right：合并后的数据只包含来自 right 数据帧中的关键字。
- outer：合并后的数据包含来自 left 和 right 数据帧中的所有关键字，相当于两者的并集。
- inner：合并后的数据只包含来自 left 和 right 数据帧中共同存在的关键字，相当于两者的交集。

通过下列程序创建两个 DataFrame 类型的表格，代码如下：

```
import numpy as np
import pandas as pd
left = pd.DataFrame({"id":[1001,1002,1003,1004,1005,1006],
"date":pd.date_range('20130102', periods = 6),
```

```
  "city":['Beijing','SH','guangzhou','Shenzhen','shanghai','BEIJING'],
"age":[23,44,54,32,34,32] },
columns = ['id','date','city','age'])
right = pd.DataFrame({"id":[1001,1003,1006,1007,1008,1009],
"gender":['male','female','male','female','male','female'],
"pay":['Y','N','Y','Y','N','N'],
"m-point":[10,12,20,40,40,30]})
```

上面创建的两个表格 left 和 right 的内容分别如图 5.19 和图 5.20 所示。

图 5.19　表格 left

图 5.20　表格 right

采用 merge 函数经过不同方式链接后,得到的结果如图 5.21～5.24 所示。

图 5.21　left 方法得到的合并结果

图 5.22　right 方法得到的合并结果

155

```
1  left.merge(right, how = 'inner')
```

	id	date	city	age	gender	pay	m-point
0	1001	2013-01-02	Beijing	23	male	Y	10
1	1003	2013-01-04	guangzhou	54	female	N	12
2	1006	2013-01-07	BEIJING	32	male	Y	20

图 5.23 inner 方法得到的合并结果

```
1  left.merge(right, how = 'outer')
```

	id	date	city	age	gender	pay	m-point
0	1001	2013-01-02	Beijing	23.0	male	Y	10.0
1	1002	2013-01-03	SH	44.0	NaN	NaN	NaN
2	1003	2013-01-04	guangzhou	54.0	female	N	12.0
3	1004	2013-01-05	Shenzhen	32.0	NaN	NaN	NaN
4	1005	2013-01-06	shanghai	34.0	NaN	NaN	NaN
5	1006	2013-01-07	BEIJING	32.0	male	Y	20.0
6	1007	NaT	NaN	NaN	female		40.0
7	1008	NaT	NaN	NaN	male	N	40.0
8	1009	NaT	NaN	NaN	female	N	30.0

图 5.24 outer 方法得到的合并结果

2. concat 函数

Pandas 中的 concat 函数也可以实现 DataFrame 的链接。语法如下：

```
pd.concat(objs, axis = 0, join = 'outer', ignore_index = False, keys = None, levels
= None, names = None, verify_integrity = False, copy = True)
```

主要参数如下。

objs：链接的对象，包含 Series 或 DataFrame 数据对象的序列或者映射。

axis：指定沿着哪个轴进行连接。默认是 0。

join：如何处理其他轴的索引。'outer'是求并集，'inner'是求交集。默认是'outer'。

例如：

```
score_class1 = pd.DataFrame({'math': [78, 89, 96, 73],
                             'chines': [90, 84, 69, 98]},
                            index = [0, 1, 2, 3])
score_class2 = pd.DataFrame({'math': [98, 69, 79, 83],
                             'chines': [100, 84, 90, 68]},
                            index = [4, 5, 6, 7])
```

```
score_class3 = pd.DataFrame({'math': [88, 96, 87, 63],
'chines': [60, 78, 80, 88]},
index = [8, 9, 10, 11])
scores = [score_class1,score_class2,score_class3]
result = pd.concat(scores)
```

concat 函数把存放于 list 中的三个 DataFrame(score_class1、score_class2 和 score_class3)链接为一个 DataFrame,如图 5.24～5.27 所示。

1	score_class1

	math	chines
0	78	90
1	89	84
2	96	69
3	73	98

1	score_class2

	math	chines
4	98	100
5	69	84
6	79	90
7	83	68

图 5.25　score_Class 1　　图 5.26　score_Class 2

6	scores_All

	math	chines
0	78	90
1	89	84
2	96	69
3	73	98
4	98	100
5	69	84
6	79	90
7	83	68
8	88	60
9	96	78
10	87	80
11	63	88

1	score_class3

	math	chines
8	88	60
9	96	78
10	87	80
11	63	88

图 5.27　score_Class 3　　图 5.28　链接后的结果

也可以沿着列链接,程序如下:

```
score_1 = pd.DataFrame({'math': [78, 89, 96, 73],
                        'chinese': [90, 84, 69,98]})
score_2 = pd.DataFrame({'Japan': [98, 69, 79, 83],
                        'english': [100, 84, 90,68]})
scores = [score_1,score_2]
scores_All = pd.concat(scores,axis = 1)
scores_All
```

157

链接后的数据如图 5.28 所示。

	math	chinese	Japan	english
0	78	90	98	100
1	89	84	69	84
2	96	69	79	90
3	73	98	83	68

图 5.29　链接后的数据

5.3　Sklearn 中数据预处理的方法

Sklearn 中集成了一些数据预处理的方法。

5.3.1　数据标准化

Pandas 中的数据标准化方法有以下函数。

1. StandardScaler 函数

StandardScaler 函数可实现前面介绍的零均值数据标准化方法,将数据标准化为均值为 0,方差为 1 的标准高斯分布。

常用的方法如表 5.2 所示。

表 5.2　StandardScaler 函数的常用方法

方法	功能
fit(X[,y])	计算数据 X 的均值和方差,用于标准化
fit_transform(X[,y])	学习数据 X,并转化
Get_params([deep])	得到模型参数
inverse_transform(x[,copy])	逆变换为原始数据
partial_fit(X[,y])	为标准化数据 X 在线计算均值和方差
Transform(X[,copy])	对 X 进行标准化转化

下面以鸢尾花数据为例说明 StandardScaler 函数的使用方法。

```
from sklearn import datasets
from sklearn.model_selection import train_test_split
from sklearn import preprocessing
iris = datasets.load_iris()
X_train,X_test,Y_train,Y_test = train_test_split(iris.data,iris.target,test_
size = 0.3,random_state = 0)
sc = preprocessing.StandardScaler()
```

```
sc.fit(X_train)
x_train_std = sc.transform(X_train)
x_test_std = sc.transform(X_test)
```

标准化以前的样本数据如图 5.30 所示,从图中可以看出原始数据的各个特征的均值方差各不相同。图 5.31 为采用 StandardScaler 函数标准化以后的数据,从图中可以看出标准化后各个特征均值都为 0,方差为 1。

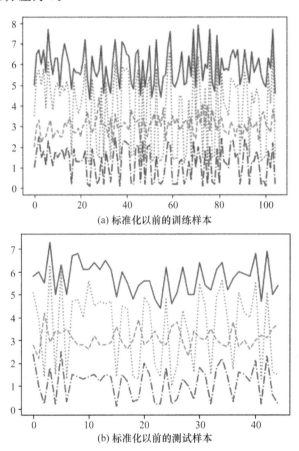

(a) 标准化以前的训练样本

(b) 标准化以前的测试样本

图 5.30 标准化以前的样本数据

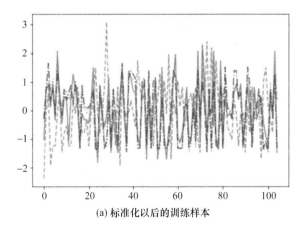

(a) 标准化以后的训练样本

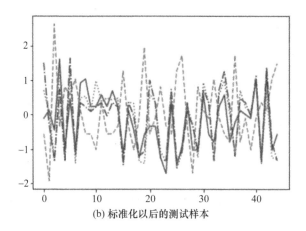

(b) 标准化以后的测试样本

图 5.31　采用 StandardScaler 函数标准化后的样本数据

2. MinMaxScaler 函数

MinMaxScaler 函数根据数据的最大值、最小值,将数据范围变换到[0,1]之间。
下面程序段就是用最小最大化方法处理鸢尾花数据。

```
MinMaxScale = preprocessing.MinMaxScaler()
X_train_minMax = MinMaxScale.fit_transform(X_train)
X_test_minmax = MinMaxScale.transform(X_test)
```

采用 MinMaxScaler 函数标准化后的数据如图 5.32 所示。可以看到,训练样本和测试样本的各个特征都被标准化到[0,1]之间。

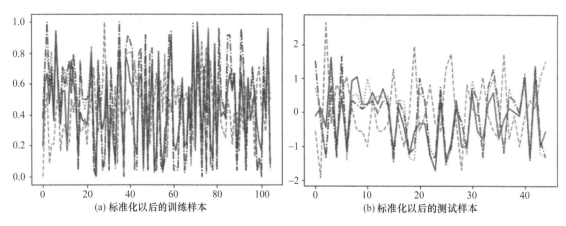

(a) 标准化以后的训练样本　　　　　　　　(b) 标准化以后的测试样本

图 5.32　采用 MinMaxScaler 函数标准化后的数据

3. normalize 函数

normalize 函数可以快速把数据转化为指定单位范式。
例如:

```
import matplotlib.pyplot as plt
X = iris.data
X_normalized = preprocessing.normalize(X, norm ='l2')
X_normalized
plt.plot(X_normalized)
```

normalize 函数将数据正则化为 L2 范式的数据,如图 5.33 所示。

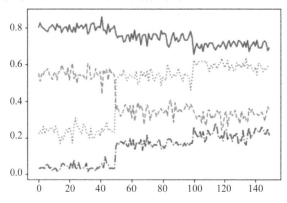

图 5.33　采用 normalize 函数标准化后的数据

5.3.2　范畴特征编码

经常有些新特征不是连续的数值,而是一些指定的特定值,如下列特征:["male",
"female"],["Europe"," US"," Asia"],["R ","C ","Python","Java"]。在使用机器学
习算法分析以前,需要对于这类特征进行编码,将其转换为数值特征。

1. OrdinalEncoder 编码

假设特征可能取值有 N 个,函数 OrdinalEncoder 会将每个特征转换为 0 到 $N-1$ 的整
数。例如,下面程序:

```
enc = preprocessing.OrdinalEncoder()
X = [['male','US','R'], ['female','Europe','Python'], ['female','Asia','C'],['male
','US','Java'],]
enc.fit(X)
enc.transform(X)
```

程序运行结果如下:

```
array([[1., 2., 3.],
       [0., 1., 2.],
       [0., 0., 0.],
       [1., 2., 1.]])
```

这种编码方式转换后的数据可以适用于 Sklearn 中所有的机器学习方法,但是对期望连
续输入的算法,并不理想。

2. OneHotEncoder 编码

假设特征可能取值有 N 个,函数 OneHotEncoder 将特征转换为 N 个二进制特征。例如,下面程序:

```
enc = preprocessing.OneHotEncoder()
X = [['male','US','R'],['female','Europe','Python'],['female','Asia','C'],['male',
'US','Java'],]
enc.fit(X)
enc.transform(X).toarray()
```

程序运行结果为

```
array([[0.,1.,0.,0.,1.,0.,0.,0.,1.],
       [1.,0.,0.,1.,0.,0.,0.,1.,0.],
       [1.,0.,1.,0.,0.,1.,0.,0.,0.],
       [0.,1.,0.,0.,1.,0.,1.,0.,0.]])
```

5.3.3 特征离散化

1. 特征二值化函数 Binarizer

特征二值化函数 Binarizer 根据给定阈值将数值特征二值化,经常用于伯努利贝叶斯分类器的预处理。例如,下面程序:

```
X = [[1.,-1.,2.],[2.,0.,0.],[0.,1.,-1.]]
binarizer = preprocessing.Binarizer().fit(X)
binarizer.transform(X)
```

程序运行结果如下:

```
array([[1.,0.,1.],
       [1.,0.,0.],
       [0.,1.,0.]])
```

2. 特征离散化函数 KBinsDiscretizer

特征离散化函数 KBinsDiscretizer 将连续特征离散化为 K 个值,经常用于多项式贝叶斯分类器的预处理。例如,下面程序:

```
X = np.array([[-3.,5.,15],[0.,6.,14],[6.,3.,11]])
est = preprocessing.KBinsDiscretizer(n_bins=[3,2,2],encode='ordinal').fit
(X)
est.transform(X)
```

程序运行结果如下:

```
array([[0., 1., 1.],
       [1., 1., 1.],
       [2., 0., 0.]])
```

5.3.4 缺失数据处理

1. 单变量缺失特征处理

sklearn.impute 中的 SimpleImputer 函数可以实现缺失数据填充的基本方法,该方法可以用固定值或每列的统计值(均值、中值、最频繁出现的数据)对缺失值进行填充。

```
import numpy as np
from sklearn.impute import SimpleImputer
imp = SimpleImputer(missing_values = np.nan, strategy = 'mean')
X = [[1, 2], [np.nan, 3], [7, 6]]
print("原始数据:\n{}".format(X))
imp.fit(X)
print("填充后数据:\n{}".format(imp.transform(X)))
```

程序运行结果如下:

```
原始数据:
[[1, 2], [nan, 3], [7, 6]]
填充后数据:
[[1. 2.]
 [4. 3.]
 [7. 6.]]
```

2. 多变量缺失特征处理

sklearn.impute 中的 IterativeImputer 函数采用每列的已知数据,通过回归方法预测缺失数据。例如,下列程序:

```
import numpy as np
from sklearn.experimental import enable_iterative_imputer
from sklearn.impute import IterativeImputer
imp = IterativeImputer(max_iter = 10, random_state = 0)
imp.fit([[1, 2], [3, 6], [4, 8], [np.nan, 3], [7, np.nan]])
IterativeImputer(random_state = 0)
X_test = [[np.nan, 2], [6, np.nan], [np.nan, 6]]
print(np.round(imp.transform(X_test)))
```

程序运行结果如下:

```
[[ 1.   2.]
 [ 6. 12.]
 [ 3.   6.]]
```

5.3.5　主成分分析

主成分分析是一种基础的降维算法,可以分析、简化数据集。

sklearn.decomposition 中的 PCA 函数可实现主分量变换,语法如下:

class sklearn.decomposition.PCA(n_components = None, * , copy = True, whiten = False, svd_solver ='auto', tol = 0.0, iterated_power ='auto', random_state = None)

其中,n_components 表示要保留的主分量个数。

该对象常用的方法如下。

fit(X[, y]):用样本 X 训练模型。

fit_transform(X[, y]):用样本 X 训练模型,并对 X 进行降维。

transform(X):对 X 进行降维。

例如,下面对鸢尾花数据进行降维,并显示。

```
import matplotlib.pyplot as plt
from sklearn import datasets
from sklearn.decomposition import PCA
iris = datasets.load_iris()
X = iris.data
y = iris.target
target_names = iris.target_names
pca = PCA(n_components = 2)
X_r = pca.fit(X).transform(X)
print('explained variance ratio (first two components): % s'
      % str(pca.explained_variance_ratio_))
plt.figure()
colors = ['navy', 'turquoise', 'darkorange']
lw = 2
for color, i, target_name in zip(colors, [0, 1, 2], target_names):
plt.scatter(X_r[y == i, 0], X_r[y == i, 1], color = color, alpha = .8, lw = lw,
            label = target_name)
plt.legend(loc ='best', shadow = False, scatterpoints = 1)
plt.title('PCA of IRIS dataset')
plt.show()
```

程序显示结果如图 5.34 所示。

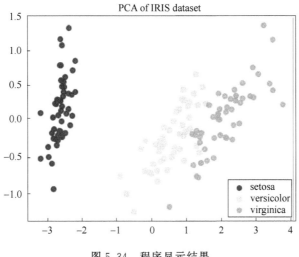

图 5.34　程序显示结果

5.4　本章小结

本章介绍了数据预处理的常用方法,并分别介绍了在 Pandas 和 Sklearn 中如何具体实现常见的预处理操作,为后期采用机器学习算法分析数据做准备工作。

第6章 数据可视化

数据可视化是借助图形方式显示数据的一种手段,能直观地传达数据中的关键特征,实现对复杂数据集的深入洞察。数据可视化是采用人工智能对数据进行分析的重要组成部分,有助于人们深层解读数据、准确分析数据、清晰呈现数据,了解数据特点,为后期快速准确选择模型奠定基础。

6.1 Matplotlib 库入门

Matplotlib 库是 Python 中的一个绘图综合库,用于创建静态、动态和交互式 2D 图形。用户只需编写几行代码就可以生成出版质量级别的绘图,可以完全控制图表中的每一个元素,如线条样式、字体属性、轴属性等。在该库中使用最多的模块是 Pyplot,因此本节我们重点介绍该模块的使用方法。

Matplotlib 库中的图形由两部分构成:画布(Figure)和多个轴(Axes)。Figure 为绘图提供了画布区域,Axes 则提供了坐标系,并分配给画布固定区域。图 6.1 所示为图形的主要结构。

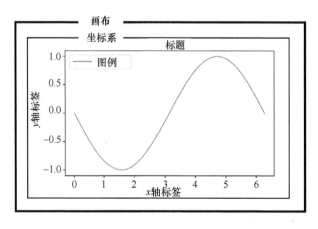

图 6.1 Matplotlib 库绘图的图片结构

图形绘制的主要步骤如下。

(1) 创建画布。

(2) 创建一个或者多个子图/坐标系。

166

（3）设置各种元素，如标题（Title）、标签（Label）、图例（Legend）等。

（4）添加其他修饰性元素，如网格线（Grid）、注释（Annotate）等。

图表中的主要元素如图 6.2 所示。

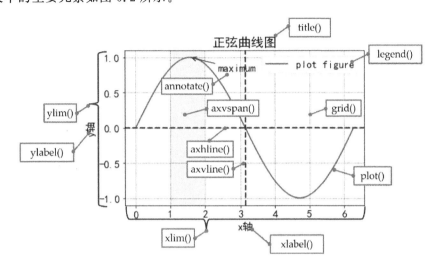

图 6.2　图表中的主要元素

（1）标题（title 函数）。

（2）图例（legend 函数）。

（3）x 轴标签（xlabel 函数）、y 轴标签（ylabel 函数）。

（4）x 轴的上下限（xlim 函数）、y 轴的上下限（ylim 函数）。

（5）网格线（grid 函数）。

（6）水平线（axhline 函数）、垂直线（axvline 函数）。

（7）区间（axvspan 函数）、（axhspan 函数）。

（8）注释（annotate 函数）。

6.2　简单图表绘制

6.2.1　折线图绘制

折线图显示随时间或其他参数比例而变化的连续数据，适用于显示在相等时间间隔下数据的趋势。折线图的绘制代码如下：

```
#导入绘图库
import matplotlib.pyplot as plt
plt.figure()
#x 和 y 轴坐标
x = [1,2,3,4,5]
y = [4,6,8,3,4]
```

```
#绘图
plt.plot(x, y)
#设置图表标题
plt.title('折线图')
#设置 x 轴和 y 轴标题
plt.xlabel('x 轴')
plt.ylabel('y 轴')
#输出图表
plt.show()
```

运行上述代码,生成的简单折线图如图 6.3 所示,该图形比较单调,可以进一步设置线条颜色、宽度、样式,并添加其他图表元素(如图 6.4 所示),生成更复杂折线图的代码如下:

```
#导入绘图库、数据分析库
import matplotlib.pyplot as plt
import numpy as np
#统一设置图表的字体和字号
plt.rcParams['font.family'] = ['simhei']
plt.rcParams['font.size'] = 15
#绘制画布
plt.figure()
#设置两组数据点
x1 = [1,2,3,4,5]
y1 = [4,6,8,3,4]
x2 = [1,2,3,4,5]
y2 = [6,2,3,4,7]
#绘制折线图,设置线条的样式、颜色、宽度,设置点的样式
plt.plot(x1, y1,linestyle = '- -',color = 'r', linewidth = 1.0,marker = 'o',label =
'图例 1')
plt.plot(x2, y2,linestyle = '- .',color = 'b', linewidth = 1.0,marker = 'o',label =
'图例 2')
#设置图表标题、坐标轴标题
plt.title('折线图')
plt.xlabel('x 轴')
plt.ylabel('y 轴')
#设置坐标轴数值的显示范围
plt.xlim(0,6)
plt.ylim(2,9)
#设置 x 轴刻度
plt.xticks([0,2,4,6])
#设置 y 轴刻度
```

```
s = np.linspace(2,9,8)
plt.yticks(s)
#设置图例
plt.legend(loc ='upper right')
#设置水平和垂直的网格线
plt.grid( axis ='x',linestyle ='- -',color ='k', linewidth = 1.0,alpha = 0.3)
plt.grid( axis ='y',linestyle ='- -',color ='r', linewidth = 1.0,alpha = 0.3)
#将图表保存为图片
plt.savefig("折线图.jpg")
#输出图表
plt.show()
```

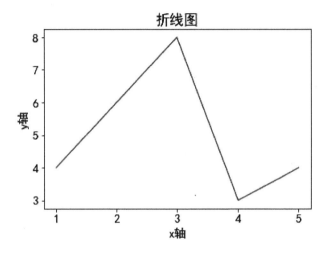

图 6.3　简单折线图

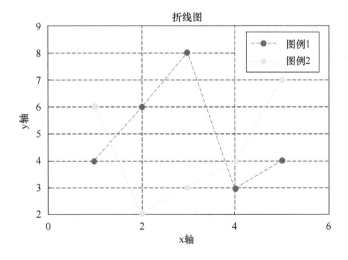

图 6.4　复杂折线图

上述代码主要包含以下几部分。

1. 设置统一格式的全局函数 rcParams

如果想统一设置图表中的元素样式,可以使用 Matplotlib 库中的全局函数 rcParams。但 Matplotlib 默认不支持中文显示,如果想实现在图中显示中文字符,可以使用 rcParams 函数对字体、字号等参数进行统一设置,其代码如下:

```
import matplotlib.pyplot as plt
plt.rcParams['font.family'] = ['simhei']
plt.rcParams['font.size'] = 20
plt.rcParams['axes.unicode_minus'] = False
```

其中 rcParams 包含属性的具体含义如下。

(1)'font.family':设置字体。示例代码中的 simhei 为黑体。如果想改变字体样式,可以在计算机的文件夹 C:\Windows\Fonts 中找到相应字体,右键单击该字体文件,在弹出菜单中选择属性,即可在属性窗口中看到该字体的名称,用其代替示例代码中的 simhei 即可。

(2)'font.size':设置字号。

(3)'axes.unicode_minus':设置坐标轴显示负号。

2. 绘制画布的 figure 函数

figure 函数的格式为

```
figure(num = None, figsize = None, dpi = None, facecolor = None, edgecolor = None,
frameon = True)
```

该函数的具体参数含义如下。

num:图像编号或名称,数字为编号,字符串为名称。

figsize:指定 figure 的宽和高,单位为英寸。

dpi:参数指定绘图对象的分辨率,即每英寸有多少个像素,缺省值为 80。

facecolor:背景颜色。

edgecolor:边框颜色。

frameon:是否显示边框。

可以进行如下画布设置,该代码最终实现的图表如图 6.5 所示。

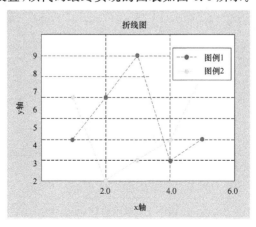

图 6.5　设置画布样式

```
fig = plt.figure(figsize = (4,3),facecolor ='gray')
```

3. 绘制折线图的 plot 函数

plot 函数的格式为

```
plt.plot(x,y, * format)
```

该函数的具体参数含义如下。

（1）x:x 轴数据、列表或数组。

（2）y:y 轴数据、列表或数组。

（3）format:设置线条、点的样式,具体参数含义如下。

（1）线型（Linestyle）的参数设置如表 6.1 所示。

表 6.1　线型的设置

字符	描述
'_'	实线
'——'	破折线
'—.'	点划线
':'	虚线
'None';'';''	什么都不画

（2）颜色（Color）的参数设置如表 6.2 所示。

表 6.2　颜色设置

字符	颜色	字符	颜色
b	蓝色	g	绿色
r	红色	y	黄色
c	青色	k	黑色
m	洋红色	w	白色

（3）线的宽度（Linewidth）:设置线的宽度,该数值可以是浮点型。

（4）点（Marker）的参数设置如表 6.3 所示。

表 6.3　点标记的设置

字符	描述
'o'	圆圈
'D'	菱形
'h'	六边形 1
'H'	六边形 2
'_'	水平线
'.'	点
's'	正方形

续　表

字符	描述
'*'	星号
'd'	小菱形
'v'	一角朝下的三角形
'8'	八边形
'p'	五边形
','	像素
'+'	加号
'<'	一角朝左的三角形
'>'	一角朝右的三角形
'^'	一角朝上的三角形
'|'	竖线
'x'	X
'None','',' '	无

（5）标签（Label）：在图例中设置线条代表的含义。

4．设置图例的 legend 函数

legend 函数的格式为

```
plt.legend(loc ='upper right')
```

其中，loc 用于设置图例的位置，可以使用字符' upper right '来表示图例所在位置为右上角，也可以使用对应的位置编码（即 loc＝1）表示相同的含义，其他参数值如表 6.4 所示。

表 6.4　设置图例的位置

字符	位置编码	描述
'best'	0	
'upper right'	1	右上角
'upper left'	2	左上角
'lower left'	3	左下角
'lower right'	4	右下角
'right'	5	右
'center left'	6	左侧居中
'center right'	7	右侧居中
'lower center'	8	下部居中
'upper center'	9	上部居中
'center'	10	居中

5．设置网格线的 grid 函数

grid 函数的格式为

```
plt.grid( axis ='x',linestyle ='- -',color ='k', linewidth = 1.0,alpha = 0.3)
```

该函数的参数含义如下。

axis：设置网格线方向，'x'为垂直于 x 轴，'y'为垂直于 y 轴。

linewidth：显示网格线的线条宽度。

alpha：设置颜色的不同明度，1 为完全显示，0 为颜色不显示，0 到 1 区间内的小数值表示线条颜色的显示不透明度。

6. 绘制其他辅助元素的函数

如果要绘制较为复杂的图表，可以添加图表的元素，如水平线（axhline 函数）、垂直线（axvline 函数、区间 axvspan 函数、axhspan 函数）、注释（annotate 函数）等。在原始代码上添加以下代码即可实现图 6.6 所示的效果。

```
plt.axhline(y = 6,c ='g',ls ='-',lw = 2,alpha = 0.4)
plt.axvline(x = 3,c ='g',ls ='-',lw = 2,alpha = 0.4)
plt.axvspan(xmin = 2, xmax = 4, facecolor ='y',alpha = 0.2)
plt.annotate("maximum", xy = (2.9,8), xytext = (1,8), weight ='bold',color ='k',
arrowprops =
    dict(arrowstyle ='->',connectionstyle ='arc3',color ='k'))
```

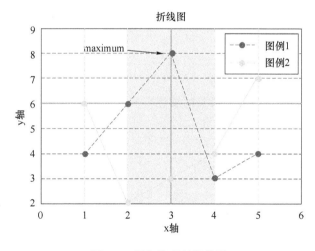

图 6.6　添加注释的折线图

（1）参考线函数 axhline 和 axvline

axhline 函数可绘制平行于 x 轴的水平参考线，axvline 函数可绘制平行于 y 轴的垂直参考线，这两个函数的格式及参数类似。以 axhline()函数为例，其绘制格式如下：

```
plt.axhline(y = 0, xmin = 0, xmax = 1, c = "r", ls = "- -", lw = 2)
```

该函数的具体参数含义如下。

y：水平参考线的出发点。

xmin：x 的最小值。

xmax：x 的最大值。

c：参考线的线条颜色。

ls：参考线的线条风格。

lw：参考线的线条宽度。

（2）绘制参考区域函数 axvspan 和 axhspan

在绘制图像时，我们有时需要在某些区域加上背景色以突出显示，让图像显得更加的漂亮。这时候就需要用到添加参考区域的命令。axvspan 函数为垂直 x 轴的参考区间，axhspan 函数为垂直 y 轴的参考区间，这两个函数的格式及参数类似，函数的格式及参数的具体含义如下。

```
plt.axvspan(xmin = 4, xmax = 6, facecolor = "y", alpha = 0.4)
plt.axhspan(ymin = 15, ymax = 20, facecolor = "y", alpha = 0.4)
```

xmin、ymin：参考区域的起始位置。

xmax、ymax：参考区域的终止位置。

facecolor：参考区域填充的颜色。

alpha：参考区域填充颜色的透明度。

（3）添加注释文字函数

可以使用两种方式为图表添加注释文字：一种为带指向箭头的函数 annotate；另一种为无指向箭头的函数 text。函数的具体用法如下。

① plt.annotate(string, xy, xytext, weight, arrowprops)

参数的具体含义如下。

string：注释文字的内容。

xy：被注释图形内容的位置坐标。

xytext：注释文本的位置坐标。

weight：注释文本的字体粗细风格。

arrowprops：指示被注释内容的箭头的属性字典。

② plt.text(x, y, string)

参数的具体含义如下。

x, y：注释文字内容所在的横、纵坐标。

string：注释文字的内容。

6.2.2 曲线图绘制

曲线图和折线图的代码含义完全一样，只是曲线中的数据点是连续变化的，因此使用光滑曲线表示该图形。具体代码如下，生成图形如图 6.7 所示。

```
import matplotlib.pyplot as plt
import numpy as np
plt.rcParams['axes.unicode_minus'] = False
#设置 x 的值取 0 到 2π 范围内均匀分布的 200 个点，y = sin(x)
x = np.linspace(0, 2 * np.pi, 200)
y = np.sin(x)
#绘制曲线
plt.plot(x, y)
```

```
# 设置图表标题
plt.title('正弦曲线图')
# 设置 x 轴和 y 轴标题
plt.xlabel('x 轴')
plt.ylabel('y 轴')
# 输出图表
plt.show()
```

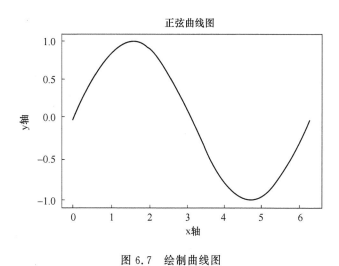

图 6.7　绘制曲线图

6.2.3　柱状图绘制

柱形图又称长条图、柱状图,是一种以长方形的长度为变量的统计图表。柱形图用来比较两个或以上的数据差异。柱形图一般采用纵向排列,也可以采用横向排列。具体实现的代码如下,生成图如图 6.8 所示。

```
import matplotlib.pyplot as plt
# x1,y1 为第一组柱形图的 x 轴及 y 轴坐标,x2,y2 为第二组柱形图的 x 轴及 y 轴坐标
x1 = [1,3,5,7,9]
y1 = [5,3,5,6,4]
x2 = [2,4,6,8,10]
y2 = [3,5,1,3,3]
# 绘制两组柱形图
plt.bar(x1,y1,label = '柱 1')
plt.bar(x2,y2,label = "柱 2")
# 设置标题
plt.title("柱形图")
# 设置 x 轴和 y 轴标签
plt.xlabel('x 轴')
```

```
plt.ylabel('y 轴')
# 设置图例
plt.legend(loc ='upper right')
# 输出图表
plt.show()
```

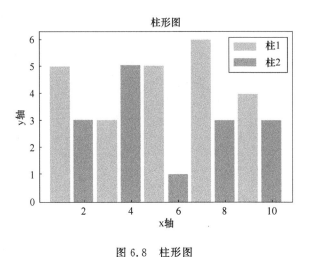

图 6.8　柱形图

6.2.4　散点图绘制

　　散点图是指在回归分析中,数据点在直角坐标系平面上的分布图。散点图表示因变量随自变量而变化的大致趋势,通过考察坐标点的分布,判断两变量之间是否存在某种关联或分布模式。散点图通常用于比较跨类别的聚合数据。实现代码如下,生成图如图 6.9 所示。

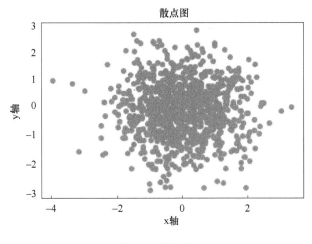

图 6.9　散点图

```
import matplotlib.pyplot as plt
import numpy as np
# 设置 x 为包含 1000 个数据点的数据集,该数据集的均值为 0,标准差为 1
```

```
x = np.random.normal(0,1,1000)
#设置 y 为包含 1000 个数据点的数据集,该数据集的均值为 0,标准差为 1
y = np.random.normal(0,1,1000)
#绘制散点图
plt.scatter(x,y)
#设置图表标题
plt.title("散点图")
#设置 x 轴和 y 轴标题
plt.xlabel('x 轴')
plt.ylabel('y 轴')
#输出图表
plt.show()
```

生成散点图的函数 scatter(x,y)的具体格式如下：

```
scatter(x,y,s,c,marker, ** kwargs)
```

其中的参数含义如下。

　　x,y:x 轴和 y 轴的数据值。

　　s：数据点的大小。

　　c：数据点的颜色。

　　marker:标记。

通过设置以上参数,可以实现图 6.10 所示的效果,该图的代码实现如下：

```
import matplotlib.pyplot as plt
import numpy as np
#设置 x 为包含 1000 个数据点的数据集,该数据集的均值为 0,标准差为 1
x = np.random.normal(0,1,50)
#设置 y 为包含 1000 个数据点的数据集,该数据集的均值为 0,标准差为 1
y = np.random.normal(0,1,50)
area = (20 * np.random.rand(50)) ** 2    #设置每个点的面积
colors = np.random.rand(50)#设置每个数据点的颜色
#绘制散点图
plt.scatter(x, y, s = area, c = colors, alpha = 0.5)
#设置图表标题
plt.title("散点图")
#设置 x 轴和 y 轴标题
plt.xlabel('x 轴')
plt.ylabel('y 轴')
#输出图表
plt.show()
```

也可以通过设置不同的 marker 产生图 6.11 所示的效果,其代码如下：

```
plt.scatter(x, y, s = area, c = colors, marker = 'ᵕ', alpha = 0.5)
```

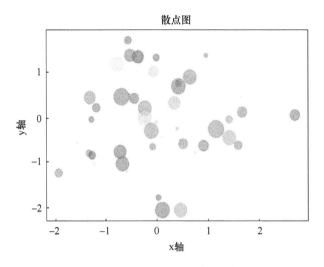

图 6.10　具有不同面积数据点的散点图

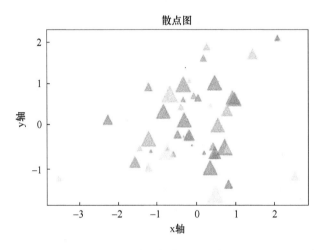

图 6.11　不同形状数据点的散点图

6.2.5　饼图绘制

饼图显示一个数据系列中各项的大小与各项总和的比例。饼图常用于统计学模块,如图 6.12 所示。具体实现代码如下:

```
import matplotlib.pyplot as plt
plt.rcParams['font.family'] = ['SimHei']
#设置切片的大小,切片将按逆时针方向排列和绘制
sizes = [15, 30, 45, 10]
#设置饼的标签
labels =['猫','狗','鱼','鸟']
#设置切片偏移量
explode = [0, 0.1, 0, 0]
```

```
#绘制饼
plt.pie(sizes, explode = explode, labels = labels, autopct = '%1.1f%%', shadow =
True, startangle = 90)
#设置图表标题
plt.title("饼图")
#输出图表
plt.show()
```

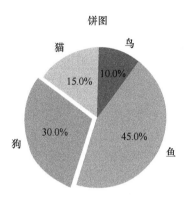

图 6.12　饼图

饼图的绘图函数格式为

```
plt.pie(sizes, explode, labels, autopct, shadow, startangle, **kwargs)
```

具体参数的含义如下。

(1) sizes:数值型数组,表示饼图中每个切片的大小。

(2) explode:设置切片之间的偏移量。

(3) labels:设置切片的标签。

(4) autopct:设置每个切片的格式。

(5) shadow:设置每个切片的阴影。

(6) startangle:x 轴逆时针旋转的角度。

(7) **kwargs:设置其他可选参数。

6.3　高级图表绘制

6.3.1　盒图/箱线图绘制

盒图又称为箱线图,是一种用作显示一组数据分散情况资料的统计图,因形状如盒子而得名。盒图在统计分析和其他很多领域都有广泛应用。盒图可以清晰地显示出一组数据的最大值、最小值、中位数及上下四分位数,并且能够有效地帮助我们识别数据的特征,即直观地识别数据集中的异常值(离群点),判断数据集的数据离散程度和偏向(通过观察盒子的长度、上下隔间的形状,以及"胡须"的长度)。盒图的具体表示方式如图 6.13 所示。

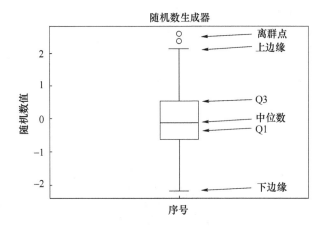

图 6.13　盒图示意图

矩形盒两端边的位置分别对应数据的上下四分位数(Q3 和 Q1)。在矩形盒内部的线段表示中位数。两端延伸的"胡须"分别延伸到最小观测值和最大观测值。最小观测值为 min＝Q1－1.5×IQR,如果存在离群点小于最小观测值,则"胡须"下限为最小观测值,离群点单独以点汇出。如果没有比最小观测值小的数,则"胡须"下限为最小值。最大观测值为 max＝Q3＋1.5×IQR,如果存在离群点大于最大观测值,则"胡须"上限为最大观测值,离群点单独以点汇出。如果没有比最大观测值大的数,则"胡须"上限为最大值。超出最大观测值和最小观测值的数据点为离群点,用"○"来表示。

盒图的实现格式如下:

```
bplot = plt.boxplot(testList,whis = whis,widths = width,sym = '.', labels = labels,
patch_artist = True, vert = True, showfliers = True, notch = True)
```

参数的主要含义如下。

testList:输入数据。

whis:四分位数间距倍数,用来确定盒外线延伸到最小和最大的观测值,默认值为 1.5,即最小观测值为 min＝Q1－1.5×IQR,最大观测值为 max＝Q3＋1.5×IQR。

widths:设置箱体的宽度。

sym:离群值的标记样式。

labels:绘制每个数据集的刻度标签。

patch_artist:是否给箱体添加颜色。

vert:默认为 True,如要设置水平盒图,则 vert＝False。

showfliers:默认为 True,如果不显示离群点,则 showfliers＝False。

notch:默认为 True,显示有切口的箱体。

具体盒图的代码如下,显示图如图 6.14 所示。

```
import matplotlib as mpl
import numpy as np
import matplotlib.pyplot as plt
mpl.rcParams["font.sans-serif"] = ["FangSong"]
```

```
mpl.rcParams["axes.unicode_minus"] = False
np.random.seed(10)
test1 = np.random.randn(5000)
test2 = np.random.randn(5000)
testList = [test1,test2]
labels = ["序号1","序号2"]
whis = 2
width = 0.35
bplot = plt.boxplot(testList,whis = whis,widths = width,sym = '.',labels = labels,
patch_artist = True)
plt.ylabel("随机数值")
plt.title("随机数生成器")
plt.show()
```

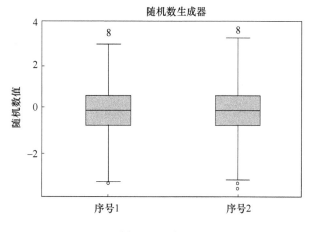

图6.14 盒图

6.3.2 子图绘制

简单图表绘制中均绘制的是单个图表,如果想将绘制的多个图表集成在一个图中显示,实现多子图功能,可以采用 subplot 函数。在画布中绘制每个子图对象(Axes)时,都要调用 subplot 函数指定位置,每次调用该函数时,返回一个坐标对象,该函数的具体代码格式如下:

```
plt.subplot(numRows, numCols, plotNum)
```

函数的具体参数含义如下。

numRows:图表的整个绘图区域被分成的行数。

numCols:图表的整个绘图区域被分成的列数。

plotNum:指定创建的子图对象所在的区域,按照从左到右,从上到下的顺序对每个子区域进行编号,左上子区域的编号为 1。假设要绘制一个 2×3 的多子图表,subplot 函数的具体参数设置和子图在整个图中的位置如图 6.15 所示。如果要绘制 2×3 图形中第一个位置 (2,3,1)的子图,则其参数设置为 plt.subplot(2, 3, 1)。

(2,3,1)	(2,3,2)	(2,3,3)
(2,3,4)	(2,3,5)	(2,3,6)

图 6.15　子图位置及参数设置

我们挑选前面绘制过的四幅图,将它们拼成一副含有多个子图的图表,具体代码如下,最终效果图如图 6.16 所示。

```
import matplotlib.pyplot as plt
import numpy as np
plt.rcParams['font.family'] = ['SimHei']
plt.rcParams['font.size'] = 10
plt.rcParams['axes.unicode_minus'] = False
#第一幅子图
plt.subplot(2, 2, 1)
x = np.random.normal(0,1,50)
y = np.random.normal(0,1,50)
area = (20 * np.random.rand(50)) ** 2
colors = np.random.rand(50)
plt.scatter(x, y, s = area, marker = 'v', c = colors, alpha = 0.5)
plt.title("散点图")
plt.xlabel('x 轴')
plt.ylabel('y 轴')
#第二幅子图
plt.subplot(2, 2, 2)
x1 = [1,3,5,7,9]
y1 = [5,3,5,6,4]
x2 = [2,4,6,8,10]
y2 = [3,5,1,3,3]
plt.bar(x1,y1,label = '柱 1')
plt.bar(x2,y2,label = "柱 2")
plt.title("柱形图")
plt.xlabel('x 轴')
plt.ylabel('y 轴')
plt.legend(loc = 'upper right')
#第三幅子图
plt.subplot(2, 2, 3)
sizes = [15, 30, 45, 10]
labels = ['猫', '狗', '鱼', '鸟']
explode = [0, 0.1, 0, 0]
```

```
plt.pie(sizes, explode = explode, labels = labels, autopct ='%1.1f%%',shadow =
True, startangle = 90)
    plt.title("饼图")
    #第四幅子图
    plt.subplot(2, 2, 4)
    x = [1,2,3,4,5]
    y = [4,6,8,3,4]
    plt.plot(x, y)
    plt.title('折线图')
    plt.xlabel('x 轴')
    plt.ylabel('y 轴')
    #调整布局
    plt.tight_layout()
    plt.show()
```

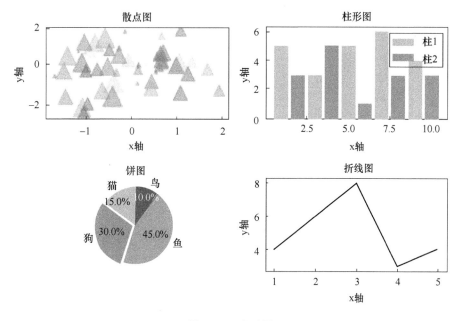

图 6.16 多子图

6.3.3 极坐标图绘制

极坐标图即使用极坐标制作数据点的图表。极坐标由极轴和极角组成,在通常情况下,极径坐标的单位为长度单位,极角坐标单位为度(°)。在 Matplotlib 库中绘制极坐标图的函数为 polar,其调用格式如下:

```
polar(theta, r, ** kwargs)
```

其参数说明如下。

theta:每个数据点的极角,即射线与极径的夹角。

r:每个数据点到原点的距离。

＊＊kwargs:可选参数,用于指定线标签(用于自动图例)、线宽、标记面颜色等特性。

最简单的代码如下,生成图如图 6.17 所示。

```
import matplotlib.pyplot as plt
import numpy as np
plt.rcParams['font.family'] = ['SimHei']
theta = np.arange(0,2 * np.pi,0.02)
plt.polar(theta,theta * 3,linestyle = '- -',lw = 1)
plt.title("极坐标图")
plt.show()
```

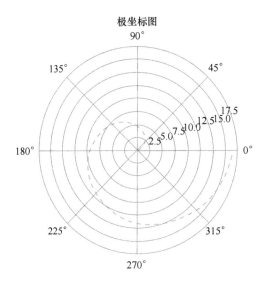

图 6.17　简单极坐标图

为了对上述极坐标图进一步设置,可以使用折线图中 plot 函数中的参数进行美化。例如,可以执行以下代码,生成个性化极坐标,如图 6.18 所示。

```
import matplotlib.pyplot as plt
import numpy as np
fig = plt.figure(figsize = (5,10))
plt.rcParams['font.family'] = ['SimHei']
plt.rcParams['font.size'] = 15
theta = np.arange(0,2 * np.pi,0.2 * np.pi)
♯设置极坐标中数据点的颜色(color)、不透明度(alpha)、线型(linestyle)、标记点的形
状(marker)、标记点的大小(ms)
plt.polar(theta,theta,color = 'c',alpha = 0.7,linestyle = '- -',marker = 'h',ms = 10)
♯设置图表的标题,参数 pad 为标题相对于轴顶部的偏移量,以点为单位
plt.title("极坐标图",pad = 20)
```

```
plt.rgrids((0, 2,4,6,8, 10), ('a','b','c','d','e','f'),angle = 30)
plt.show()
```

代码中的 rgrids 函数具有设置径向网格线的功能,其格式及参数含义如下。

```
rgrids(radii, labels = None, angle = 22.5, ** kwargs)
```

radii:网格线的极轴坐标位置。

labels:网格线 radii 的显示标签。

angel:标签的极轴偏移角度。

在该函数中如果不设置以上参数,则使用默认的极径显示刻度,如图 6.18 所示。

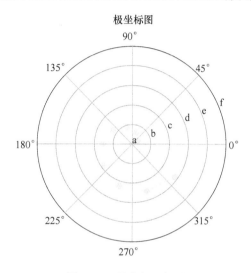

图 6.18　美化极坐标图

6.4　文本数据可视化

文本数据是主要的信息类型,是大数据时代非结构化数据类型的典型代表。对文本数据进行可视化能够将文本中蕴含的语义特征形象化表达。词云是一种常用的对文本数据可视化的方式,它以词语为基本单位,可以更加直观和艺术地展示文本。词云中一般包含 30 至 150 个词,会对文本中的所有词的词频进行统计,出现频率越高的词在图中显示的字体越大,字的颜色越明显,通过这样的方式,将词与其使用频率相对应。

6.4.1　文本数据可视化工具

目前有很多可以生成词云的工具,如 Word art、TagCrowd、Wordle、Tagxedo 等。我们对一篇关于医学信息智能分析的文章使用 Word art（https://wordart.com）和 TagCrowd（https://tagcrowd.com/）可视化工具进行分析,分别得到图 6.19 和图 6.20 所示的词云,从中可以看到出现频率较高的词有 image、data、method、information、mining 等。中文的分词和英文不同,不能直接通过空格来分割词汇。上述这些词云软件都内含分词功能,虽可以生成中文云,但有时由于不能很准确地进行中文分词,会得到显示不准确的词云效果。

图 6.19　利用 Word art 可视化工具显示词云

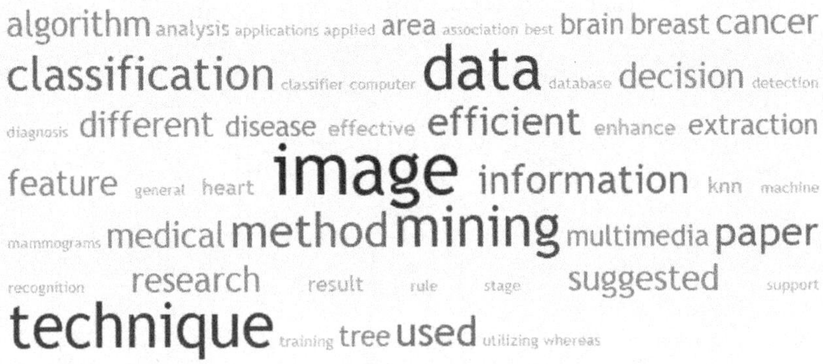

图 6.20　利用 TagCrowd 可视化工具显示词云

6.4.2　用 Python 实现文库数据可视化的方法

Wordcloud 是优秀的词云展示第三方库,通过简单的几行程序代码就可以编辑生成具有个性化的词云。首先需要安装 WordCloud 库,在 Anaconda Prompt 中输入如下安装命令进行库的安装:

```
pip install wordcloud
```

WordCloud 库把词云当作一个 WordCloud 对象,生成词云可以通过以下三步进行。

```
c = wordcloud.WordCloud()        #配置 WordCloud 对象参数
c.generate(paper)                #加载词云文本,其中 paper 为文本文件
c.to_file("Py_wordcloud.png")    #输出词云文件
```

词云的形状、尺寸和颜色等都可以设定,在第一步中进行如下参数配置即可。

```
c = wordcloud.WordCloud(font_path = None, width = 400,height = 200,
    min_font_size = 4, max_font_size = None, max_words = 200, stop_words = None,
background_color ='black', …)
```

font_path：指定字体文件的路径，默认 None

width：生成词云的图片宽度。

height：生成词云的图片高度。

min_font_size：指定词云中字体的最小字号，默认 4 号。

max_font_size：指定词云中字体的最大字号，根据高度自动调节。

max_words：指定词云显示的最大单词数量，默认 200。

stop_words：指定词云的排除词列表，即不显示的单词列表。

background_color：指定词云图片的背景颜色，默认为黑色。

针对 ChinaDaily 上的一篇文章进行词云分析，案例代码如下，生成的词云效果如图 6.21 所示。

```
＃引入词云库
import wordcloud
＃打开需要生成词云的文本文档
article = open("chinadaily.txt", "r", encoding ='gbk').read()
＃设置词云的大小、背景、文字样式
w = wordcloud.WordCloud(width = 800, height = 600,background_color = "white",
min_font_size = 8)
＃生成词云
w.generate(article)
＃将生成词云保存为图片 worldcloud.png
w.to_file("worldcloud.png")
```

根据中文的行文特点，如果要进行词云分析，首先必须进行中文分词，将文章中所有的中文词汇提取出来。我们可以使用 Python 中具有中文分词功能的第三方库 Jieba 来完成该任务。Jieba 库利用中文词库确定汉字之间的关联概率，汉字间关联概率大的组成词组，形成分词结果。安装 Jieba 库时需要在 Anaconda Prompt 中输入如下安装命令：

```
pip install jieba
```

使用 Jieba 库中的 lcut 函数进行分词，可以获得单个词语，该函数的具体说明如下。

函数：jieba.lcut(s)。

说明：返回一个列表类型的分词结果。

```
In [1]:import jieba
    …:line = jieba.lcut("人生苦短,我用 python")
    …:print(line)
Out[1]:'人生','苦短',',','我用','python'
```

图 6.21　词云效果

为了绘制词云效果,需要将分好的词用空格连接起来,因此使用 join 函数将分词结果进行连接,该函数的具体用法如下:

函数:'sep'.join(seq)。

说明:返回通过指定字符连接序列中元素后生成的新字符串。

sep:分隔符,可以为空。

seq:连接的元素,可以为序列、字符串、元组、字典。

```
In[2]: txt = " ".join(line)
   …: print(txt)
Out[2]: 人生 苦短 , 我用 python
```

如果要绘制不同形状的词云,可以使用白色背景的图片作为形状,调用 Matplotlib 库中的 imread 方法进行图片的读取,以下是具体实现代码,生成的词云效果图如图 6.22 所示。

图 6.22　中文词云

```
#引入相关第三方库
import jieba
import wordcloud
import matplotlib.pyplot as plt
#读取形状图片文件
shape = plt.imread('star.jpg')
#打开要生成词云的文本文档
file = open("新华网.txt", "r", encoding = "gbk")
#读取文档
article = file.read()
#关闭文档
file.close()
#分词
lines = jieba.lcut(article)
#使用空格''将分好的词进行连接
txt = " ".join(lines)
#设置词云的大小、背景色、字体(本例为微软雅黑)、形状等参数
w = wordcloud.WordCloud(width = 800, height = 600, background_color = "
white", font_path = "msyh.ttc", mask = shape)
#生成词云
w.generate(txt)
#将词云保存为图片文件 wordcloud_star.png
w.to_file("wordcloud_star.png")
```

6.5 本章小结

　　数据可视化与信息可视化、科学可视化等密切相关。当前,在研究、教学和开发领域,数据可视化仍是一个极为活跃而又关键的方面。"数据可视化"这条术语实现了成熟的科学可视化领域与较年轻的信息可视化领域的统一。通过数据可视化可以向用户有效地表示数据,让成千上万的数据在转瞬之间变成众人可以快速理解的各项指标,让决策者在庞大的数据面前进行更深入的观察和分析。

第7章 k 近邻算法及其应用

7.1 k 近邻算法原理

    k 近邻法（k-Nearest Neighbor，KNN）是 Cover THart 于 1968 年提出来的一种非常简单、有效的有监督机器学习方法，可以应用于分类或回归问题中。

    俗话说，"近朱者赤，近墨者黑"，相似的事物总会被归为一类。例如，当生物学家发现一新生物时，就会把该生物的特征和已知类别生物的特征进行比对，并将其归类为与其最为相似的生物所在的类别。k 近邻算法的原理与其相似，当基于一些已知标签的训练数据对未知类别的数据进行分类预测时，如果离该样本最近的 k 个样本中大多数样本属于某一类别，则将该样本也划分为该类别。

    如图 7.1 所示，黑色圆形为一类，灰色圆形为另一类，那两个未知类别的空心圆形样本应该属于哪个类别呢？采用 KNN 算法很容易解决这个问题。当 $k=1$ 时，因为离左下方的空心圆形未知样本最近的一个点是黑色圆形，因此我们就将左下角的未知样本归类为黑色圆形类别；离右上的虚边空心圆形最近的样本是灰色圆形，则将右上的虚边空心圆形归类为灰色圆形。由此可见，采用 KNN 方法，可以很轻松地完成分类问题。当 k 为 1 时，k 近邻算法就是经典的最近邻算法。

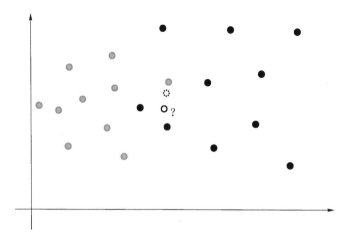

图 7.1 k 近邻分类

　　采用最近邻算法,图 7.1 的虚边空心圆形归类为灰色圆形。从所有样本的分布情况来看,未知样本归属黑色圆形更为合理,因为右侧大部分点是黑色圆形,虚边空心圆形上面的灰色圆形很可能是误差数据,如果是误差数据,就会造成分类结果的错误。由此可见,如果离未知样本最近的样本是一个误差数据(如噪声)时,若采用最近邻算法,很可能会出现“一叶障目,不见泰山”的错误。要避免这个问题,可以采用提高 k 值的办法,k 近邻算法是最近邻算法的扩展和延伸。当 $k=3$ 时,虚边空心圆形未知样本就会被归类为黑色圆形类别。因此在 k 近邻算法中,k 值直接影响预测的结果。k 值比较小时,KNN 算法用距离预测样本较近的样本进行预测;k 值比较大时,距离预测样本较远的样本也会参与决策。当 k 的值与样本总数一样大时,预测样本都会归类为样本数目较多的类别,会忽视样本内部很多信息。由此可见,采用 KNN 算法解决问题时 k 的选择非常重要。

　　以上是采用 k 近邻法进行数据分类的过程,k 近邻也可以用于回归问题,用于预测新数据样本的预测值,方法与分类类似,在此不再详细叙述。

7.2　k 近邻算法在分类问题中的实现和应用

　　本节以案例形式来介绍 KNN 算法在分类问题中的应用。Scikit-learn 中的 KNeighborsClassifier 可实现 k 最近邻分类算法。

　　KNeighborsClassifier 属于 Sklearn 中 neighbors 模块的类,使用之前必须首先将 KNeighborsClassifier 方法导入,导入代码如下:

```
from sklearn.neighbors import KNeighborsClassifier
```

该函数语法如下:

```
class sklearn.neighbors.KNeighborsClassifier(n_neighbors = 5, *, weights =
'uniform', algorithm ='auto', leaf_size = 30, p = 2, metric ='minkowski', metric_params
= None, n_jobs = None, ** kwargs)
```

主要参数说明如下。

n_neighbors:用于分类的近邻数,省略时默认为 5。

weights:用于预测的权重函数。其值可以是以下情况。

- 'uniform':均匀分布权重,用于分类的 k 个近邻对分类的权重都相同,即对分类结果的贡献相同。默认设置为'uniform'。
- 'distance':权重函数与距离成反比,距离未知样本距离越近的近邻对分类结果的贡献越大;距离越远的点对分类结果的贡献越小。

metric:计算两点之间距离的距离函数。默认为'minkowski'。可使用的距离函数如表 7.1 所示。

表 7.1　KNeighborsClassifier 函数中 metric 的距离函数

标识符	类名称	距离函数
“euclidean”	EuclideanDistance	sqrt(sum((x − y)^2))

标识符	类名称	距离函数
"manhattan"	ManhattanDistance	$sum(\|x - y\|)$
"chebyshev"	ChebyshevDistance	$max(\|x - y\|)$
"minkowski"	MinkowskiDistance	$sum(\|x - y\|\hat{}p)\hat{}(1/p)$
"wminkowski"	WMinkowskiDistance	$sum(\|w * (x - y)\|\hat{}p)\hat{}(1/p)$
"seuclidean"	SEuclideanDistance	$sqrt(sum((x - y)\hat{}2 / V))$
"mahalanobis"	MahalanobisDistance	$sqrt((x - y)' V\hat{}-1 (x - y))$

KNeighborsClassifier 分类器有一些常用的方法,如表 7.2 所示。

表 7.2 KNeighborsClassifier 分类器常用的方法

方法	功能
fit(X, y)	采用 X,y 训练 KNN 模型
get_params([deep])	得到模型的参数
kneighbors([X, n_neighbors, return_distance])	找到一个点的 n_neighbor 个近邻
kneighbors_graph([X, n_neighbors, mode])	计算 X 中各点近邻的权重图
predict(X)	预测 X 中样本的标签
predict_proba(X)	返回测试样本 X 的预测概率
score(X, y[, sample_weight])	基于跟定测试样本,计算分类器的平均正确率
set_params(* * params)	设分类模型的参数

7.2.1 KNN 分类器实现

本节以一组生成的数据来演示采用 Scikit-learn 中的 KNeighborsClassifier 实现数据分类的一般流程。

1. 准备数据

Scikit-learn 中,内置了一些用于生成数据的方法,接下来我们就用这些方法生成一个两类的二维数据,并采用 matplotlib 显示该数据。在 Jupyter Notebook 中输入以下代码:

```
# 程序 7-1 数据生成和显示
from sklearn.datasets import make_blobs
import matplotlib.pyplot as plt
X, y = make_blobs(n_samples = 500, centers = 2, random_state = 250)
plt.scatter(X[:,0], X[:,1], c = y)
plt.show()
```

上面代码中使用 datasets 模块中的 make_blobs 函数生成 500 个样本数据,数据有 2 个类别。数据和其对应类别标签分别存放在变量 X,y 中。接下来我们就用这组数据对 KNN 分类器进行建模。为了使读者直观了解要分类的数据,程序采用 matplotlib 模块中的散点图显示方法 scatter 将数据显示出来。程序运行结果如图 7.2 所示。

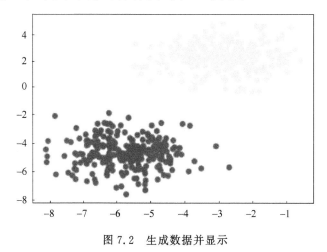

图 7.2　生成数据并显示

2. 使用 KNeighborsClassifier 对训练数据进行建模

下面采用上面生成的数据作为训练数据对 KNeighborsClassifier 进行建模。k 近邻分类算法建模方法如下：

```
♯程序 7-2 k 近邻分类算法建模
♯导入生成 KNN 分类器的函数 KNeighborsClassifier
from sklearn.neighbors import KNeighborsClassifier
♯用 KNeighborsClassifier 方法生成初始模型
clf = KNeighborsClassifier()
♯基于训练数据 X,y,采用 fit 对模型进行训练
clf.fit(X,y)
```

程序运行后,返回所生成模型的一些参数。程序运行结果如下：

```
KNeighborsClassifier(algorithm ='auto', leaf_size = 30, metric ='minkowski',
                     metric_params = None, n_jobs = None, n_neighbors = 5, p = 2,
                     weights ='uniform')
```

程序中采用 KNeighborsClassifier 函数初始化 KNN 分类器模型。这里采用默认参数对 KNeighborsClassifier 进行初始化。用户也可以自定义其中一些比较重要的参数。

最近邻的个数 n_neighbors 省略时默认是 5。用户也可以指定这个参数。例如,$k=1$ 时 KNN 模型的初始化语句如下：

```
clf = KNeighborsClassifier(n_neighbors = 1)
```

预测的权重函数 weights 默认是' uniform ',如果希望对分类结果起作用的 k 个最近邻点中,距离分类点近的点起更重要的作用,该参数可以设置为' distance ',这样近邻点对分类结果的影响程度就与预测样本的距离成反比。初始化语句如下：

```
clf = KNeighborsClassifier(weights ='distance')
```

计算两点之间距离的距离函数 metric 默认为' minkowski '。例如,采用"欧氏距离"计算两点之间距离时,可用如下方式初始化：

```
clf = KNeighborsClassifier(metric ='euclidean')
```

用户可以自定义多个参数,例如,若要生成一个 KNN 分类器,要求 $k=3$,采用"欧氏距离"计算两点之间距离,则权重函数采用"距离函数"。生成语句如下:

```
clf = KNeighborsClassifier(n_neighbors = 3,
                    metric ='euclidean',weights ='distance')
```

在程序中 clf. fit(X,y)对于初始化后的模型 clf 采用训练数据进行训练,得到训练后的模型。

3. 评价模型

通过以上方式建立的模型的可靠性如何呢? 可以采用测试样本对模型进行评价。模型评价方法如下。

正确率是评价分类模型最常用的指标。对于 KNeighborsClassifier 模型中的 score 方法,可以根据测试样本及其标签直接得到模型的平均正确率,实现如下:

```
clf.score(X,y)
```

我们可以采用输出语句对评测结果进行显示:

```
print('模型评分:{:.2f}'.format(clf.score(X,y)))
```

得到的输出结果如下:

```
模型评分:1.00
```

之所以得到这么高的评测结果,是因为在以上实例中,我们采用的训练样本和测试样本是一样的。为了更客观地评价模型的效果,测试样本和训练样本应该是没有交叉数据的。

4. 使用模型进行预测

模型建立好以后,如果其性能可靠,那就可以采用该模型对新数据进行预测了。例如,对新样本$[-4,-1.5]$进行预测。程序代码如下:

```
clf.predict([[ - 4, - 1.5]])
```

得到的预测结果为左下方深色一类。样本的分类界面如图 7.3 所示。

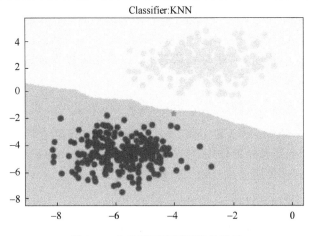

图 7.3　分类界面及预测结果显示

7.2.2　KNN 分类问题应用实战——鸢尾花分类

7.2.1 节我们通过模拟数据学习了 KNN 分类器的使用方法。本节我们采用 KNN 分类器对现实世界中的真实数据集——鸢尾花数据集——进行分析,预测鸢尾花的种类。

1. 鸢尾花数据集分析

鸢尾花数据集 iris 是一个机器学习领域中的经典数据集。数据集包含 150 个采集自鸢尾花的样本数据,每个鸢尾花样本采集 4 个特征:花萼长度(segal length)、花萼宽度(sepal width)、花瓣长度(petal length)和花瓣宽度(petal width)。这些样本来自三类不同的鸢尾花(iris-setosa、iris-versicolour、iris-virginica),每类各有 50 个样本。本节将基于花的 4 个特征,构建 KNN 分类器,用于预测鸢尾花的类别。

iris 是 Scikit-learn 内置数据集,接下来我们来了解如何读入数据,如何了解数据的基本信息。

首先导入这个数据。在 Jupyter Notebook 中输入以下代码:

```
#程序 7-3　导入鸢尾花数据集
from sklearn import datasets
iris = datasets.load_iris()
```

通过以上代码数据就保存到 iris 这个变量中了,这个变量中到底存储了什么信息呢? 可以通过一些方法来进一步了解数据。

```
#程序 7-4　输出鸢尾花数据集的基本信息
import numpy as np
print("鸢尾花 iris 数据集中包含的 key:\n{}".
format(iris.keys()))
n_samples, n_features = iris.data.shape
print("Number of sample:", n_samples)
print("Number of feature", n_features)
print("鸢尾花 iris 数据集 feature_names:\n{}".
format(iris.feature_names))
print("鸢尾花 iris 数据集 target 中包含的数据的形状:{}".
format(iris.target.shape))
print("鸢尾花 iris 数据集 target_names:{}".
format(iris.target_names))
print("每类样本的数目:")
np.bincount(iris.target)
```

程序运行结果如下:

```
鸢尾花 iris 数据集中包含的 key:
dict_keys(['data','target','target_names','DESCR','feature_names','filename'])
Number of sample:150
Number of feature 4
```

鸢尾花 iris 数据集 feature_names:

['sepal length (cm)', 'sepal width (cm)', 'petal length (cm)', 'petal width (cm)']

鸢尾花 iris 数据集 target 中包含的数据的形状:(150,)

鸢尾花 iris 数据集 target_names:['setosa''versicolor''virginica']

每类样本的数目:

array([50, 50, 50], dtype = int64)

从以上运行结果可以看出,iris 包含了'data'、'target'、'target_names'、'DESCR'、'feature_names'、'filename'6 项数据。其中 data 存储鸢尾花样本数据,保存为 numpy 的 array 类型,是一个 150 行 4 列的数组。每一行是一个样本,共 150 个样本,每一列为一个特征,共 4 个特征,特征名字分别为'sepal length (cm)'、'sepal width (cm)'、'petal length (cm)'、'petal width (cm)'。数据集来自三类鸢尾花:'setosa'、'versicolor'、'virginica'。target 存储 150 个样本的类别编号,编号范围为 0,1,2,分别对应'setosa'、'versicolor'、'virginica'3 个类别,每个类别有 50 个样本。

Sklearn 导入的数据集类型是 sklearn. utils. Bunch 类型,查看数据时不是很直观,界面不够友好。为了更直观地查看数据内容,我们可以将 sklearn. utils. Bunch 类型转换为 Pandas 模块中的 DataFrame 格式,以方便查看、预处理和可视化。转化程序代码如下:

```
#程序 7-5  将 sklearn.utils.Bunch 格式转换为 Pandas 模块中的 DataFrame 格式
import numpy as np
import pandas as pd
from sklearn.datasets import load_iris
iris = load_iris()
iris_target = []
#将每个样本的类别存储到变量 iris_target
for i in range(len(iris.target)):
    iris_target.append(iris.target_names[iris.target][i])
iris_dataframe = pd.DataFrame(data = np.c_[iris.data, iris_target], columns =
iris['feature_names'] + ['species'])
iris_dataframe
```

运行程序可以将 sklearn. utils. Bunch 格式转换为 Pandas 模块中的 DataFrame 格式,并方便地显示。程序运行结果如图 7.4 所示。

这样就可以把 150 个鸢尾花样本的 4 个特征及类别以表格的方式进行显示,可以更直观地查看数据,后续可以更方便采用第 5 章 Pandas 方法对数据进行预处理,为进一步高效使用机器学习方法分析数据奠定基础。

若用机器学习方法分析数据,以前还可以通过第 6 章的可视化方式,进一步了解要分析的数据。

```
#程序 7-6  鸢尾花 data 可视化显示方式一
feature_index = [0,1,2,3]
for i in feature_index:
```

	sepal length (cm)	sepal width (cm)	petal length (cm)	petal width (cm)	species
0	5.1	3.5	1.4	0.2	setosa
1	4.9	3.0	1.4	0.2	setosa
2	4.7	3.2	1.3	0.2	setosa
3	4.6	3.1	1.5	0.2	setosa
4	5.0	3.6	1.4	0.2	setosa
...	...	...	...	...	...
145	6.7	3.0	5.2	2.3	virginica
146	6.3	2.5	5.0	1.9	virginica
147	6.5	3.0	5.2	2.0	virginica
148	6.2	3.4	5.4	2.3	virginica
149	5.9	3.0	5.1	1.8	virginica

图 7.4　鸢尾花数据的 DataFrame 格式显示

```
    plt.plot(iris.data[:,i],line_style[i],label = iris.feature_names[i])
plt.legend()
```

程序运行结果如图 7.5 所示。

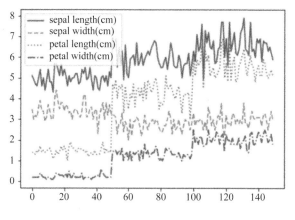

图 7.5　鸢尾花数据

从 iris.target 数据中可以知道,iris.data 数据中的 1～50 个鸢尾花样本为' setosa '类别,第 51～100 个鸢尾花样本为' versicolor ' 类,第 101～150 个样本为' virginica '类。程序 7-6 将 150 个样本的 4 个特征以不同的颜色显示,可以直观了解各个特征情况,从运行结果可以看出同一特征在不同类别值是有差异的。其中' petal length(cm)'和' petal width '特征在不同类别之间差异是最大的。如果只用两个特征进行分类的话,可以选择这两个特征构建分类器。

为了了解每个类别不同特征的特点,还可以进一步显示每个特征的类概率密度以及两两特征在二维空间的分布,以进一步了解每个特征在分类中的作用。这两种可视化方法实现方法很多,一种比较简单的方式是通过 seaborn 中的方法实现。程序如下所示:

```
＃程序7-7   鸢尾花 data 可视化显示方式二
import matplotlib.pyplot as plt
import seaborn as sns
sns.set()
sns.pairplot( iris_dataframe,hue = "species")    ＃hue 选择分类列
plt.show()
```

程序运行结果如图 7.6 所示,图中对角线位置显示的图像是每个特征的类概率密度直方图,非对角线的图像为两两特征在二维空间的分布情况。从概率密度直方图分布情况可以了解同一特征在不同类别特征值的分布情况,从而直观了解该特征在不同类别之间的可分性。非对角线上两两特征的空间分布情况可使我们了解不同类别在两个特征空间分布的情况。

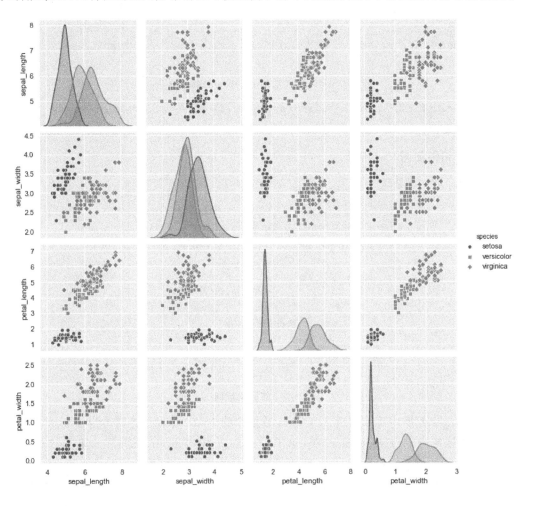

图 7.6   鸢尾花数据不同特征分布图

通过上面内容,我们对 iris 的数据情况进行了直观了解,接下来就可以用机器学习的方法进行数据分析了。

2. 样本划分:生成训练样本和测试样本

在采用机器学习建立分类器以前,我们要将样本进行划分,划分为训练样本和测试样本两

类。训练样本用于机器学习算法学习数据,掌握数据规律,建立分类器,而测试样本用于检测所建模型的学习效果,验证分类器可靠性的数据。

样本划分程序如下:

```
#程序7-8   训练样本和测试样本划分
from sklearn.model_selection import train_test_split
X_train,X_test,y_train,y_test = train_test_split(iris.data,iris.target,test_size = 0.3,random_state = 0)
```

Scikit-learn 中的 train_test_split 函数可实现数据集的划分。train_test_split 函数的第一个参数 iris.data 是鸢尾花的样本特征数据。第二个参数 iris.target 保存 iris.data 中所有样本对应的类别。第三个参数 test_size 可以是整数,也可以是 0~1 之间的小数,当是整数时,表示抽取的测试样本的数目,当是 0~1 之间的小数时表示抽取的测试样本占总样本的比例。例如,程序 7-8 设置 test_size 为 0.3,样本总数是 150,因此提取的测试样本的数目是 $150 \times 0.3 = 45$ 例。当该参数省略时,并且第四个参数 train_size 也省略时,默认是 0.25。也就是不指定抽取的测试样本和训练样本的数量或比例时,算法默认抽取 75% 样本作为训练样本,25% 样本作为测试样本。第四个参数 train_size 可以是整数或 0~1 之间的小数,当是整数时表示抽取训练样本数目,当是 0~1 之间的小数时表示训练样本占总样本的比例。当该参数省略时,如果 test_size 设置为整数,则 train_size 为样本总数减去 test_size;如果 test_size 为 0~1 之间的小数,则 train_size 等于 1 减去 test_size。第五个参数 random_state 是整数或一个 RandomState 实例,该参数影响随机划分的方法。调用 train_test_split 函数可以得到样本划分后的结果,函数返回 4 个参数,分别是训练样本特征、测试样本特征、训练样本对应的类别和测试样本对应的类别。我们用下面程序段来了解拆分后获得的变量情况。

```
#程序7-9   了解拆分后训练样本和测试样本情况
train_num,train_feature_num = X_train.shape
test_num,test_feature_num = X_test.shape
train_Label_num = y_train.shape
test_Label_num = y_test.shape
print("训练样本数目是:{},特征维度是:{}".
format(train_num,train_feature_num))
print("测试样本数目是:{},特征维度是:{}".
format(test_num,test_feature_num))
print("训练样本标签数目是:{}".format(train_Label_num))
print("测试样本标签数目是:{}".format(test_Label_num))
```

程序运行结果如下:

```
训练样本数目是:105,特征维度是:4
测试样本数目是:45,特征维度是:4
训练样本标签数目是:(105,)
测试样本标签数目是:(45,)
```

从运行结果可以看出,训练样本 X_train 和训练样本标签 y_train 数目相等,数目均为

105,占总样本数量的 70%,分别存放训练样本的特征和其相应的标签,测试样本 X_test 和测试样本 y_test 数目均为 45,占总样本的 30%,分别存放测试样本和其相应的标签。

3. 使用训练样本对 KNN 分类器建模

接下来,使用训练数据对 KNN 分类器建模,程序代码如下:

```
#程序 7-10  KNN 初始化和建模
from sklearn.neighbors import KNeighborsClassifier
#初始化 KNN 模型
knn = KNeighborsClassifier()
#使用训练数据训练 KNN 模型
knn.fit(X_train, y_train)
```

运行结果如下:

```
KNeighborsClassifier(algorithm ='auto', leaf_size = 30, metric ='minkowski',
                     metric_params = None, n_jobs = None, n_neighbors = 5, p = 2,
                     weights ='uniform')
```

从结果中可以看出所训练模型的参数设置。

4. 模型评价

为了检测建立样本的性能,需要对模型进行测试评价。可采用如下方式对模型进行评价。

(1) 平均正确率

```
#程序 7-11  KNN 模型评价方式一:正确率
#采用测试样本得到模型的正确率
print("测试样本集评价模型正确率为:%.2f%%"
%(100 * knn.score(X_test,y_test)))
```

程序运行结果如下:

```
测试样本集评价模型正确率为:97.78%
```

可以看到用测试样本评价 KNN 模型的正确率为 97.78%。从正确率来看,模型还不错。

(2) 混淆矩阵

```
#程序 7-12  模型评价方式二:混淆矩阵
from sklearn.metrics import confusion_matrix
y_predict = knn.predict(X_test)
confusion_matrix(y_test,y_predict)
```

程序运行结果如下:

```
array([[16,  0,  0],
       [ 0, 17,  1],
       [ 0,  0, 11]], dtype = int64)
```

从混淆矩阵可以看出,非对角线上只有第二行第三列是非 0 数据,也就是采用模型对测试样本进行预测时只有一个样本错分,将下标为 1 的类别预测为下标为 2 的类别,也就是将 versicolor 类的鸢尾花预测为 virginica 类的鸢尾花,从混淆矩阵可以更细致了解分类情况。

（3）分类报告

```
#程序 7-13　模型评价方式三:分类报告
from sklearn.metrics import classification_report
y_predict = knn.predict(X_test)
print(classification_report(y_test, y_predict, target_names = iris.target_
names))
```

程序运行结果如下:

	precision	recall	f1-score	support
setosa	1.00	1.00	1.00	16
versicolor	1.00	0.94	0.97	18
virginica	0.92	1.00	0.96	11
accuracy			0.98	45
macro avg	0.97	0.98	0.98	45
weighted avg	0.98	0.98	0.98	45

从 classification_report 可以看到分类器的更多评价参数:每类的精确率、回召率、f1-score 以及它们的平均值。

（4）交叉检验

上面评价指标都是先对样本划分,再用训练样本对模型进行训练,最后用测试样本测试模型。如果样本划分不同,得到的模型评价指标得分也不同。为了更客观评价模型,可以采用交叉检验的方式评价模型。程序代码如下:

```
#程序 7-14　采用交叉检验评价模型
from sklearn.model_selection import cross_val_score
from sklearn.neighbors import KNeighborsClassifier
knn = KNeighborsClassifier()
scores = cross_val_score(knn, iris.data, iris.target, cv = 5)
print("5 折交叉检验的运行结果:")
print(scores)
print("5 折交叉检验的平均正确率:")
print(scores.mean())
```

采用交叉检验评价模型时程序不需要用户自己进行样本划分,用户只要初始化模型。cross_val_score 函数自动将样本划分 5 份,4 份用来训练模型,剩余出 1 份用来测试,然后得到评价结果,重复 5 次后得到 5 次模型评价结果。程序运行结果如下:

```
5 折交叉检验的运行结果:
[0.96666667   1.    0.93333333   0.96666667   1.    ]
```

5 折交叉检验的平均正确率：

0.9733333333333334

从运行结果可以看出,采用鸢尾花数据训练的 KNeighborsClassifier 模型,经过 5 次交叉检验后,得到的 5 次正确率分别为 96.7%,100%,93.3%,96.7%,100%。5 次运行结果的平均正确率为 97.3%,这可作为对模型的平均评价得分。

5. 模型优化

采用 KNeighborsClassifier 建立模型时,如何优化模型,提高模型的性能呢?模型的优化其实就是调整模型中的参数,使模型的性能达到“最优”。由前面内容可知,KNeighborsClassifier 有三种常用的参数可以进行调整,分别是 n_neighbors、weights 和 metric。一种简单的优化方法就是采用交叉检验来选择最优的参数。

(1) 近邻个数 n_neighbors 优化

KNeighborsClassifier 不指定 n_neighbors 时,默认是 5。近邻个数对模型的性能是有影响的,如何寻找最优的近邻个数呢?一种简单的方法是逐值遍历搜索的方法。程序如下:

```
# 程序 7-15  采用交叉检验搜索最优的参数
from sklearn.model_selection import cross_val_score
from sklearn.neighbors import KNeighborsClassifier
test_score = []
neighbors_amount = np.arange(1,20)
for neighbors in neighbors_amount:
    clf = KNeighborsClassifier(n_neighbors = neighbors)
    scores = cross_val_score(clf,iris.data,iris.target,cv = 5)
    test_score.append(scores.mean())
plt.plot(neighbors_amount, test_score, label = "test score")
plt.ylabel("score")
plt.xlabel("n_neighbors")
plt.legend()
plt.show()
```

程序分别采用 20 个数(1~20)进行 KNN 建模和评价,得到 20 个平均正确率。程序运行结果如图 7.7 所示。

从运行结果可以看出,近邻个数设置不同,得到的模型平均正确率也不同。在这 20 个运行结果中,最高的正确率为 98%,通过查找可以发现取得最高正确率的最小近邻数是 6。我们就可以采用 6 作为模型的最优近邻个数参数,用作以后的预测。

(2) weights 优化

KNeighborsClassifier 不指定 weights 时,默认为'uniform',我们可以通过交叉检验评价不同 weights 参数的 KNeighborsClassifier 模型的性能,选择该参数。程序如下:

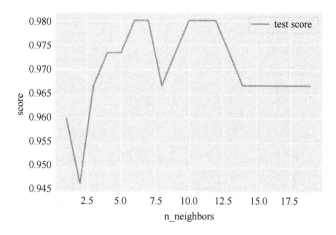

图 7.7　不同近邻个数的 KNN 分类器性能

```
♯程序 7-16　采用交叉检验搜索最优的权重参数
from sklearn.model_selection import cross_val_score
from sklearn.neighbors import KNeighborsClassifier
for weights in ['uniform','distance']:
    clf = KNeighborsClassifier(n_neighbors = 6,weights = weights)
    scores = cross_val_score(clf,iris.data,iris.target,cv = 5)
    print("weight:%s:%.2f" % (weights,scores.mean()))
```

程序分别采用不同的权重设置方法(即'uniform'、'distance')建立模型,得到的模型正确率如下所示:

```
weight:uniform:0.98
weight:distance:0.98
```

从运行结果可以看到,KNeighborsClassifier 模型应用于鸢尾花数据时,权重参数的设置对结果影响不大。

(3) metric 优化

KNeighborsClassifier 不指定 metric 时,默认为'minkowski',系统中共定义了 8 种距离计算方法。我们可以通过交叉检验评价不同 metric 参数的 KNeighborsClassifier 模型的性能。程序如下:

```
♯程序 7-17　采用交叉检验搜索最优的距离参数
from sklearn.model_selection import cross_val_score
from sklearn.neighbors import KNeighborsClassifier
print("距离计算方法    正确率")
Dist_metric = ['euclidean','manhattan','chebyshev','minkowski',
'wminkowski','seuclidean','mahalanobis']
for metric in Dist_metric:
    clf = KNeighborsClassifier(n_neighbors = 6,metric = metric)
    scores = cross_val_score(clf,iris.data,iris.target,cv = 5)
    print("%6s%10.2f" % (metric,scores.mean()))
```

程序运行结果如下：

距离计算方法	正确率
euclidean	0.98
manhattan	0.95
chebyshev	0.97
minkowski	0.98
wminkowski	nan
seuclidean	nan
mahalanobis	nan

从程序运行结果可以看出，采用' euclidean '和' minkowski '两种距离计算方法得到最高的正确率 98％，采用' chebyshev '方法得到 97％的正确率，采用' manhattan '方法得到 95％的正确率，而三种距离计算方法' wminkowski '、' seuclidean '、' mahalanobis '并不适合鸢尾花数据的建模。因此，从正确率进行模型参数选择时，可采用' euclidean '或' minkowski '作为距离计算方法。

6. 模型预测

从各个分类模型的评价指标可以看出，采用 KNeighborsClassifier 模型所建的分类器对鸢尾花数据分类时的可靠性还不错。接下来就可以用所建模型预测测试样本的类别了，代码如下所示：

```
# 程序 7-18  采用所建模型预测测试样本的类别
# 对测试样本进行预测
iris_y_pre = knn.predict(X_test)
# 输出采用 KNN 模型预测的测试样本类别和实际类别，可方便比较分析
print("测试集样本实际类别为：{}".format(y_test))
print("采用模型的预测结果为：{}".format(iris_y_pre))
```

运行程序，得到的输出结果如下：

测试集样本实际类别为：[2 1 0 2 0 2 0 1 1 1 2 1 1 1 1 0 1 1 0 0 2 1 0 0 2 0 0 1 1 0 2 1 0 2 2 1 0 1 1 1 1 2 0 2 0 0]

采用模型的预测结果为：[2 1 0 2 0 2 0 1 1 1 2 1 1 1 1 0 1 1 0 0 2 1 0 0 2 0 0 1 1 0 2 1 0 2 2 1 0 2 1 1 2 0 2 0 0]

从程序可以直观看到每个测试样本的实际类别和模型预测类别，通过比对可以看到，在 45 个测试样本中，有一个样本预测错误，错将本来属于第一类（versicolor）的样本预测为第二类（virginica）。

模型建立好，测试通关，就可以采用模型对新样本进行预测了。代码如下：

```
# 程序 7-19  用所建模型预测新样本
new_flower = np.array([[5.6,3.2,4.8,1.6]])
ClassId_new_flower  = knn.predict(new_flower)[0]
```

```
print("萼片长度(sepal length)为5.6cm,萼片宽度为3.2cm,花瓣长度为4.8cm,花瓣宽
度为1.6cm的鸢尾花{}%%概率为{}".format(100 * knn.score(X_test,y_test),iris.
target_names[ClassId_new_flower]))
```

程序中用 predict 函数对新样本进行预测,返回预测结果,结果显示如下:

萼片长度(sepal length)为5.6cm,萼片宽度为3.2cm,花瓣长度为4.8cm,花瓣宽度为
1.6cm的鸢尾花97.77777777777777%%概率为 versicolor

从运行结果可以看出,采用上述所建立的 KNN 分类器可将萼片长度为5.6cm,宽度为
3.2cm,花瓣长度为4.8cm、花瓣宽度为1.6cm的鸢尾花分类为 versicolor 类的鸢尾花,预测
正确的概率约为97.8%。

7.3 *k* 近邻算法在回归问题中的实现和应用

7.3.1 KNN 回归分析方法

Scikit-learn 中的 KNeighborsRegressor 可实现 *k* 近邻回归算法。KNeighborsRegressor 属于
Sklearn 中 neighbors 模块的类,使用之前必须先将 KNeighborsRegressor 方法导入,导入代码
如下:

```
from sklearn.neighbors import KNeighborsRegressor
```

该函数语法如下:

```
 class sklearn. neighbors. KNeighborsRegressor (n_neighbors = 5, *, weights =
'uniform', algorithm ='auto', leaf_size = 30, p = 2, metric ='minkowski', metric_params
= None, n_jobs = None, * *kwargs)
```

KNeighborsRegressor 的主要参数和方法含义和 KNeighborsClassifier 的类似,在此不再
详细叙述,这两个函数的主要区别是应用的数据和场合不同。KNeighborsClassifier 适用于根
据样本特征对数据进行分类,因此输出的是类别信息,是离散数据;KNeighborsRegressor 适
用于回归分析,根据输入数据预测输出值,因此输出值是连续数据。

接下来我们以一组生成的数据来演示如何采用 KNN 实现数据的回归。

1. 准备数据

接下来我们用 numpy 中的随机数生成方法生成一些随机数。生成数据程序如下:

```
#程序 7-20  生成用于回归的模拟数据
import numpy as np
import matplotlib.pyplot as plt
from sklearn import neighbors
np.random.seed(0)
X = np.sort(5 * np.random.rand(40, 1), axis = 0)
```

```
y = np.cos(X).ravel()
# 为输出数据添加噪声
y[::5] + = 1 * (0.5 - np.random.rand(8))
# 测试数据
T = np.linspace(0, 5, 500)[:, np.newaxis]
```

程序通过 numpy 中 random 模块的随机数生成函数 rand 生成了 40 个 0～1 之间的随机数,5 * np.random.rand(40,1)将随机数范围拉伸到 0～5 之间,将这些随机数通过 numpy 中的 sort 函数进行从小到大的排序,得到输入数据 X,输出数据 y 为输入数据的余弦函数。为了使模拟数据更接近真实数据,在输出数据上添加了随机噪声。训练数据 X 及其输出 y 准备完毕。

2. 使用 KNeighborsRegressor 对训练数据进行建模

下面将上面生成的数据作为训练数据,以此对 KNeighborsRegressor 进行建模。k 近邻回归算法建模方法如下:

程序 7-21　k 近邻分类算法建模

```
n_neighbors = 5
knnR_uniform = neighbors.KNeighborsRegressor(n_neighbors,
            weights ='uniform')
knnR_uniform.fit(X,y)
knnR_distance = neighbors.KNeighborsRegressor(n_neighbors,
            weights ='distance')
knnR_distance.fit(X,y)
```

上面程序分别采用两种不同的权重方案:' uniform '和' distance '初始化了两个 KNeighborsRegressor 模型,这两个模型的近邻数都为 5。

3. 预测数据

模型训练好后,我们分别采用上面生成的两个模型对 0～5 之间的数据进行预测。

程序 7-22　采用 KNeighborsRegressor 模型预测数据

```
X_test = np.linspace(0, 5, 500)[:, np.newaxis]
y_pridict_uniform = knnR_uniform.predict(X_test)
y_pridict_distance = knnR_distance.predict(X_test)
```

为了直观分析预测结果的好坏,我们将训练数据、测试数据以及模型对测试数据的结果以图像方式显示出来,显示程序如下:

程序 7-23　KNeighborsRegressor 模型预测结果显示

```
plt.subplot(2, 1, 1)
plt.scatter(X, y, label ='data')
plt.plot(T, y_pridict_uniform, label ='prediction')
plt.title("KNeighborsRegressor (k = % i, weights = '% s')"
    % (n_neighbors,'uniform'))
```

```
plt.axis('tight')
plt.legend()
plt.subplot(2, 1, 2)
plt.scatter(X, y, label = 'data')
plt.plot(T, y_pridict_distance, label = 'prediction')
plt.axis('tight')
plt.legend()
plt.title("KNeighborsRegressor (k = % i, weights = '% s')"
        % (n_neighbors, 'distance'))
plt.tight_layout()
plt.show()
```

显示结果如图 7.8 所示。

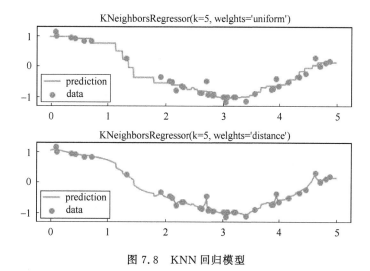

图 7.8　KNN 回归模型

对比两个模型的拟合结果,感觉采用'distance'更准确,是否真的如此呢? 接下来,我们分别对两个模型进行评价。

4. 评价模型

我们用训练数据对模型进行评价。

程序 7-24　评价 KNN 分类模型

```
print("采用 distance 权重参数的 KNeighborsRegressor 模型得分 % f。"
        % knnR_distance.score(X,y))
print("采用 uniform 权重参数的 KNeighborsRegressor 模型得分 % f。" %
        knnR_uniform.score(X,y))
```

运行结果如下:

采用 distance 权重参数的 KNeighborsRegressor 模型得分 1.000000。
采用 uniform 权重参数的 KNeighborsRegressor 模型得分 0.969517。

从运行结果可以看到,采用'distance'权重参数的模型精确拟合了所有训练数据,得分为

1；采用' uniform '权重参数的模型对训练数据的预测存在误差,和图像显示的结果一致。但是回归模型是否得分越高越好呢? 因为该数据集测试数据没有输出值,无法采用测试数据评价模型。理论上当回归模型在训练数据和测试数据上得分很接近时,模型得分越高越好。如果训练数据得分明显高于测试数据得分,则模型出现过拟合,回归模型中要尽量避免这种情况出现。

7.3.2 KNN 回归分析实战——人脸填充

本节采用 Olivetti 人脸数据集来演示 KNN 在回归问题中的实际应用。本例任务是用训练数据训练模型,根据人脸图像的上半张人脸,预测人脸图像的下半张人脸。

1. Olivetti 人脸数据集

AT&T 实验室收集 40 个人的人脸图像,以此构成了 Olivetti 人脸数据集,每个人有 10 幅不同角度的人脸图像,构成了包含 400 幅人脸图像的数据集。

数据集导入的程序代码如下所示:

```
程序 7-25  导入人脸图像
from sklearn.datasets import fetch_olivetti_faces
data, targets = fetch_olivetti_faces(return_X_y = True)
sample_number,feature_dim = data.shape
print("olivetti_face 数据集包含%d 幅人脸图像,每幅图像特征维数是:%d"%
(sample_number,feature_dim))
```

上面程序中 fetch_olivetti_faces 在参数 return_X_y = True 时返回两个参数 data 和 target。其中,data 存放人脸图像,targets 存放类别信息,即人的编号。程序运行结果显示如下:

```
Olivetti_face 数据集包含 400 幅人脸图像,每个图像特征维数是:4096。
```

从运行结果可以看出,数据集中有 400 幅人脸图像。图像原始大小是 64×64,将其按行拉伸为 4 096 的一维向量。

2. 样本划分:生成训练样本和测试样本

本实例将采用 30 个人的 300 幅图像作为训练样本,训练 KNN 回归模型,该模型根据上半张人脸图像预测下半张人脸图像,因此训练样本的特征是人脸上半张脸图像的像素值,输出值是人脸下半张脸的图像像素值。从剩余的 10 个人的 100 幅图像中随机抽取 10 个人进行测试。程序代码如下:

```
程序 7-26  训练样本和测试样本划分
from sklearn.utils.validation import check_random_state
#选取前 30 个人的图像做训练样本
train = data[targets < 30]
#选取后面 10 个人的随机 10 幅图像做测试数据
test = data[targets >= 30]
n_faces = 10
```

```
rng = check_random_state(4)
face_ids = rng.randint(test.shape[0], size = (n_faces, ))
test = test[face_ids, :]
n_pixels = data.shape[1]
# 选取训练样本前半张人脸做模型的输入值
X_train = train[:, :(n_pixels + 1) // 2]
# 选取训练样本后半张人脸做模型的输出值
y_train = train[:, n_pixels // 2:]
#选取测试样本前半张人脸做测试模型的输入值
X_test = test[:, :(n_pixels + 1) // 2]
#选取测试样本后半张人脸做测试模型的输出值
y_test = test[:, n_pixels // 2:]
```

3. 使用训练样本对 KNN 回归模型进行建模

接下来,采用训练数据对 KNN 进行建模,程序代码如下:

程序 7-27　KNeighborsRegressor 回归模型建模

```
import numpy as np
import matplotlib.pyplot as plt
from sklearn.neighbors import KNeighborsRegressor
# 初始化 KNN 回归模型 KNeighborsRegressor
knn = KNeighborsRegressor()
# 采用训练样本训练模型
knn.fit(X_train, y_train)
```

4. 采用训练好的模型对测试样本进行预测

接下来用所建模型来预测测试样本的输出并显示,实现的程序代码如下:

程序 7-28　预测测试样本,并显示

```
#采用测试样本进行预测
y_test_predict = knn.predict(X_test)
#显示人脸图像
image_shape = (64, 64)
n_cols = 10
plt.figure(figsize = (40,8))
plt.suptitle("Face completion with KNeighborsRegressor ", size = 16)
for i in range(n_faces):
    true_face = np.hstack((X_test[i], y_test[i]))
    sub = plt.subplot(2, n_cols, i + 1,
                            title = "true faces")
    sub.axis("off")
    sub.imshow(true_face.reshape(image_shape),
```

```
                cmap = plt.cm.gray,
                interpolation = "nearest")
    completed_face = np.hstack((X_test[i], y_test_predict[i]))
    sub = plt.subplot(2, n_cols, i + n_cols +1   ,title ='KNN')
    sub.axis("off")
    sub.imshow(completed_face.reshape(image_shape),
                cmap = plt.cm.gray,
                interpolation = "nearest")
plt.show()
```

运行结果如图 7.9 所示：

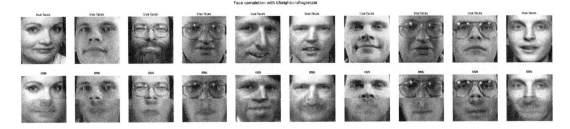

图 7.9　KNeighborsRegressor 填充人脸结果

程序根据上面采用 30 个人脸数据训练好的 KNN 回归模型，对剩下 10 个人的任意 10 幅图像进行预测，根据上半张脸，补充下半张脸，结果以图像形式显示。图 7.9 的第一行为原始测试图像，第二行为根据上半张脸模型补充完整后的人脸图像，大家可以直观观察补充的效果。

7.4　本 章 小 结

本章我们了解了 k 近邻算法的原理，同时也学习了 k 近邻算法在分类和回归问题中的实现和应用。k 近邻算法是机器学习中最简单，也是最基础的方法。学习好本章内容能加深大家对机器学习的理解，同时为后续章节的学习打下基础。

第8章　朴素贝叶斯算法及其应用

8.1　贝叶斯分类器原理

18世纪,英国学者贝叶斯提出用贝叶斯公式计算条件概率。贝叶斯分类方法是基于贝叶斯公式的一种有监督的分类方法。贝叶斯分类器有坚实的数学基础,算法简单,分类效率稳定,对缺失数据不太敏感,是一种简单有效的分类方法。

贝叶斯分类器根据贝叶斯公式计算当样本出现某特征时属于每一类的概率,根据最小错误率原理,将样本分类为概率最大的那个类别。具体如下:

假设有若干样本,每个样本有 n 个特征 $x_1, x_2 \cdots, x_n$,这些样本来自 d 个不同的类别 ω_i, $i = 1, \cdots, d$。采用贝叶斯定理来构建分类器时,根据贝叶斯定理计算样本呈现某特征 $x_1, \cdots, x_n$ 时,该样本属于每个类别的概率,这个概率称为后验概率,可以采用贝叶斯定理求得。计算公式如下:

$$P(\omega_i \mid x_1, \cdots, x_n) = \frac{P(\omega_i)P(x_1, \cdots, x_n \mid \omega_i)}{P(x_1, \cdots, x_n)} = \frac{P(\omega_i)P(x_1, \cdots, x_n \mid \omega_i)}{\sum_{j=1}^{d} P(\omega_j)P(x_1, \cdots, x_n \mid \omega_j)} \quad (8.1)$$

根据最小决策风险的原则,把样本归类为后验概率最大的样本,公式如下:

$$x_1, \cdots, x_n \in \omega_i = \arg\max P(\omega_i \mid x_1, \cdots, x_n) \quad (8.2)$$

构建贝叶斯分类器的过程,就是根据训练样本估计前验概率 $P(\omega_i)$ 和条件概率 $P(x_1, \cdots, x_n \mid \omega_i)$ 的过程,具体不在此赘述,有兴趣的同学可参考相应的教材。贝叶斯分类器是一类分类器的总称,下面要采用的是最简单的朴素贝叶斯分类器。朴素贝叶斯分类器假设每类的条件概率是独立的。

为了方便大家理解,这里举一个细胞分类的例子。例如,需要对细胞进行分类,识别细胞是正常类 ω_1 还是异常类 ω_2。假设临床已经收集了很多属于这两个类的细胞,并采集了这些细胞的特征 x。根据收集的样本,可以估计每类样本的概率,假设 $P(\omega_1) = 0.9$,$P(\omega_2) = 0.1$。根据每类样本估计每类样本的条件概率:$P(x \mid \omega_1)$ 和 $P(x \mid \omega_2)$。根据式(8.1),可以计算特征为某一定值时的两类条件概率。现在要预测 $x = 0.8$ 时,属于哪类细胞? 根据条件概率,可以计算特征为0.8时每类的条件概率:$P(x = 0.8 \mid \omega_1) = 0.2$ 和 $P(x = 0.8 \mid \omega_2) = 0.4$。

根据贝叶斯公式计算两类后验概率:

$$P(\omega_1 \mid x = 0.8) = \frac{P(\omega_1)P(x \mid \omega_1)}{\sum\limits_{j=1}^{2} P(\omega_j)P(x \mid \omega_j)} = \frac{0.9 \times 0.2}{0.9 \times 0.2 + 0.1 \times 0.4} = 0.818 \quad (8.3)$$

$$P(\omega_2 \mid x = 0.8) = \frac{P(\omega_2)P(x \mid \omega_2)}{\sum\limits_{j=1}^{2} P(\omega_j)P(x \mid \omega_j)} = \frac{0.1 \times 0.4}{0.9 \times 0.2 + 0.1 \times 0.4} = 0.182 \quad (8.4)$$

根据计算结果可知,当细胞测量值为 0.8 时,细胞属于第一类细胞的概率为 81.8%,属于第二类细胞的概率为 18.2%,显然 $x = 0.8$ 时,$P(\omega_1 \mid x = 0.8) > P(\omega_2 \mid x = 0.8)$。根据最小风险判断准则,可以判断当细胞特征是 0.8 时,该细胞属于第一类:正常 ω_1。

上面例子中,特征向量只有一个特征,接下来我们看一个多特征的例子。假设某青年想向某美女求婚,想知道自己求婚成功的概率有多少。我们来了解如何用贝叶斯方法预测他求婚成功的概率。

首先,该青年收集了身边已有求婚经历的朋友案例,数据收集情况如图 8.1 所示,由于篇幅原因,只列了 10 条数据,当然收集的数据越多,预测结果越可靠。

表 8.1　求婚情况表

外貌	性格	才华	上进心	求婚结果
帅	不好	优秀	懒惰	失败
帅	不好	一般	上进	成功
帅	好	优秀	上进	成功
帅	好	优秀	懒惰	成功
帅	好	一般	上进	成功
帅	好	一般	懒惰	失败
不帅	好	优秀	上进	成功
不帅	好	一般	上进	失败
不帅	好	一般	懒惰	成功
不帅	不好	优秀	上进	失败

假设该青年条件是:不帅,性格好,才华一般,上进。用贝叶斯方法如何预测其求婚结果呢?

根据贝叶斯公式,可计算其在现有条件下求婚成功的概率,计算方法如下:

$$P(成功 \mid 不帅,性格好,才华一般,上进)$$
$$= \frac{P(不帅,性格好,才华一般,上进 \mid 成功)P(成功)}{P(不帅,性格好,才华一般,上进)} \quad (8.5)$$

接下来计算公式等号右边的各项。因为各个特征是独立的,所以条件概率和先验概率可通过如下公式计算:

$$P(不帅,性格好,才华一般,上进 \mid 成功)$$
$$= P(不帅 \mid 成功)P(性格好 \mid 成功)P(一般 \mid 成功)P(上进 \mid 成功) \quad (8.6)$$

$$P(不帅,性格好,才华一般,不上进)$$
$$= P(不帅)P(性格好)P(才华一般)P(上进) \quad (8.7)$$

将式(8.6)、式(8.7)代入式(8.5)可得

$P(成功 | 不帅,性格好,才华一般,上进)$

$$= \frac{P(不帅 | 成功)P(性格好 | 成功)P(才华一般 | 成功)P(上进 | 成功)P(成功)}{P(不帅)P(性格好)P(才华一般)P(上进)} \quad (8.8)$$

由表 8.1 中的样本数据可估计出公式右面的各个概率。

$$P(成功) = \frac{成功的数量}{样本数目} = \frac{6}{10} = \frac{3}{5} \quad (8.9)$$

$$P(不帅) = \frac{4}{10} = \frac{3}{5} \quad (8.10)$$

$$P(性格好) = \frac{7}{10} \quad (8.11)$$

$$P(才华一般) = \frac{5}{10} = \frac{1}{2} \quad (8.12)$$

$$P(上进) = \frac{6}{10} = \frac{3}{5} \quad (8.13)$$

将表 8.1 中成功的 6 条样本选出,得到表 8.2。

表 8.2　求婚成功的样本

外貌	性格	才华	上进心	求婚结果
帅	不好	一般	上进	成功
帅	好	优秀	上进	成功
帅	好	优秀	懒惰	成功
帅	好	一般	上进	成功
不帅	好	优秀	上进	成功
不帅	好	一般	懒惰	成功

根据表 8.2,可以计算类条件概率。

$$P(不帅 | 成功) = \frac{2}{6} = \frac{1}{3} \quad (8.14)$$

$$P(性格好 | 成功) = \frac{5}{6} \quad (8.15)$$

$$P(才华一般 | 成功) = \frac{3}{6} = \frac{1}{2} \quad (8.16)$$

$$P(上进 | 成功) = \frac{4}{6} = \frac{2}{3} \quad (8.17)$$

将式(8.9)~(8.17)代入式(8.8),可得

$P(成功 | 不帅,性格好,才华一般,上进)$

$$= \frac{P(不帅 | 成功)P(性格好 | 成功)P(才华一般 | 成功)P(上进 | 成功)P(成功)}{P(不帅)P(性格好)P(才华一般)P(上进)}$$

$$= \frac{\frac{1}{3} \times \frac{5}{6} \times \frac{1}{2} \times \frac{2}{3} \times \frac{3}{5}}{\frac{2}{5} \times \frac{7}{10} \times \frac{1}{2} \times \frac{3}{5}} = \frac{250}{378} \approx 66\% \quad (8.18)$$

同样方法可以求出 $P(失败 | 不帅,性格好,才华一般,上进)$。

$$P(失败 | 不帅, 性格好, 才华一般, 上进)$$

$$= \frac{P(不成功)P(不帅|失败)P(性格好|失败)P(才华一般|失败)P(上进|失败)}{P(不帅)P(性格好)P(才华一般)P(上进)}$$

$$= \frac{\frac{2}{5} \times \frac{1}{4} \times \frac{1}{2} \times \frac{1}{2} \times \frac{1}{2}}{\frac{2}{5} \times \frac{7}{10} \times \frac{1}{2} \times \frac{3}{5}} = \frac{25}{84} \approx 29.8\%$$

(8.19)

由于 $P(成功 | 不帅, 性格好, 才华一般, 上进) > P(失败 | 不帅, 性格好, 才华一般, 上进)$，所以根据贝叶斯方法推测这位男生求婚成功的概率还是比较大的。

8.2   朴素贝叶斯算法 Python 实现

朴素贝叶斯分类器根据数据分布的条件概率的类型不同可以分成不同类型的贝叶斯分类器,其中最常用的有高斯朴素贝叶斯分类器、伯努利朴素贝叶斯分类器和多项式朴素贝叶斯分类器等。

8.2.1   高斯朴素贝叶斯分类器

高斯朴素贝叶斯分类器假设特征的条件概率呈高斯分布,比较适合符合高斯分布的数据分类。GaussianNB 可实现高斯朴素贝叶斯分类器,特征的概率密度如下:

$$P(x_i | \omega_j) = \frac{1}{\sqrt{2\pi\sigma_{\omega_j}^2}} e^{-\frac{(x_i - \mu_{\omega_j})^2}{2\sigma_{\omega_j}^2}}$$

(8.20)

式(8.20)中的类均值 μ_{ω_j} 和类方差 σ_{ω_j} 采用样本用最大似然方法进行估计。

GaussianNB 是 Sklearn 中模块 naive_bayes 中的类,其语法如下:

```
class sklearn.naive_bayes.GaussianNB( * , priors = None, var_smoothing = 1e-09)
```

GaussianNB 几乎不用用户进行参数调节。

GaussianNB 中可用的方法如表 8.3 所示。

表 8.3   GaussianNB 中可用的方法

方法	功能
fit(X, y[, sample_weight])	根据训练样本 X,y 训练高斯朴素贝叶斯分类器
get_params([deep])	得到分类器的参数
partial_fit(X, y[, classes, sample_weight])	对一批样本进行增量拟合
predict(X)	对测试样本 X 中的样本进行预测
predict_log_proba(X)	返回测试样本属于各类的对数概率
predict_proba(X)	返回测试样本属于各类的概率
score(X, y[, sample_weight])	使用测试样本和其标签得到平均正确率
set_params(* * params)	设置分类模型的参数

因为高斯朴素贝叶斯分类器比较适合高斯分布的数据。我们以第 7 章的鸢尾花数据集为例，来学习一下高斯贝叶斯分类器的使用。

首先，我们了解鸢尾花数据集中 4 个特征的直方图，直方图反映了不同特征值在样本中出现的次数，可以在一定程度上反应该特征的类条件概率密度。代码如下：

```
# 程序 8-1　显示鸢尾花数据特征的类条件概率密度
# 以第 i 个索引为划分依据，x_index 的值可以为 0,1,2,3,查看每个特征的类条件概率密度
import matplotlib.pyplot as plt
x_index = 1
color = ['blue','red','green']
for label,color in zip(range(len(iris.target_names)),color):
    plt.hist(iris.data[iris.target == label,x_index],label = iris.target_names[label],color = color)
plt.xlabel(iris.feature_names[x_index])
plt.legend(loc = "upper right")
plt.show()
```

以上程序可查看第一个特征的类条件概率密度，通过修改 x_index 的值，可以查看不同特征的类条件概率密度，如图 8.1 所示。

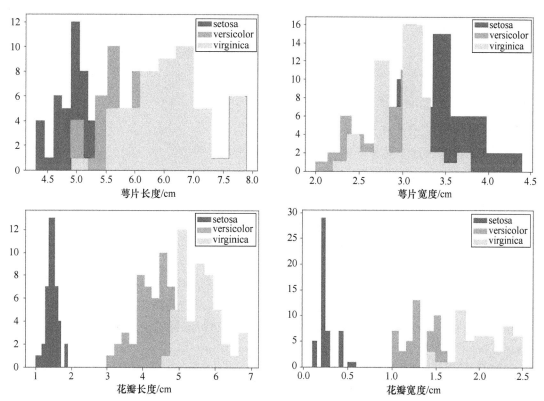

图 8.1　鸢尾花数据集 4 个特征的类条件概率密度

以上程序显示了鸢尾花数据集 4 个特征的类条件概率密度,数据有三个类别,每个颜色表示不同类别的类条件概率密度。从图中可以看到鸢尾花 4 个特征的类条件概率密度基本符合高斯分布,因此鸢尾花数据集比较适合采用高斯朴素贝叶斯分类器进行分类。

```
#程序 8-2    高斯朴素贝叶斯分类器建模、评价
from sklearn.datasets import load_iris
from sklearn.model_selection import train_test_split
from sklearn.naive_bayes import GaussianNB
X, y = load_iris(return_X_y = True)
#训练样本、测试样本划分
X_train, X_test, y_train, y_test = train_test_split(X, y, test_size = 0.3,
random_state = 0)
#初始化高斯朴素贝叶斯分类器
gnb = GaussianNB()
#采用训练数据训练分类器
gnb.fit(X_train, y_train)
#对测试样本进行预测
y_pred = gnb.predict(X_test)
print("%d 个测试样本中错分样本数目:%d"% (X_test.shape[0],(y_test != y_
pred).sum()))
#用测试样本对模型进行评分
print("高斯朴素贝叶斯分类器对测试样本的分类正确率为:%.0f %%"%(100 * gnb.
score(X_test,y_test)))
```

运行以上程序,可得到如下运行结果:

```
45 个测试样本中错分样本数目:0
高斯朴素贝叶斯分类器对测试样本的分类正确率为:100 %
```

从运行结果可以看出,采用高斯朴素贝叶斯分类器对鸢尾花数据进行建模和分类,可以达到 100% 的正确率,高斯朴素贝叶斯分类器非常适合这组数据的分类。

8.2.2 伯努利朴素贝叶斯分类器

伯努利朴素贝叶斯分类器适合概率密度为二项分布的数据。例如,对于重复投硬币的游戏,每次投掷可能出现正面、反面两种结果,并且出现正面、反面的概率都为 1/2。投掷硬币实验属于二项分布。伯努利朴素贝叶斯分类器适用于离散特征,特别是在特征取值是在 0 和 1 的情况下,分类效果更好。

伯努利朴素贝叶斯分类器实现的方法是 BernoulliNB。BernoulliNB 属于 Sklearn 中 naive_bayes 模块中的类,其语法如下:

```
class sklearn.naive_bayes.BernoulliNB( * , alpha = 1.0, binarize = 0.0, fit_prior
= True, class_prior = None)
```

其中参数 binarize 为将数据进行二值化处理的阈值,如果省略,则默认数据已经进行了二值化。

其常用的方法和高斯朴素贝叶斯分类器的方法相同,在此不再赘述。

下面采用 BernoulliNB 分类器对鸢尾花数据集进行分类,代码如下:

```
#程序 8-3 伯努利朴素贝叶斯分类器建模、评价
from sklearn.datasets import load_iris
from sklearn.model_selection import train_test_split
from sklearn.naive_bayes import BernoulliNB
X, y = load_iris(return_X_y = True)
X_train, X_test, y_train, y_test = train_test_split(X, y, test_size = 0.3,
random_state = 0)
bnb = BernoulliNB()
bnb.fit(X_train, y_train)
y_pred = bnb.predict(X_test)
print("%d个测试样本中错分样本数目:%d" % (X_test.shape[0],(y_test != y_
pred).sum()))
print("伯努利朴素贝叶斯分类器对测试样本的分类正确率为:%.0f % %"%(100 *
bnb.score(X_test,y_test)))
```

程序运行结果如下:

```
45 个测试样本中错分样本数目:34
伯努利朴素贝叶斯分类器对测试样本的分类正确率为:24 %
```

从实验结果可以看到伯努利朴素贝叶斯分类器分类鸢尾花数据的正确率只有 24%,主要原因是鸢尾花的 4 个特征并不符合二项分布。模型中默认采用特征二值化方法,4 个特征采用同一阈值 0 进行二值化,而 4 个特征的取值范围是不同的,这样的预处理显然不合理,因此分类效果较差。接下来我们采用预处理方法对数据进行预处理,重新采用伯努利朴素贝叶斯分类器进行分类。程序代码如下:

```
#程序 8-3 采用零均值对数据进行预处理后的伯努利朴素贝叶斯分类器结果
from sklearn.datasets import load_iris
from sklearn.model_selection import train_test_split
from sklearn.naive_bayes import BernoulliNB
from sklearn import preprocessing
X, y = load_iris(return_X_y = True)
X_std = preprocessing.StandardScaler().fit_transform(X)
X_train, X_test, y_train, y_test = train_test_split(X_std, y, test_size = 0.3,
random_state = 0)
bnb = BernoulliNB()
bnb.fit(X_train, y_train)
y_pred = bnb.predict(X_test)
```

```
print("%d个测试样本中错分样本数目：%d"% (X_test.shape[0],(y_test != y_
pred).sum()))
    print("伯努利朴素贝叶斯分类器分类对测试样本的分类正确率为：%.0f %%"%(100
* bnb.score(X_test,y_test)))
```

程序运行结果如下：

45 个测试样本中错分样本数目：14

伯努利朴素贝叶斯分类器分类对测试样本的分类正确率为：69 %

从程序运行结果可以看出，经过预处理模块 StandardScaler 函数将数据初始化为零均值单位方差后，采用伯努利朴素贝叶斯分类器的分类正确率提高到 69%。

接下来我们采用最大最小值方法对数据进行初始化，看看模型的运行效果。

```
# 程序 8-5　采用最大最小值方法对数据进行预处理后伯努利朴素贝叶斯分类器结果
from sklearn.datasets import load_iris
from sklearn.model_selection import train_test_split
from sklearn.naive_bayes import BernoulliNB
from sklearn import preprocessing
X, y = load_iris(return_X_y = True)
X_std = preprocessing.MinMaxScaler().fit_transform(X)
preprocessing.Binarizer(threshold = 0.5).fit_transform(X_std)
X_train, X_test, y_train, y_test = train_test_split(X_std, y, test_size = 0.3,
random_state = 0)
bnb = BernoulliNB(binarize = 0.5)
bnb.fit(X_train, y_train)
y_pred = bnb.predict(X_test)
print("%d个测试样本中错分样本数目：%d"% (X_test.shape[0],(y_test != y_
pred).sum()))
    print("伯努利朴素贝叶斯分类器分类对测试样本的分类正确率为：%.0f %%"%(100
* bnb.score(X_test,y_test)))
```

程序运行结果如下：

45 个测试样本中错分样本数目：10

伯努利朴素贝叶斯分类器分类对测试样本的分类正确率为：78 %

经过最小最大值方法预处理后的数据，采用伯努利朴素贝叶斯分类器分类后的分类正确率提高到 78%。显然最大最小值方法更适合本算法。本程序在初始化模型时阈值参数设置为中值 0.5。模型首先采用阈值对数据进行二值化，然后采用模型进行分类。当然也可以采用预处理算法中的二值化方法对数据二值化，然后采用默认参数对伯努利朴素贝叶斯分类器进行建模、测试，得到的结果是一样的。二值化实现代码如下：

```
X_std = preprocessing.Binarizer(threshold = 0.5).fit_transform(X_std)
```

8.2.3　多项式朴素贝叶斯分类器

多项式朴素贝叶斯分类器假设数据的类条件概率密度符合简单的多项式分布。多项式分布源于多项式实验：同样的实验重复 n 次，每次实验可能有不同结果。每次实验中特定结果发生的概率是不变的，则投掷 n 次，出现 n 次实验结果的情况属于多项式分布。例如，重复投掷骰子属于多项式分布。多项式朴素贝叶斯分类器适合用于文本分类，其特征一般是待分类文本的单词出现次数或者频率。

Sklearn 中实现多项式朴素贝叶斯分类器的函数是 MultinomialNB，语法如下：

```
class sklearn.naive_bayes.MultinomialNB( * , alpha = 1.0, fit_prior = True, class
_prior = None)
```

其属性和方法也与高斯朴素贝叶斯分类器的相同，此处不再赘述。接下来采用多项式朴素贝叶斯分类器对鸢尾花数据集进行建模和分类，程序如下：

```
#程序8-6　多项式朴素贝叶斯分类器建模、评价
from sklearn.datasets import load_iris
from sklearn.model_selection import train_test_split
from sklearn.naive_bayes import MultinomialNB
X, y = load_iris(return_X_y = True)
X_train, X_test, y_train, y_test = train_test_split(X, y, test_size = 0.3,
random_state = 0)
mnb = MultinomialNB()
mnb.fit(X_train, y_train)
y_pred = mnb.predict(X_test)
print("%d个测试样本中错分样本数目：%d"% (X_test.shape[0],(y_test != y_
pred).sum()))
print("多项式朴素贝叶斯分类器对测试样本的分类正确率为:%.0f % %"%(100 *
mnb.score(X_test,y_test)))
```

得到程序的运行结果如下：

```
5个测试样本中错分样本数目：18
多项式朴素贝叶斯分类器对测试样本的分类正确率为:60 %
```

从程序运行结果可以看到，45 个测试样本中被错分的样本数目为 18，分类正确率为 60%，这远远低于高斯朴素贝叶斯分类器的分类正确率。主要原因是数据不符合多项式分布。接下来我们通过预处理方法对数据进行预处理，使其符合二项分布。程序代码如下：

```
#程序8-7　对数据进行预处理后的多项式朴素贝叶斯分类器建模、评价
from sklearn.datasets import load_iris
from sklearn.model_selection import train_test_split
from sklearn.naive_bayes import MultinomialNB
```

```
from sklearn import preprocessing
X, y = load_iris(return_X_y = True)
X_std = preprocessing.MinMaxScaler().fit_transform(X)
X_binarizer = preprocessing.KBinsDiscretizer().fit_transform(X_std)
X_train, X_test, y_train, y_test = train_test_split(X_binarizer, y, test_size =
0.3, random_state = 0)
mnb = MultinomialNB()
mnb.fit(X_train, y_train)
y_pred = mnb.predict(X_test)
print("%d个测试样本中错分样本数目：%d"% (X_test.shape[0],(y_test != y_
pred).sum())))
    print("贝努利朴素贝叶斯分类器对测试样本的分类正确率为:%.0f % %"%(100
* mnb.score(X_test,y_test)))
```

运行后的结果如下：

```
45 个测试样本中错分样本数目：3
贝努利朴素贝叶斯分类器对测试样本的分类正确率为:93 %
```

从运行结果可以看出，经过预处理后的数据将正确率提高到 93%，这大大提高了多项式朴素贝叶斯分类器的分类正确率。

8.3 朴素贝叶斯算法的实战——对乳腺癌数据集进行辅助诊断

接下来，我们以威斯康星乳腺癌数据集为例使用朴素贝叶斯算法来判断一个患者所患肿瘤是良性的还是恶性的。

8.3.1 数据导入和初步分析

威斯康星乳腺癌数据集来自南斯拉夫卢布尔雅那大学医疗中心肿瘤研究所，由 M. Zwitter 与 M. Soklic 提供。加州大学欧文分校使用该数据库作为机器学习的数据库，是一个常用的标准测试数据集。

（1）导入数据，了解数据基本信息。

Sklearn 中包含了该数据集，导入方法如下：

```
from sklearn import datasets
breast = datasets.load_breast_cancer()
```

导入数据后，显示数据如下：

导入后显示包含以下关键字：'data'、'target'、'target_names'、'DESCR '和'feature_names'。其中，'data'存放所有样本的特征，'target'存放 data 中样本所对应的类别标识，'target_names'存放样本的类别名称，'DESCR '是对数据的一些描述性信息，'feature_names'存放特征的名字。

通过下面代码

```
print(breast.data.shape)
```

可以看到 data 是一个 569 行 30 列的数组,也就是样本中包含 569 个乳腺癌病人,每个病人的肿瘤采用 30 个特征来描述。通过运行如下代码可以显示 data 中 30 个特征的名字。代码及结果如图 8.2 所示。

```
print(breast.feature_names)

['mean radius' 'mean texture' 'mean perimeter' 'mean area'
 'mean smoothness' 'mean compactness' 'mean concavity'
 'mean concave points' 'mean symmetry' 'mean fractal dimension'
 'radius error' 'texture error' 'perimeter error' 'area error'
 'smoothness error' 'compactness error' 'concavity error'
 'concave points error' 'symmetry error' 'fractal dimension error'
 'worst radius' 'worst texture' 'worst perimeter' 'worst area'
 'worst smoothness' 'worst compactness' 'worst concavity'
 'worst concave points' 'worst symmetry' 'worst fractal dimension']
```

图 8.2　乳腺癌数据的特征名字

从 feature_names 可了解数据集中用于描述肿瘤特征的名字。

通过 target 可以显示每个样本的诊断结果代码,实现程序和运行结果如图 8.3 所示。

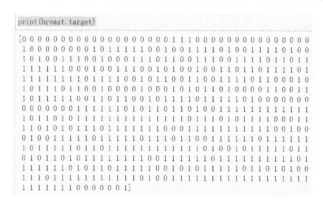

图 8.3　乳腺癌数据样本类别代码

运行结果为 569 行 1 列的数组,表示存储了 569 个 data 中对应病人的诊断结果代码,诊断结果代码为 0 或 1。0,1 分别代表什么呢? 我们可通过如下代码进行显示,程序代码及结果如图 8.4 所示。

```
print(breast.target_names)

['malignant' 'benign']
```

图 8.4　乳腺癌数据样本类别

从显示结果可以看到,诊断结果分两种:恶性(' malignant ')和良性(' benign ')。这说明 breast. target 中的 0 代表' malignant ',1 代表' benign '。

（2）可视化数据，进一步了解数据。

朴素贝叶斯分类器根据数据的类条件概率密度的分布特点可以分为不同类型的分类器，首先我们了解乳腺癌数据集中各个特征的类条件概率密度的分布情况，实现程序代码如下所示：

```
#程序 8-8  乳腺癌单个特征显示
import matplotlib.pyplot as plt
x_index = 0
for x_index in np.arange(x.shape[1]):
    color = ['blue','red']
    for label,color in zip(range(len(breast.target_names)),color):plt.hist
(breast.data[breast.target == label,x_index],label = breast.target_names[label],
color = color)
    plt.xlabel(breast.feature_names[x_index])
    plt.legend(loc = "upper right")
    plt.show()
```

程序运行结果会显示乳腺癌数据集 30 个特征的类直方图，直方图反映了不同特征值在样本中出现的次数，可以在一定程度上反映该特征的类条件概率密度估计。因为 30 个特征比较多，所以下面只选了一些特征的直方图，如图 8.5 所示。

以上是对单个特征类条件概率密度的显示，我们也可以进一步将两两特征显示在二维坐标系中。我们以下标为 1 和 2 的两个特征为例，显示两个特征的分布情况，程序代码如下：

```
#程序 8-9  乳腺癌两两特征显示
x_index = 1
y_index = 2
colors = ['blue','red']
for label,color in zip(range(len(breast.target_names)),colors):
    plt.scatter(breast.data[breast.target == label,x_index],
                breast.data[breast.target == label,y_index],
                label = breast.target_names[label],
                c = color)
plt.xlabel(breast.feature_names[x_index])
plt.ylabel(breast.feature_names[y_index])
plt.legend(loc = 'upper left')
plt.show()
```

显示结果如图 8.6 所示。

从每个特征的直方图和二维特征的分布情况都可以看出，这些特征大致符合正态分布特点，因此，我们猜想，该组乳腺癌数据采用高斯朴素贝叶斯分类器效果会更好。接下来我们就采取不同类型的朴素贝叶斯分类器加以验证。

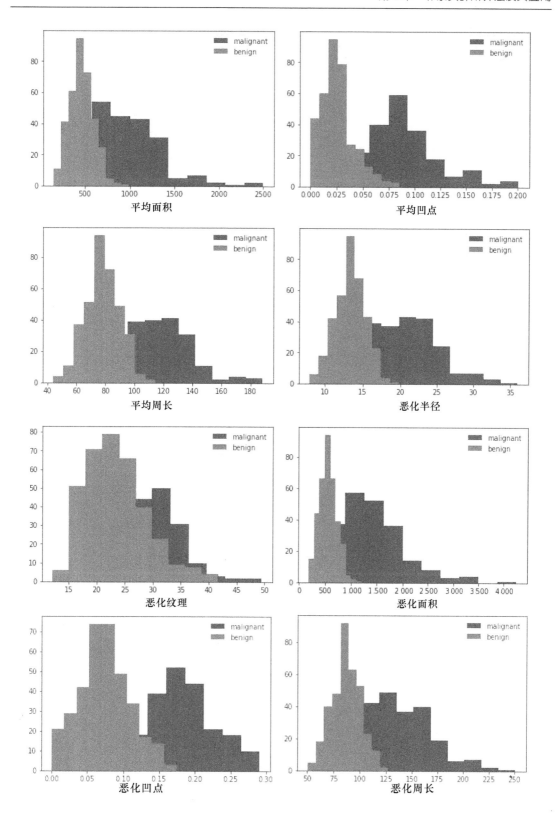

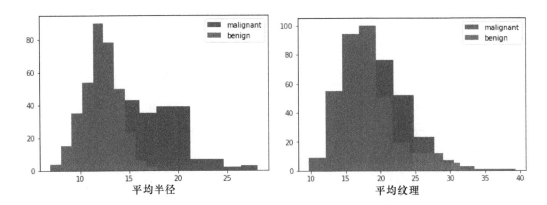

图 8.5　乳腺癌数据各特征类概率正方图

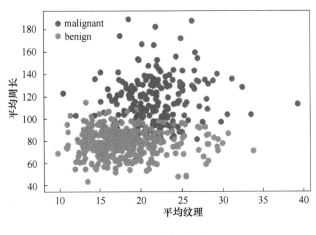

图 8.6　显示结果

8.3.2　朴素贝叶斯分类器的建模和预测

1. 高斯朴素贝叶斯分类器的建模和预测

采用高斯朴素贝叶斯方法对乳腺癌数据集进行建模和预测。实现的程序代码如下：

```
♯程序 8-10　采用高斯朴素贝叶斯方法对乳腺癌数据集进行建模和预测
from sklearn import datasets
from sklearn.model_selection import train_test_split
from sklearn.naive_bayes import GaussianNB
breast = datasets.load_breast_cancer()
X_train, X_test, y_train, y_test = train_test_split(breast.data, breast.
target, test_size = 0.3, random_state = 0)
gnb = GaussianNB()
gnb.fit(X_train, Y_train)
y_pred = gnb.predict(X_test)
```

```
print("%d个测试样本中错分样本数目：%d"% (X_test.shape[0],(y_test != y_
pred).sum()))
    print("高斯朴素贝叶斯分类器对测试样本的分类正确率为：%.0f %%"%(100 * gnb.
score(X_test,y_test)))
```

程序运行结果如下：

```
171 个测试样本中错分样本数目：13
高斯朴素贝叶斯分类器对测试样本的分类正确率为：92 %
```

从程序的运行结果可以看出，采用高斯朴素贝叶斯分类器对乳腺癌数据集进行建模时，171 例测试样本中有 13 例错诊，分类正确率为 92%。

2. 伯努利朴素贝叶斯分类器的建模和预测

采用伯努利朴素贝叶斯分类器对乳腺癌数据集进行建模和预测。由于伯努利朴素贝叶斯分类器适合二项分布数据，因此程序中采用最小最大值方法对数据进行了预处理，实现的程序代码如下：

```
#程序8-11　采用伯努利朴素贝叶斯分类器对乳腺癌数据集进行建模和预测
from sklearn import datasets
from sklearn.model_selection import train_test_split
from sklearn.naive_bayes import BernoulliNB
from sklearn import preprocessing
X, y = datasets.load_breast_cancer(return_X_y = True)
X_std = preprocessing.MinMaxScaler().fit_transform(X)
X_binarizer = preprocessing.Binarizer(threshold = 0.5).fit_transform(X_std)
X_train, X_test, y_train, y_test = train_test_split(X_binarizer, y, test_size =
0.3, random_state = 0)
bnb = BernoulliNB()
bnb.fit(X_train, y_train)
y_pred = bnb.predict(X_test)
print("%d个测试样本中错分样本数目：%d"% (X_test.shape[0],(y_test != y_
pred).sum()))
    print("伯努利朴素贝叶斯分类器对测试样本的分类正确率为：%.0f %%"%(100 *
bnb.score(X_test,y_test)))
```

因为伯努利贝叶斯分类器适合符合二项分布的数据，乳腺癌数据不符合二项分布，因此，程序中采用最小最大值方法对数据进行预处理。程序运行结果如下：

```
171 个测试样本中错分样本数目：19
伯努利朴素贝叶斯分类器对测试样本的分类正确率为：89 %
```

从程序的运行结果可以看出，采用伯努利朴素贝叶斯分类器对乳腺癌数据集进行建模，171 例测试样本中有 19 例错诊，分类正确率为 89%，分类正确率降低。

3. 多项式朴素贝叶斯分类器的建模和预测

采用多项式朴素贝叶斯方法对乳腺癌数据集进行建模和预测。因为多项式朴素贝叶斯分类器适合多项式分布数据,因此在程序中对数据进行了预处理,实现的程序代码如下:

```
#程序 8-12　采用多项式朴素贝叶斯分类器对乳腺癌数据集进行建模和预测
from sklearn import datasets
from sklearn.model_selection import train_test_split
from sklearn.naive_bayes import MultinomialNB
from sklearn import preprocessing
X, y = datasets.load_breast_cancer(return_X_y = True)
X_std = preprocessing.MinMaxScaler().fit_transform(X)
X_binarizer = preprocessing.KBinsDiscretizer().fit_transform(X_std)
X_train, X_test, y_train, y_test = train_test_split(X_binarizer, y, test_size = 0.3, random_state = 0)
mnb = MultinomialNB()
mnb.fit(X_train, y_train)
y_pred = mnb.predict(X_test)
print("%d个测试样本中错分样本数目: %d" % (X_test.shape[0],(y_test != y_pred).sum()))
print("伯努利朴素贝叶斯分类器对测试样本的分类正确率为:%.0f % %"%(100 * mnb.score(X_test,y_test)))
```

运行结果如下:

```
171 个测试样本中错分样本数目: 15
```

```
伯努利朴素贝叶斯分类器对测试样本的分类正确率为:91 %
```

从程序的运行结果可以看出,采用多项式朴素贝叶斯分类器对乳腺癌数据集进行建模时,171 例测试样本中有 15 例错诊,分类正确率为 91%,这比高斯朴素贝叶斯分类器的正确率略低。

以上 3 种类型的贝叶斯分类器的运行结果验证了我们前期通过可视化方法对数据分析的正确性,因此正确分析数据对模型的选择起到非常关键的作用。

8.4　本章小结

本章我们学习了贝叶斯分类器的原理、3 种不同类型的朴素贝叶斯分类器——高斯朴素贝叶斯分类器、伯努利朴素贝叶斯分类器和多项式朴素分类器。高斯朴素贝叶斯分类器效率高,应用范围较广,特别适用于数据符合正态分布的数据集。伯努利朴素贝叶斯分类器适合符合二项分布的数据集,而多项式朴素贝叶斯分类器比较适合符合多项式分布的数据集。伯努利朴素贝叶斯和多项式朴素贝叶斯使用前采用数据预处理方法对数据进行处理,可以提高性能。

第9章　广义线性模型

9.1　线性模型的基本概念

特征和结果存在线性关系的模型为线性模型,也就是线性模型中的输出结果可以用输入特征的加权和表示。线性模型可以用于解决分类问题,也可以用于解决回归问题。

线性模型的一般预测公式如下:

$$f(\boldsymbol{\omega},b,\boldsymbol{x})=\omega_0+\omega_1x_1+\omega_2x_2+\cdots+\omega_px_p \tag{9.1}$$

其中,$\boldsymbol{x}=(x_1,x_2,\cdots x_p)$为特征向量,存放数据的 p 个特征;$\boldsymbol{\omega}=(\omega_1,\omega_2,\cdots,\omega_p)$为特征变量的权重系数,相当于直线的斜率;$\omega_0$ 为截距;f 为预测值,回归问题对应连续的值,分类问题经过转化后可以对应离散的类别。

线性模型用于分类任务时,学习过程就是在一个 n 维空间中,通过不断调整超平面的位置和倾斜程度,找到一个可以将不同类别的特征点最"佳"区分开的超平面。以二维特征为例,图9.1中的三角形和圆形分别表示不同的类别,采用一条直线可以将两类大致分开,线性分类器就是寻找这条最优分割线的过程。

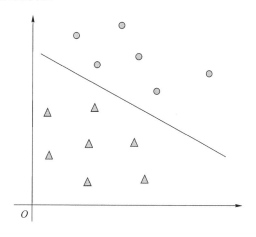

图 9.1　线性分类模型

如图 9.2 所示,线性模型用于回归任务时,学习过程就是找不同特征的权值,对各特征加权求和作为预测输出,使预测结果逼近真实的输出。

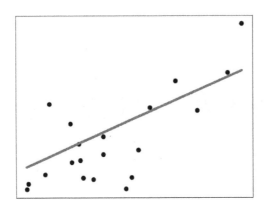

图 9.2　线性回归模型

其实无论是分类还是回归问题,其本质是相同的,都是找最优的线性模型的参数 $\boldsymbol{\omega}$ 和 b,使预测结果和真实结果更接近。如何找最优的线性模型的参数呢? 首先需要定义什么是"最优"的,知道了"最优"的目标函数,就可以通过解决优化问题的方法找到这个"最优"。不同衡量最优的标准就产生了不同的线性模型。接下来,我们学习最常见的几种线性模型及其在 Sklearn 中的实现方法。

9.2　常见的线性模型及其实现

9.2.1　最基本的线性模型——线性回归

1. 线性模型的原理及实现

最经典的线性模型是线性回归模型,其原理是寻找使训练样本中预测值和目标值(实际输出)之间残差平方和达到最小的线性模型参数 $\boldsymbol{\omega} = (\omega_0, \omega_1, \cdots, \omega_p)$,因此线性回归也称普通最小二乘法。其优化的目标函数可用下列公式表示:

$$\min \| \boldsymbol{X\omega} - \boldsymbol{y} \|_2^2 \qquad (9.2)$$

LinearRegression 可以实现最小二乘法线性回归,主要用于解决回归问题。语法如下:

```
class sklearn.linear_model.LinearRegression( * , fit_intercept = True, normalize = False, copy_X = True, n_jobs = None, positive = False)
```

LinearRegression 的常用的属性有 coef_ 和 intercept_,分别用来存储模型得到的系数、截距。

LinearRegression 的主要方法如表 9.1 所示。

表 9.1　LinearRegression 的主要方法

方法	功能
fit(X, y[, sample_weight])	采用训练数据 X,y 拟合线性模型
get_params([deep])	得到模型的参数

续　表

方法	功能
predict(X)	采用线性模型预测测试数据 X,返回预测结果
score(X, y[,sample_weight])	用 X,y 评价模型,返回平方误差
set_params(* * params)	设置模型参数

2. 利用线性回归模型分析生成的模拟数据

接下来我们以生成的模拟数据为例来看看线性回归模型的用法。首先程序生成一个用于回归的数据,并进行显示,程序如下:

```
#程序 9-1　线性回归 LinearRegression 模型
%matplotlib inline
import numpy as np
import matplotlib.pyplot as plt
from sklearn.datasets import make_regression
from sklearn.linear_model import LinearRegression
#生成回归数据
X, y = make_regression(n_samples = 100, n_features = 1,
     n_informative = 1,noise = 50, random_state = 4)
#初始化 LinearRegression 模型
lreg = LinearRegression()
#训练回归模型
lreg.fit(X,y)
z = np.linspace( - 3,3,200).reshape( - 1,1)
plt.scatter(X,y,c = 'b',s = 60)
plt.plot(z, lreg.predict(z),c = 'k')
plt.title('Linear Regression')
```

程序中的 make_regression 是 datasets 模块中生成回归数据的一个函数,参数 n_samples 指定生成样本数据的样本量;参数 n_features 指定生成数据的维数(每个样本特征的个数);参数 n_informative 指定信息特征的数量,即用于构建用于生成输出的线性模型的特征的数量;参数 noise 是指所加高斯噪声的标准差;参数 random_state 设置产生数据集的随机数。该函数返回一组数据 $\boldsymbol{X},\boldsymbol{y}$。$\boldsymbol{X}$ 是 n_samples×n_features 的二维数组,存放 n_samples 个样本的 n_features 个特征;$\boldsymbol{y}$ 是一个 n_samples×1 的列向量,存放 $\boldsymbol{X}$ 中 n_samples 个样本对应的输出值。

LinearRegression 函数对线性回归模型进行初始化。lreg.fit(X,y)用刚生成的训练数据来训练线性回归模型。语句"z = np.linspace(−3,3,200).reshape(−1,1)"用 numpy 中的 linespace 生成在−3 到 3 之间等间隔的 200 个点,并将其转化为一个列向量。

"plt.scatter(X,y,c=' b ',s=60)"将训练样本以散点图的形式显示,语句"plt.plot(z,lreg.predict(z),c=' k')"将 z 和 z 模型预测值以图形形式显示出来。

程序运行结果如图 9.3 所示。

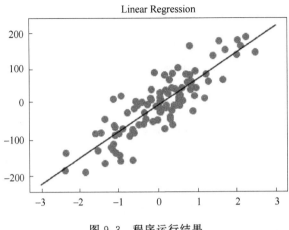

图 9.3　程序运行结果

接下来我们采用标准化处理流程,将数据划分为训练样本和测试样本,用训练数据进行训练,用测试样本进行测试,看看线性回归模型的性能。

```
＃程序 9-2　对线性回归 LinearRegression 模型建模、训练、评价
from sklearn.model_selection import train_test_split
X_train, X_test, y_train, y_test = train_test_split(X, y, random_state = 1)
lr = LinearRegression().fit(X_train, y_train)
print("训练数据集得分:{:.2f}".format(lr.score(X_train, y_train)))
print("测试数据集得分:{:.2f}".format(lr.score(X_test, y_test)))
```

程序运行结果如下:

```
训练数据集得分:0.78
测试数据集得分:0.61
```

从这个运行结果来看,线性回归模型的性能还是不错的。线性回归模型的得分和数据的噪声有很大的关系,我们将不同浓度的噪声添加到数据中,验证噪声大小和回归结果之间的关系,程序如下:

```
＃程序 9-3　噪声和线性回归模型性能的关系
score_train = []
score_test = []
for noise_add in range(0,101):
    X, y = make_regression(n_samples = 100, n_features = 1, n_informative = 1,
noise = noise_add,random_state = 2)
    X_train, X_test, y_train, y_test = train_test_split(X, y, random_state = 8)
    lr = LinearRegression().fit(X_train, y_train)
    score_train.append(lr.score(X_train, y_train))
    score_test.append(lr.score(X_test, y_test))
plt.plot(score_train,c = 'r',label = "train score")
plt.plot(score_test,c = 'b',label = "test score")
```

程序运行结果如图 9.4 所示。

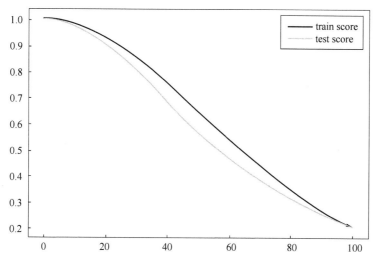

图 9.4　噪声与线性回归模型得分之间的关系

从图中可以看出,当没有噪声(横轴为 0)时,线性回归模型的得分无论在训练样本还是测试样本上,得分都是 100%,这是相当高的,但是随着噪声的增加,线性回归模型的训练数据集和测试数据集的得分会逐步减小,因此线性回归模型的性能受噪声的影响比较大。现实世界的真实数据往往受噪声的影响,接下来我们以真实数据为例测试线性回归模型的性能。

3. 利用线性回归模型分析糖尿病数据

我们以糖尿病数据为例,看一下一般线性回归模型的得分情况。糖尿病数据每个样本有 10 个特征,为了方便显示,我们取出第 3 个特征来进行线性回归,实现的程序代码如下:

```
#程序9-4　用线性回归模型分析糖尿病数据第3个特征和目标之间的关系
import numpy as np
from sklearn.datasets import load_diabetes
diabetes = load_diabetes()
x = diabetes.data[:,2].reshape(-1,1)
y = diabetes.target
plt.scatter(x,y)
X_train, X_test, y_train, y_test = train_test_split(x, y, random_state = 1)
lr = LinearRegression().fit(X_train, y_train)
x0 = np.linspace(-0.1,0.2,500)
y0 = lr.predict(x0.reshape(-1,1))
plt.plot(x0, y0,c ='k')
print("训练样本模型得分%f" % lr.score(X_train,y_train))
print("测试样本模型得分%f" % lr.score(X_test,y_test))
```

程序运行结果如下:

训练样本模型得分 0.388803
测试样本模型得分 0.174662

从数据显示可以看到,糖尿病数据的特征方差变动比较大,训练样本模型得分仅为 0.388 803,测试样本模型得分更低,仅为 0.174 662。

我们用糖尿病数据的全部特征,拟合模型程序如下:

```
# 程序 9-5    用线性回归模型分析糖尿病数据所有特征和目标值之间的关系
from sklearn.datasets import load_diabetes
X, y = load_diabetes().data, load_diabetes().target
X_train, X_test, y_train, y_test = train_test_split(X, y, random_state = 8)
lr = LinearRegression().fit(X_train, y_train)
print("训练样本模型得分 % f" % lr.score(X_train,y_train))
print("测试样本模型得分 % f" % lr.score(X_test,y_test))
```

用全部特征得到的模型的结果如下:

```
训练样本模型得分 0.530381
测试样本模型得分 0.459344
```

可见用全部特征训练的训练样本模型得分为 0.530 381,测试样本模型得分为 0.459 344,这比一个特征所得到的评价结果要好很多。糖尿病数据的线性回归模型的分类结果如图 9.5 所示。

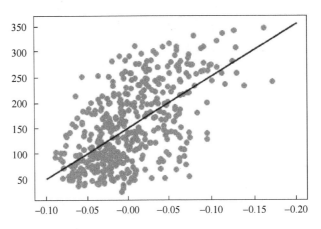

图 9.5   糖尿病数据的线性回归模型的分类结果

9.2.2   改进的线性模型——岭回归

1. 岭回归原理及实现

岭回归是一种改进的最小二乘法,通过在目标函数中,增加 L2 约束项来减小基本最小二乘法所带来的过拟合问题。岭回归是最常用的线性模型之一。

岭回归的目标函数是

$$\min \| \boldsymbol{X\omega} - \boldsymbol{y} \|_2^2 + \alpha \| \boldsymbol{\omega} \|_2^2 \tag{9.3}$$

其中 α 为非负数系数,当 α 为 0 时,岭回归就是一般的线性回归模型,当 α 变大时,为了使目标函数达到最小,特征变量的权重系数就会变小,从而可以有效地避免过拟合问题。岭回归实质上是一种改良的最小二乘估计法,通过放弃最小二乘估计法的无偏性,以损失部分信息、降低精度为代价获得回归系数更为符合实际、更可靠的回归方法。岭回归对病态数据的拟合要强于最小二乘估计法。

Sklearn 中的 linear_model. Ridge 函数可以实现岭回归,语法如下:

```
class sklearn. linear _ model. Ridge ( alpha = 1. 0, * , fit _ intercept = True,
normalize = False, copy_X = True, max_iter = None, tol = 0.001, solver = 'auto', random_
state = None)
```

该函数常用的参数如下。

alpha:正则化系数,非负浮点数据,缺省值是 1,正则化可以改善过拟合问题,减小估计的变动。该值越大正则化越强,图 9.6 显示了在岭回归中 alpha 和权重系数之间的关系。随着 alpha 的增大,权重系数逐步减小,最终趋向于 0。如果该参数是数组,而惩罚是针对目标的,则该参数数组同目标数组形状应该一致。

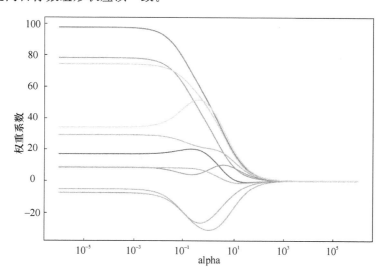

图 9.6　岭回归中 alpha 和权重系数之间的关系

Ridge 函数常用的属性有 coef_、intercept_,两者分别存放系数和截距。

Ridge 函数常用的方法如表 9.2 所示。

表 9.2　Ridge 函数常用的方法

方法	功能
fit(X, y[, sample_weight])	采用训练数据 X,y 拟合岭回归模型
get_params([deep])	得到岭回归模型的参数
predict(X)	采用岭回归模型预测测试数据 X,返回预测结果
score(X, y[, sample_weight])	用 X,y 评价模型,返回预测的决定系数 R^2 方误差
set_params(* * params)	设置模型参数

2. 采用岭回归模型分析糖尿病数据

下面采用岭回归模型对糖尿病数据进行建模和测试,实现程序如下:

```
#程序 9-6    采用岭回归模型分析糖尿病数据所有特征和目标值之间的关系
from sklearn.datasets import load_diabetes
from sklearn.linear_model import Ridge
X, y = load_diabetes().data, load_diabetes().target
X_train, X_test, y_train, y_test = train_test_split(X, y, random_state = 8)
rr = Ridge().fit(X_train, y_train)
print("训练样本模型得分 %f" % rr.score(X_train,y_train))
print("测试样本模型得分 %f" % rr.score(X_test,y_test))
```

运行程序,得到如下运行结果:

```
训练样本模型得分 0.432638
测试样本模型得分 0.432522
```

从运行结果可以看出,岭回归在测试样本和训练样本上的测试得分分别是 0.432 522 和 0.432 638,模型在训练样本和测试样本上的得分比较接近,所以采用岭回归模型,对糖尿病数据建模要比采用一般最小平方误差的线性回归发生过拟合的可能性要小。

9.3   常见的线性分类模型及其实现

9.3.1   岭分类

1. 岭分类原理及实现

岭分类首先将两分类输出转化为二值输出{−1,1},然后把分类问题看作回归任务优化岭回归的目标函数。预测的类别对应回归预测值的符号。对于多分类问题,分类问题被看作多输出的回归问题,预测的类别对应输出的最大值。

Sklearn.linear_model 中的 RidgeClassifier 函数可以实现岭分类器,语法如下:

```
class sklearn.linear_model.RidgeClassifier(alpha = 1.0, * , fit_intercept =
True, normalize = False, copy_X = True, max_iter = None, tol = 0.001, class_weight =
None, solver ='auto', random_state = None)
```

岭分类 RidgeClassifier 函数的参数含义和岭回归 Ridge 函数的参数含义类似。常用的方法如表 9.3 所示。

表 9.3   RidgeClassifier 的常用方法

方法	功能
decision_function(X)	预测样本的置信度得分
fit(X, y[, sample_weight])	采用训练数据 X,y 训练岭分类模型
get_params([deep])	得到岭分类模型的参数
predict(X)	采用岭分类模型预测测试数据 X 的类别

续 表

方法	功能
score(X, y[,sample_weight])	用 X,y 评价模型,返回平均分类正确率
set_params(* * params)	设置模型参数

2. 使用岭分类对鸢尾花数据集分类

使用岭分类对鸢尾花数据集分类的程序代码如下:

```
#程序 9-7　使用岭分类对鸢尾花数据集分类
from sklearn.datasets import load_iris
from sklearn.model_selection import train_test_split
from sklearn.linear_model import RidgeClassifier
X, y = load_iris(return_X_y = True)
X_train, X_test, y_train, y_test = train_test_split(X, y, test_size = 0.3,
random_state = 0)
rlm = RidgeClassifier()
rlm.fit(X_train, y_train)
y_pred = rlm.predict(X_test)
print("%d 个测试样本中错分样本数目: % d" % (X_test.shape[0],(y_test != y_
pred).sum()))
print("使用岭分类对测试样本分类的正确率为:%.0f % %" %(100 * rlm.score(X_
test,y_test)))
```

运行程序,得到如下结果:

```
45 个测试样本中错分样本数目: 11
使用岭分类对测试样本分类的正确率为:76 %
```

从运行结果可以看到,岭回归分类器采用默认的参数进行分类时,测试样本的分类正确率为 76%,这并不高。我们需调整分类器中的 alpha 参数。

```
#程序 9-8　岭分类 alpha 参数调整
from sklearn.datasets import load_iris
from sklearn.model_selection import train_test_split
from sklearn.linear_model import RidgeClassifier
X, y = load_iris(return_X_y = True)
X_train, X_test, y_train, y_test = train_test_split(X, y, test_size = 0.3,
random_state = 0)
rlm = RidgeClassifier(alpha = 0)
rlm.fit(X_train, y_train)
y_pred = rlm.predict(X_test)
print("%d 个测试样本中错分样本数目: % d" % (X_test.shape[0],(y_test != y_
pred).sum()))
print("岭回归分类器对测试样本分类的正确率为:%.0f % %" %(100 * rlm.score(X_
test,y_test)))
```

该程序设置 alpha＝0,相当于普通最小二乘估计法的线性回归。运行程序得到如下运行结果:

> 45 个测试样本中错分样本数目:9
>
> 岭回归分类器对测试样本分类的正确率为:80 %

测试样本的分类正确率为 80%,相对 alpha = 1 的情况,分类正确率有所提高。

9.3.2 逻辑回归

1. 逻辑回归原理及实现

逻辑回归的名字虽然为回归,但其实是一个分类的线性模型。逻辑回归也叫最大熵分类器或者对数线性分类器。该模型用逻辑函数描述样本所属类别的概率。

逻辑回归采用 LogisticRegression 实现,可以实现二分类问题、一对多分类等问题,其语法如下:

```
class sklearn.linear_model.LogisticRegression(penalty ='l2', *, dual = False,
tol = 0.0001, C = 1.0, fit_intercept = True, intercept_scaling = 1, class_weight =
None, random_state = None, solver = 'lbfgs', max_iter = 100, multi_class = 'auto',
verbose = 0, warm_start = False, n_jobs = None, l1_ratio = None)
```

其中参数 multi_class 默认设置为'auto',需根据数据情况选择合适的分类策略。当逻辑回归用于多类别分类任务时,该参数设置为'ovr',采用一对多策略实现多分类问题。

LogisticRegression 的主要方法如表 9.4 所示。

表 9.4　LogisticRegression 的主要方法

方法	功能
decision_function(X)	预测样本的置信度得分
densify()	将系数矩阵转换为密集数组格式
fit(X, y[, sample_weight])	采用训练数据 X,y 训练逻辑回归分类模型
get_params([deep])	得到逻辑回归分类模型的参数
predict(X)	采用逻辑回归分类模型预测测试数据 X 的类别
predict_log_proba(X)	预测概率估计的对数
predict_proba(X)	预测概率
score(X, y[,sample_weight])	用 X,y 评价模型,返回平均分类正确率
set_params(* * params)	设置模型参数
sparsify()	将系数矩阵转换为稀疏数组格式

2. 使用逻辑回归对鸢尾花数据集分类

使用逻辑回归对鸢尾花数据集分类的程序代码如下:

```
♯程序9-9　使用逻辑回归对莺尾花数据集分类
from sklearn.datasets import load_iris
from sklearn.model_selection import train_test_split
from sklearn.linear_model import LogisticRegression
X, y = load_iris(return_X_y = True)
X_train, X_test, y_train, y_test = train_test_split(X, y, test_size = 0.3,
random_state = 0)
lrm = LogisticRegression(random_state = 0)
lrm.fit(X_train, y_train)
y_pred = lrm.predict(X_test)
print("%d个测试样本中错分样本数目：%d"% (X_test.shape[0],(y_test != y_
pred).sum()))
print("逻辑回归分类器对测试样本分类的正确率为：%.0f % %"%(100 * lrm.score(X
_test,y_test)))
```

程序运行结果如下：

```
45 个测试样本中错分样本数目：1
逻辑回归分类器分类对测试样本分类的正确率为：98 %
```

可以看到采用逻辑回归分类器对莺尾花数据集分类的正确率还是比较高的。

9.3.3　线性判别分析模型

1. 线性判别分析模型的实现

线性判别分析模型是一种经典的分类模型，因为该模型计算简单，不需要调整参数，在实践中取得了很好的分类效果，因此非常受欢迎。

线性判别分析模型具有线性决策边界的分类器，通过对数据拟合类条件概率密度，使用贝叶斯规则生成分类器。

线性判别分析模型通过 Sklearn 中 discriminant_analysis 模块的 LinearDiscriminant Analysis 来实现，其语法如下：

```
class sklearn.discriminant_analysis.LinearDiscriminantAnalysis(solver ='svd',
shrinkage = None, priors = None, n_components = None, store_covariance = False, tol =
0.0001, covariance_estimator = None)
```

LinearDiscriminantAnalysis 的参数基本不用用户调节，直接采用默认参数建模就可以取得比较好的分类效果。其常用的方法如表 9.5 所示。

表 9.5　LinearDiscriminantAnalysis 常用方法

方法	功能
decision_function(X)	将决策函数应用于样本矩阵 X
fit(X, y)	采用训练数据 X,y 训练线性判别分析模型

方法	功能
fit_transform(X[, y])	训练数据，并转换数据
get_params([deep])	得到线性判别分析模型的参数
predict(X)	采用线性判别分析模型预测测试数据 X 的类别
predict_log_proba(X)	预测概率估计的对数
predict_proba(X)	预测概率
score(X, y[,sample_weight])	用测试数据和标签 X,y 评价模型，返回平均分类正确率
set_params(* * params)	设置模型参数
transform(X)	投影数据到类分离最大的方向

2. 使用线性判别分析对鸢尾花数据集分类

使用线性判别分析对鸢尾花数据集分类的程序代码如下：

```
# 程序 9-10　使用线性判别回归对鸢尾花数据集分类
from sklearn.datasets import load_iris
from sklearn.model_selection import train_test_split
from sklearn.discriminant_analysis import LinearDiscriminantAnalysis
X, y = load_iris(return_X_y = True)
X_train, X_test, y_train, y_test = train_test_split(X, y, test_size = 0.3)
ldc = LinearDiscriminantAnalysis()
ldc.fit(X_train, y_train)
y_pred = ldc.predict(X_test)
print("%d个测试样本中错分样本数目：%d" % (X_test.shape[0],(y_test != y_pred).sum()))
print("线性判别分析分类器对测试样本分类的正确率为:%.0f % %"%(100 * ldc.score(X_test,y_test)))
```

运行结果如下：

```
45 个测试样本中错分样本数目：0
线性判别分析分类器对测试样本分类的正确率为:100 %
```

从运行结果来看，线性判别分析模型的分类效果非常好。该模型除了用于分类以外还可以用于预处理的降维，将数据投影到最具分辨力的方向。

9.4　本章小结

本章首先介绍了线性模型的概念及原理，接下来介绍了常见的几种线性模型，包括线性回归、岭回归、岭分类、逻辑回归、线性判别分析模型。其中，线性回归、岭回归模型一般用于解决回归问题，岭分类、逻辑回归和线性判别分析模型一般用于分类任务。

　　线性模型是一个历史悠久的算法模型,由于模型原理简单、训练速度快,因此仍然被广泛应用,尤其适合超大型数据集。线性模型也有自身的局限性,当数据集的特征比较少时,模型性能相对偏弱。

第 10 章   支持向量机

10.1   SVM 的基本原理

支持向量机(Support Vector Machine)简称 SVM,是一种常见的监督学习模型,可应用于分类及回归分析。20 世纪七八十年代 SVM 逐步成为模式识别中统计学习理论的一部分。1995 年 Corinna Cortes 和 Vapnik 提出了非线性 SVM 并将其应用于手写字符识别问题。深度学习出现以前,SVM 一直被认为是机器学习算法中表现很好的算法之一。

介绍支持向量机之前,先了解线性可分和线性不可分的概念。

图 10.1 显示了两类二维特征的空间分布,很容易找到一条直线把两类特征区分开,我们说特征是线性可分的。本例数据是二维特征,分割函数是一条直线。如果数据是三维特征,则分割函数是一个平面。更高维特征的线性分割函数称为超平面。如果不同类别的特征能通过超平面将其分开,则称是线性可分的。

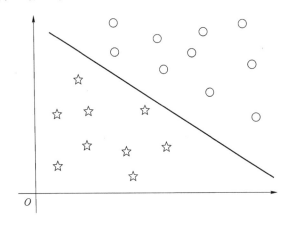

图 10.1   线性可分

对于线性可分的数据,可以将两类数据分开的超平面有很多,如图 10.2 中的数据。众多超平面中哪个是最优的超平面呢? 优化的准则有很多,SVM 算法优化的准则是找到离分割平面最近的点,使它们离分割平面的距离尽可能远。离超平面最近的那些点称为支持向量,图 10.3 中填充灰色的圆和五角星代表支持向量。这两类持向量到超平面的距离称为间隔。SVM 算法的目的是找到最优的分类线,使其不仅能将不同类别数据无误分开,而且使两类的分类间隔最大。支持向量机的优化准则就是将使分类间隔最大的超平面作为分割超平面。

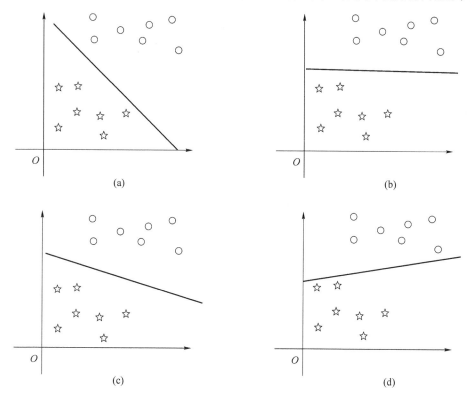

图 10.2　线性可分数据的不同分割线

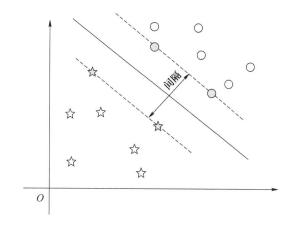

图 10.3　支持向量和间隔

对于比较复杂的数据,可能很难找到一个超平面将其线性分开,这类数据就是线性不可分的。例如,图 10.4 中的数据是线性不可分的。对于线性不可分的数据,线性模型就无能为力了。SVM 不仅可以分类线性可分的数据,而且还可以通过核函数来解决线性不可分的问题。例如,对于图 10.5 中的数据,在低维特征空间很难找到一条直线将其分开。但是如果进行特征映射,将低维特征映射到高维空间,就很容易通过线性分类器将其分开了。

SVM 通过核函数进行特征映射,将数据投射到高维空间,可以解决线性不可分的问题,如图 10.5 所示。SVM 中最常用的核函数有线性核(Linear kernel)函数、多项式核(Polynomial kernel)函数、高斯径向基核(RBF)函数、S 型核(Sigmoid kernel)函数等。

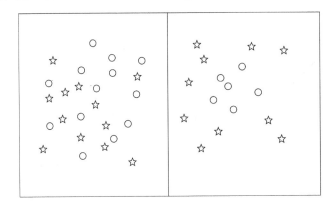

图 10.4　线性不可分

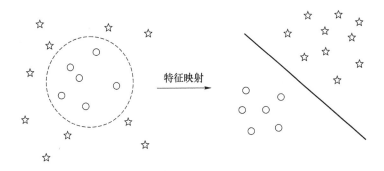

特征映射

图 10.5　通过核函数进行特征映射投影

SVM 的优势如下。

(1) 对于高维数据有效,对于维数大于样本数目的情况同样有效。

(2) 在决策函数中只使用支持向量训练模型,数据量小,训练速度快,比较节约内存空间。

(3) 通过核函数可以解决线性不可分问题。

10.2　SVM 的实现

1. SVM 的实现方法

　　SVM 是一种监督分类方法,可以用于解决分类和回归问题,可以采用 Sklearn 中 svm 模块的 SVC、NuSVC 和 LinearSVC 三种方法来实现。这三个算法有类似功能,但是具体实现方法不同,其中,SVC 和 NuSVC 是基于 libsvm 实现的,两者相似,不同之处是两者控制支持向量个数的方式不同,LinearSVC 实现线性核函数的 SVM,相似于采用线性核函数(参数 kernel = 'linear')的 SVC,但 LinearSVC 基于 liblinear 实现,在选择惩罚因子和损失函数方面更灵活,更适于数据量比较大的情况。在多类别分类的情况下,LinearSVC 采用 one-vs-the-rest 方案实现,而 SVC 采用 one-vs-one 方案实现。

　　三个类的参数、属性和方法有很多类似之处,实现方法也很相似,下面以 SVC 为例,介绍常用的参数、属性和方法。

SVC 常用的参数如下。

（1）C：正则化参数，浮点数，缺省是 1.0。正则化强度与 C 成反比。该值必须是正数。惩罚是 12 的平方。

（2）kernel：可以是｛'linear'，'poly'，'rbf'，'sigmoid'，'precomputed'｝，缺省是'rbf'。指定核函数的类型，可以是'linear'、'poly'、'rbf'、'sigmoid'、'precomputed'或者可调用函数之一。

（3）degree：整型数据，缺省是 3，多项式函数（poly）的度。当采用其他核函数时，忽略该参数。

（4）gamma：'rbf'核函数的核系数，可以是｛'scale'，'auto'｝其中之一或者是浮点数据。如果 gamma='scale'，那么用 1/（n_features $\times$ .var()）作为 gamma 的值。如果 gamma='auto'，那么用 1/n_features 作为 gamma 的值。该参数缺省设置为'scale'。

（5）coef0：浮点数，缺省是 0。核函数中的独立项。它只在"poly"和"sigmoid"中有意义。

SVC 常用的参数如下。

（1）Support_：支持向量的索引，形状为（n_SV，）的 ndarray 类型数组。

（2）support_vector：支持向量，形状为（n_SV，n_features）的 ndarray 类型数组。

（3）n_support_：每类支持向量的个数，形状为（n_class，）的 ndarray 类型数组。

SVC 常用的方法如下。

（1）decision_function(X)

功能：采用样本 X 计算决策函数。

参数：X，形状为（n_samples，n_features）的数组。

返回值：X，形状为（n_samples，n_classes $\times$（n_classes－1）/2）的数组。返回模型中每类样本的决策函数。如果 decision_function_shape='ovr'，则返回数组形状为（n_samples，n_classes）。

（2）fit(X，y，sample_weight=None)[source]

功能：根据训练样本训练 SVM 模型。

参数如下。

① X：存储训练样本，形状为（n_samples，n_features）的矩阵或者形状为（n_samples，n_samples）的稀疏矩阵。n_samples 为样本的个数，features 为特征个数。当核函数为 kernel="precomputed"时，X 的形状为（n_samples，n_samples）。

② y：形状为（n_samples，）的矩阵，存储训练样本的标签。

③ sample_weight：样本权重，形状为（n_samples，）的矩阵，缺省为空。权重越大，对分类器的影响就越大。

返回：self 对象。

（3）get_params(deep=True)

功能：得到模型参数。

参数：deep 表示布尔值，缺省为 True。如果参数为 True，则会返回模型的参数。

返回值：params 表示映射字符串类型为任何其他类型。参数名字和对应的值。

（4）predict(X)

功能：对 X 中的样本进行分类预测。

返回值：对于两类模型，返回＋1 或－1。

参数：X 表示测试样本，形状为（n_samples，n_features）的矩阵，或者形状为（n_samples_

test，n_samples_train)的稀疏矩阵。对于 kernel＝"precomputed"，X 的形状为(n_samples_test，n_samples_train)。

返回值：y_pred 表示测试样本 X 的类别标签。形状为(n_samples,)的数组。

属性：predict_log_proba 用于计算 X 样本输出的对数概率。在训练模型时计算概率信息。fit 的属性 probability 设置为 True。

predict_log_proba 的参数 X 为测试样本，形状为(n_samples，n_features)的矩阵，或者形状为(n_samples_test，n_samples_train)的稀疏矩阵。当 kernel＝precomputed"时，X 的形状为(n_samples_test，n_samples_train)。

predict_log_proba 的返回值 T 为形状为(n_samples，n_classes)的数组，返回模型预测的每个样本属于各类的对数概率。

注意：概率模型是采用交叉检验创造的，所以结果和 predict 得到的结果可能有轻微不同。如果样本太少会产生无意义的结果。

属性：predict_proba，计算 X 样本输出的概率。模型需要在训练时计算概率信息。fit 的属性 probability 设置为 True。

predict_proba 的参数 X 为测试样本，形状为(n_samples，n_features)的矩阵，或者形状为(n_samples_test，n_samples_train)的稀疏矩阵。对于 kernel＝"precomputed"，X 的形状为(n_samples_test，n_samples_train)。

predict_proba 的返回值 T 为形状为(n_samples，n_classes)的数组，返回模型预测的每类样本属于各类的概率。

注意：概率模型是采用交叉检验创造的，所以结果和 predict 得到的结果可能有轻微不同。如果样本太少会产生无意义的结果。

(5) score(X，y，sample_weight＝None)

功能：根据测试样本和标签返回平均正确率。

在多标签分类模型中，该函数返回子集正确率。这是一个苛刻的度量标准，因为需要为每个样本正确预测每个标签集。

参数：X 为测试样本，形状为(n_samples，n_features)的数组。Y 为测试样本 X 的真正标签。sample_weight：样本权重，形状为(n_samples,)，缺省值为空。

返回值：分数，浮点类型，predict 预测 X 样本得到的模型的平均正确率。

(6) set_params(＊＊params)

功能：设置模型的参数。

2. 采用 SVM 分类鸢尾花数据

接下来，我们采用 SVC 对鸢尾花的数据进行分类，程序代码如下：

```
#程序 10-1  采用 SVC 对鸢尾花的数据进行分类
from sklearn.datasets import load_iris
from sklearn.model_selection import train_test_split
from sklearn import svm
X, y = load_iris(return_X_y = True)
#训练样本、测试样本划分
X_train, X_test, y_train, y_test = train_test_split(X, y, test_size = 0.3,
random_state = 0)
#初始化 SVM 分类器
```

```
svc_classifier = svm.SVC()
#采用训练数据训练 SVM 分类器
svc_classifier.fit(X_train, y_train)
#对测试样本进行预测
y_pred = svc_classifier.predict(X_test)
print("%d个测试样本中错分样本数目：%d"% (X_test.shape[0],(y_test != y_
pred).sum()))
#用测试样本对模型进行评分
print("SVM 分类器采用 SVC 实现的分类正确率为:%.0f % %"% (100 * svc_
classifier.score(X_test,y_test)))
```

程序运行结果如下：

```
45 个测试样本中错分样本数目：1
SVM 分类器采用 SVC 实现的分类正确率为:98 %
```

从分类结果来看,SVC 采用默认参数时,不用调整参数就可以取得 98% 的正确率,效果还是非常好的。

10.3　SVC、LinearSVC 和 NuSVC 性能比较

接下来,我们还以鸢尾花数据为例,看一下不同分类器、不同核函数的正确率,程序代码如下：

```
#程序 10-2　SVM 不同方法实现
from sklearn import svm, datasets
from sklearn.model_selection import cross_val_score
iris = datasets.load_iris()
X = iris.data
y = iris.target
models = (svm.SVC(kernel ='linear'),
          svm.LinearSVC( max_iter = 10000),
          svm.NuSVC(kernel ='linear'),
          svm.SVC(kernel ='rbf', gamma = 0.7),
          svm.SVC(kernel ='poly', degree = 3, gamma ='auto'),
          svm.SVC(kernel ='sigmoid'),
          svm.NuSVC(kernel ='rbf', gamma = 0.7),
          svm.NuSVC(kernel ='poly', degree = 3, gamma ='auto'),
          svm.NuSVC(kernel ='sigmoid')          )
titles = ('SVC with linear kernel',
          'LinearSVC with linear kernel',
```

```
        'NuSVC with linear kernel',
        'SVC with RBF kernel',
        'SVC with polynomial (degree 3) kernel',
        'SVC with sigmoid kernel',
        'NuSVC with RBF kernel',
        'NuSVC with polynomial (degree 3) kernel',
        'NuSVC with sigmoid kernel')
models = (clf.fit(X, y) for clf in models)
forclf,title in zip(models,titles):
    scores = cross_val_score(clf,iris.data,iris.target,cv = 5)
print("% s 的平均正确率为 % f" % (title,scores.mean()))
```

程序的运行结果如下:

SVC with linear kernel 的平均正确率为 0.980000

LinearSVC with linear kernel 的平均正确率为 0.966667

NuSVC with linear kernel 的平均正确率为 0.960000

SVC with RBF kernel 的平均正确率为 0.980000

SVC with polynomial (degree 3) kernel 的平均正确率为 0.966667

SVC with sigmoid kernel 的平均正确率为 0.066667

NuSVC with RBF kernel 的平均正确率为 0.980000

NuSVC with polynomial (degree 3) kernel 的平均正确率为 0.886667

NuSVC with sigmoid kernel 的平均正确率为 0.720000

把上面程序的运行结果总结到表 10.1 中。

表 10.1　各个方法的平均正确率

方法	线性核函数	RBF 核函数	多项式核函数	S 型核函数
SVC	98%	98%	96.7%	6.7%
LinearSVC	96.7%			
NuSVC	96%	98%	88.7%	72%

从程序运行结果可以看出:①线性核函数的 SVC 和高斯径向基核函数的 SVC 和 NuSVC 的平均正确率都为 98%,在这 9 个分类器中平均正确率达到最高。②三种实现算法中 SVC 的运行结果优于 LinearSVC 和 NuSVC,它是最优的。③在 4 种核函数中,高斯径向基核函数的正确率优于线性核函数、多项式核函数和 S 型核函数的平均正确率,是 4 个核函数中最优的核函数。程序为我们方法的选择和核函数的选择提供了参考。

为了直观了解不同方法和核函数的分界面,图 10.6 显示了鸢尾花的萼片长度和萼片宽度两个特征的分界面。

从图中可以看到,线性核函数的 SVC 和 NuSVC 得到的分类边界都是线性的,非常相似,但是因为实现时正则化参数不同,所有两者还是有些差别。当采用 RBF 核函数和 Polynomial 核函数时,SVC 和 NuSVC 的分类界面更加平滑,核函数相同时,SVC 和 NuSVC 相似,但稍有不同。S 型核函数在本例中的效果不好,和上面程序运行结果非常相符。

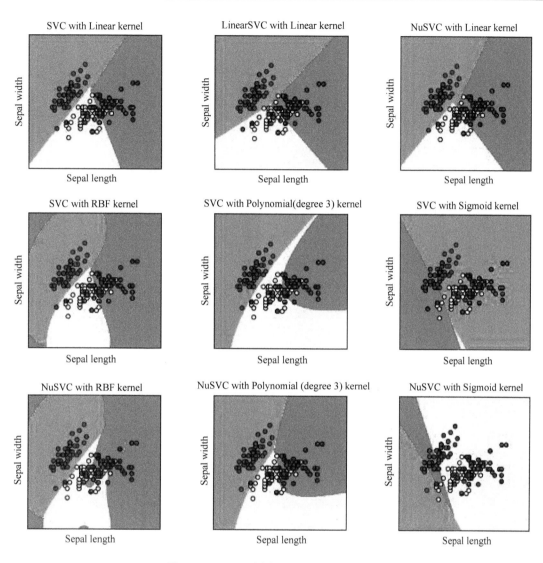

图 10.6　SVM 不同方法和核函数的分界面

10.4　SVM 的核函数参数设置

SVM 设置不同参数时,得到的模型有很大差别。接下来,我们以 SVC 为例,了解核函数及其参数设置对结果的影响。下面以 RBF 核函数为例,研究 gamma 参数对分类结果的影响。程序代码如下:

```
＃程序 10-3　SVM 参数设置
from sklearn import svm, datasets
from sklearn.model_selection import cross_val_score
import matplotlib.pyplot as plt
iris = datasets.load_iris()
```

```
X = iris.data
y = iris.target
score = []
gams = []
for gam in range(1,11):
    clf = svm.SVC(kernel ='rbf', gamma = gam/10)
    scores = cross_val_score(clf,iris.data,iris.target,cv = 5)
    print("%s with gamma = %f 的平均正确率为 %f"%(title,gam/10,scores.mean()))
    score.append(scores.mean())
    gams.append(gam/10)
plt.plot(gams,score)
```

程序的运行结果如下：

```
NuSVC with sigmoid kernel with gamma = 0.100000 的平均正确率为 0.980000
NuSVC with sigmoid kernel with gamma = 0.200000 的平均正确率为 0.980000
NuSVC with sigmoid kernel with gamma = 0.300000 的平均正确率为 0.980000
NuSVC with sigmoid kernel with gamma = 0.400000 的平均正确率为 0.980000
NuSVC with sigmoid kernel with gamma = 0.500000 的平均正确率为 0.980000
NuSVC with sigmoid kernel with gamma = 0.600000 的平均正确率为 0.980000
NuSVC with sigmoid kernel with gamma = 0.700000 的平均正确率为 0.980000
NuSVC with sigmoid kernel with gamma = 0.800000 的平均正确率为 0.973333
NuSVC with sigmoid kernel with gamma = 0.900000 的平均正确率为 0.973333
NuSVC with sigmoid kernel with gamma = 1.000000 的平均正确率为 0.966667
```

从分类结果和图 10.7 可以看出，当 gamma 在 0.1～0.7 之间时 SVC 的分类正确率达到最大，正确率为 98%，随着 gamma 值增大，分类正确率逐步下降。

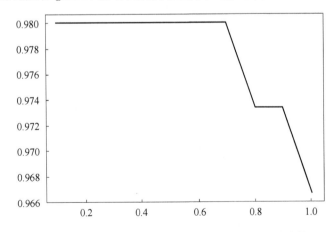

图 10.7　不同 gamma 的 RBF 核函数 SVM 分类器分类结果

图 10.8 显示了 gamma 分别为 0.1、1 和 10 时，两个特征的 RBF 核函数 SVM 分类器的分类界面。从图中可以看出，gamma 值越大，RBF 核函数的直径越大，界面越平滑，当 gamma 等于 10 时，有出现过拟合的倾向，所以合适选择参数对结果的影响是非常大的。

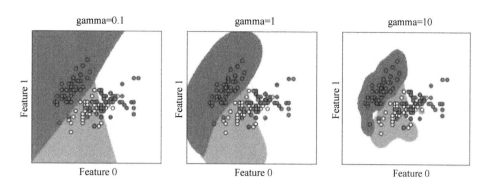

图 10.8 不同 gamma 的 RBF 核函数 SVM 分类器分类界面

10.5 SVM 实现手写字符的识别

10.5.1 导入并显示数据集

UCI ML 手写数字数据集包含 1 797 幅 10 类手写数字图像。Sklearn 封装了该数据集,导入方法如下:

```
from sklearn import datasets
digits = datasets.load_digits()
```

导入数据后,可以查看数据的信息。digits 数据包含以下关键字:'data'、'target'、'target_names'、'images'和 DESCR'。其中'data'用于存放图像的特征。

通过下面语句

```
print(digits.data.shape)
```

可以看到 data 是一个(1797,64)的数组,也就是包含 1 797 幅数字图像,每幅图像的特征是将图像矩阵按行拉伸成一维向量的结果,维数是 64。target 存放了每幅图像所对应的数字,也就是类别,是个(1797,)的矩阵。target_names 存放数据的类别名称。images 存放了 1 797 幅数据图像,数据集进行了预处理,把原始图像标准化为灰度图,并把图像尺寸减小到 8 × 8,以减少算法的运行效率。因此该属性是形状为是(1797,8,8)的三维数组。

接下来我们显示数据库中的前十幅图像,以直观了解数据库中的数据。程序代码如下:

```
#程序 10-4  手写数据库图像显示
importmatplotlib.pyplot as plt
_, axes = plt.subplots(2, 5)
images_and_labels = list(zip(digits.images, digits.target))
for ax, (image, label) in zip(axes[0, :],images_and_labels[:10]):
    ax.set_axis_off()
    ax.imshow(image, cmap = plt.cm.gray_r, interpolation ='nearest')
```

```
        ax.set_title('Training: % i' % label)
  for ax, (image, label) in zip(axes[1, :],images_and_labels[5:10]):
        ax.set_axis_off()
        ax.imshow(image, cmap = plt.cm.gray_r, interpolation ='nearest')
        ax.set_title('Training: % i' % label)
```

运行结果如图 10.9 所示。

图 10.9　UCI ML 手写数字数据集中的部分图像

10.5.2　SVM 分类器的建模和预测

采用 SVM 中的 SVC 方法进行建模和预测,实现的程序代码如下:

```
#程序 10-5　采用 SVM 中的 SVC 方法对手写数据集进行建模和预测
from sklearn import datasets, svm, metrics
from sklearn.model_selection import train_test_split
digits = datasets.load_digits()
#样本划分
X_train, X_test, y_train, y_test = train_test_split(digits.data, digits.
target, test_size = 0.5, shuffle = False)
#初始化 SVC 模型
classifier = svm.SVC(gamma = 0.001)
#采用训练样本训练分类器
classifier.fit(X_train, y_train)
#对测试样本进行预测
y_pred = classifier.predict(X_test)
print("% d 个测试样本中错分样本数目:% d" % (X_test.shape[0], (y_test != y_
pred).sum()))
#用测试样本对模型进行评分
print("采用 SVM 中的 SVC 实现手写数字图像分类的正确率为:%.0f % %" % (100 *
classifier.score(X_test,y_test)))
```

程序运行结果如下：

899 个测试样本中错分样本数目：28

采用 SVM 中的 SVC 实现手写数字图像分类的正确率为：97 %

对于分辨率如此之低的图像，能达到 97% 的正确率是很不错的。我们还可以通过混淆矩阵了解具体分类情况，代码如下：

```
disp = metrics.plot_confusion_matrix(classifier, X_test, y_test)
```

运行结果如图 10.10 所示。

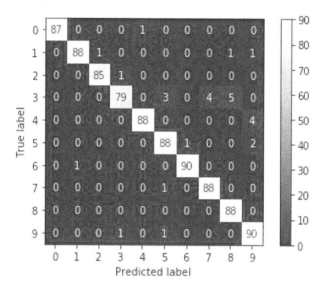

图 10.10　SVC 分类手写数字的混淆矩阵

从混淆矩阵的第一行数据我们可以看到，在测试样本 88 个手写数字 0 中，87 个被正确分类为 0，只有一个被错分为 4。从混淆矩阵中可以看到，手写数字 3、4 是错分比较多的，有 3 个手写 3 被错误预测为 5，有 4 个手写数字 3 被错误预测为 7，有 5 个手写数字 3 被错误预测为 8，有 4 个手写数字 4 被错误预测为 9。

为了直观了解分类器的预测情况，利用下面程序对测试图像和预测结果进行显示：

```
＃程序 10-6　测试样本预测结果显示
import matplotlib.pyplot as plt
_, axes = plt.subplots(2, 5)
n_samples,n,n = digits.images.shape
images_and_predictions = list(zip(digits.images[n_samples // 2:], y_pred))
for ax, (image, prediction) in zip(axes[0, :],images_and_predictions[:5]):
    ax.set_axis_off()
    ax.imshow(image, cmap = plt.cm.gray_r, interpolation ='nearest')
    ax.set_title('Predict:% i    ' % prediction)
for ax, (image, prediction) in zip(axes[1, :],images_and_predictions[5:10]):
    ax.set_axis_off()
```

```
ax.imshow(image, cmap = plt.cm.gray_r, interpolation = 'nearest')
ax.set_title('Predict:% i    '% prediction)
```

程序运行结果如图 10.11 所示。

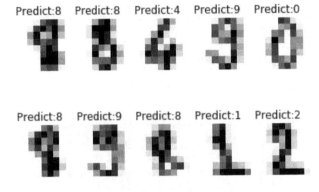

图 10.11   测试样本预测结果显示

从图像可以看出,图像分辨率比较低,有些手写数字非常模糊,因此,SVM 能取得这么高的分类正确率还是很不错的。

采用 SVM 对手写数字分类的可靠性还是比较高的。

10.6   本 章 小 结

本章介绍了 SVM 的基础原理及三种实现方法。通过案例比较了不同实现方法和核函数对分类结果的影响;比较了核函数不同参数设置对分类结果的影响。本章还使用 SVR 对真实数据集——手写数字数据集——进行了建模和分类,得到了不错的分类结果。

第 11 章　人工神经网络及其应用

11.1　人工神经网络的发展历史

人工神经网络是受生物神经网络的启发构建而成的。接下来,我们来看看神经网络的发展历程。

11.1.1　第一代人工神经网络

1943 年,美国神经解剖家、心理学家沃伦·麦克洛克(Warren McCulloch)和数理逻辑学家沃尔特·皮兹(Walter Pitts)提出了第一个脑神经元的数学模型——MP 模型,开创了人工神经网络研究的先河,为今天神经网络及深度学习的发展奠定了基础。

1949 年,心理学家唐纳德·赫布发表文章 *The Organization of Behavior*,描述了神经元权值调整的学习法则,该法则也广泛应用到今天的神经网络学习中。1958 年,美国计算机学家弗兰克·罗森布拉特(Frank Rosenblatt)基于 MP 模型提出可以模拟人类感知能力的学习法则——"感知器",这是世界上第一个可以自主学习的两层神经网络。1960 年,采用感知器算法能够识别一些英文字母,感知器的提出掀起了神经网络研究的第一次热潮,各类基金开始大力资助神经网络的研究。但是,第一代神经网络的结构缺陷制约了其发展。1969 年,马文·明斯基出版 *perceptron* 一书,书中阐述了感知器的弱点,指出简单神经网络只能用于线性问题的求解,对于很多简单任务都无法完成。而多层网络对计算机能力的要求较高,没有有效的学习算法,从理论上还不能证明多层网络的研究意义。马文·明斯基的悲观论点极大地影响了人工神经网络的研究,使神经网络的研究陷入低谷。

11.1.2　第二代人工神经网络

20 世纪七八十年代误差反向传播(Error Back Propagation Training,BP)算法被 Geoffrey Hinton 等不同学者分别独立提出并用于训练人工神经网络,有效解决了异或回路问题,解决了多层神经网络的学习问题。

1982 年,美国加州理工学院物理学家 Hopfield 提出了 Hopfield 神经网络。Hopfield 神经网络使用物理力学分析方法研究网络动态系统的稳定性,重新打开人们思路,使很多非线性电路科学家、物理学家和生物学家开始研究神经网络。1985 年,Hinton 等人借助物理学概念和方法提出了一种随机神经网络模型——玻尔兹曼机,后来又提出了受限玻尔兹曼机。1986 年,Rumelhart、Hinton、Williams 等人改进了 BP 算法,提出了多层感知器的误差反向传播算法。

20 世纪 90 年代中期,SVM 算法出现,展现出强悍的能力,算法效率高,适合高维小样本问题,成为当时的主流算法。SVM 的出现使神经网络的研究又一次进入冰河时期。

11.1.3 第三代人工神经网络

Geoffrey Hinton 在神经网络领域做出卓越贡献。虽然神经网络的研究处于冰河时期,但他和他的学生们仍然没有放弃,一直在坚持神经网络的研究。

1989 年,Yann LeCun 提出了基于反向传播算法的卷积神经网络,称为 LeNet,并于 1998 年,实现了一个七层的卷积神经网络,将其用于识别手写数字。卷积神经网络广泛应用于图像识别领域,取得很好的识别效果,著名的 AlphaGo 也是通过卷积神经网络实现的。1997 年,Sepp Hochreiter 等人提出了长短期记忆网络。21 世纪初,借助 GPU 和分布式计算,计算机的计算能力大大提高,为深度神经网络的出现提供了基础。2006 年,Geoffrey Hinton 用贪婪逐层预训练有效训练了一个深度信念网络,随后其被应用到许多不同的神经网络上,大大提高了模型的泛化能力。Geoffrey Hinton 给神经网络包装了一个新的名字——深度学习。2009—2012 年,瑞士人工智能实验室开发了递归神经网络和深度前馈神经网络。2012 年,Geoffrey Hinton 领导的小组在 ImageNet2012 图像识别大会上以突出成绩夺冠,掀起了深度学习的热潮。同年 Andrew Ng 与 Jeff Dean 开始 Google brain 项目,用 1.6 万 CPU 的并行计算平台搭建了包含 10 亿个神经元的深度网络,在语音识别和图像识别领域取得了突破性的进展。2016 年和 2017 年,基于深度学习算法的 AlphaGo 分别战胜人类围棋冠军李世石和柯洁,自此深度学习开始应用到众多领域。

11.2 人工神经网络的原理及实现

1. 从生物神经网络到人工神经网络

大脑约含 10^{11} 个神经元,神经元之间互相联结,从而构成一个复杂的生物神经网络。人工神经网络是受生物神经网络启发发展而来的。每个神经元具有独立的接受、处理和传递电化学信号的能力,这种传递由神经通道来完成。神经元是神经系统最基本的结构和功能单位。神经元分为树突、细胞体和轴突,其中,树突负责接受其他神经元轴突传来的冲动并传给细胞体,细胞体具有联络和整合输入信息,并将整合后的信息通过轴突传输出去的作用,轴突传输刺激到其他神经元的树突。神经元结构如图 11.1 所示。通常,神经元具有两种工作状态:兴奋和抑制。对神经模型进行数学模拟时,这两种工作状态可以对应计算机中的"1"和"0"。W. McCulloch 和 W. Pitts 总结生物神经元的基本生理特征,提出一种简单的数学模型——阈值加权和模型,简称 MP 模型。人工神经元模型——感知器——是 MP 模型的基础,是最早被用来模拟生物神经元的人工神经网络。

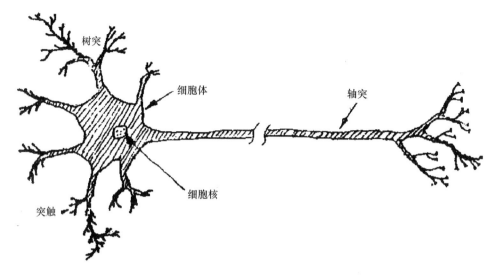

图 11.1　神经元结构

生物神经元的基本特征如下。

(1) 神经元之间互相联结。

(2) 神经元之间的联结强度决定信号传递的强弱。

(3) 神经元之间的联结强度可以随着训练而发生改变。

(4) 信号分为兴奋型和抑制型。

(5) 一个神经元接收信号的累计效果决定该神经元的状态。

(6) 每个神经元都有一个确定兴奋还是抑制的阈值。

模拟神经元的首要目标是输入信号的加权和。人工神经元可以接受一组来自其他神经元的输入信号,每个输入对应一个加权,所有输入的加权和决定该神经元的激活状态。每个加权就相当于突触的联结强度。

设 $\boldsymbol{X} = (x_1, x_2, \cdots, x_n)$ 表示 n 个输入, $\boldsymbol{\omega} = (\omega_1, \omega_2, \cdots, \omega_n)$ 表示它们对应的联结权重。故神经元所获得的输入信号累计结果为

$$u(x) = \sum_{i=1}^{n} \omega_i x_i = (\boldsymbol{\omega}, x)$$

神经元获得网络输入信号后,信号累计效果整合函数 $\mu(x)$ 大于某阈值 θ 时,神经元处于激发状态;反之,神经元处于抑制状态。可以采用构造激活函数 φ,表示这一转换过程。要求 φ 是 $[-1, 1]$ 之间的单调递增函数。激活函数 φ 通常为 3 种类型,由此决定了神经元的输出特征。

(1) 符号激活函数

$$\varphi(\mu) = \mathrm{sgn}(\mu) = \begin{cases} +1, & \mu \geqslant 0 \\ -1, & \mu < 0 \end{cases}$$

激活函数 φ 为符号函数时,当信号累计和大于 0 时,神经元被激活;反之,当信号累计和小于 0 时,神经元被抑制。符号激活函数如图 11.2 所示。

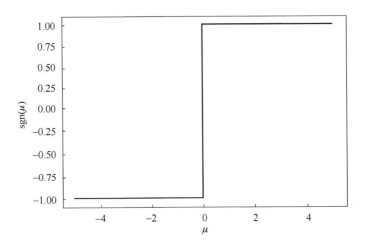

图 11.2　符号激活函数

（2）分段线性激活函数

$$\varphi(\mu)=\begin{cases} 1,\mu\geqslant\dfrac{1}{2} \\[2mm] \mu,-\dfrac{1}{2}<\mu<\dfrac{1}{2} \\[2mm] -1,\mu\leqslant-\dfrac{1}{2} \end{cases}$$

分段线性激活函数如图 11.3 所示。

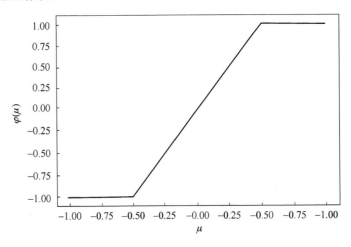

图 11.3　分段线性激活函数

激活函数 φ 为符号函数时，当信号累计和大于 1/2 时，神经元被激活，输出＋1；当信号累计和小于－1/2 时，神经元被抑制，输出－1；当信号累计和处于－1/2 和 1/2 之间时，直接输出累计信号之和。

（3）sigmoid 激活函数

$$\varphi(\mu)=\frac{1}{1+\mathrm{e}^{-\mu}}$$

sigmoid 激活函数如图 11.4 所示。

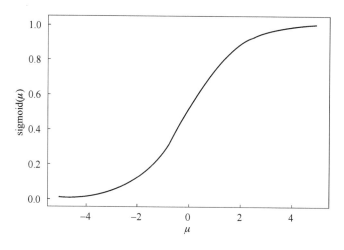

图 11.4　sigmoid 激活函数

激活函数 φ 为 sigmoid 函数时,其特点是单调递增、光滑且具有渐近值,具有解析上的优点和神经生理学特征。

（4）双曲正切 tanh 激活函数

$$\varphi(\mu) = \tanh(\mu)$$

双曲正切 tanh 激活函数的图形如图 11.5 所示。

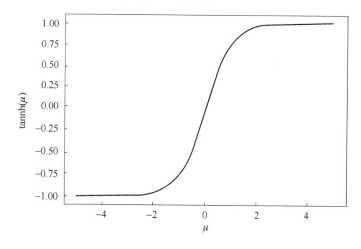

图 11.5　双曲正切 tanh 激活函数

（5）校正线性单位 relu 激活函数

$$\varphi(\mu) = \max(0, \mu)$$

校正线性单位 relu 激活函数如图 11.6 所示。

将人工神经元的基本模型与激活函数 φ 结合,即 MP 模型。

$$y = \varphi(\mu(x) - \theta) = \varphi\left(\sum_{i=1}^{n} \omega_i x_i - \theta\right)$$

根据神经元的结构和特点,人工神经元的 MP 模型如图 11.7 所示。

将多个人工神经元联结起来,就组成了人工神经网络。根据联结方式不同也就产生了不同结构的人工神经网络。常见的网络结构有无反馈前向网络、有反馈前向网络、层内有互联的前向网络、有向网等。不同结构的人工神经网络如图 11.8 所示。

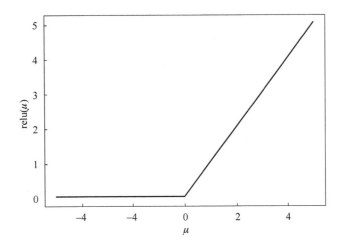

图 11.6　校正线性单位 relu 激活函数

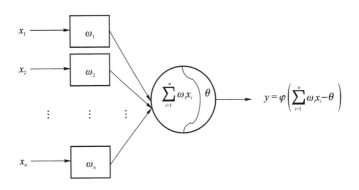

图 11.7　人工神经元 MP 模型

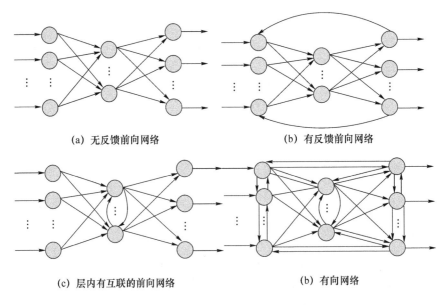

(a) 无反馈前向网络　　　　　　　(b) 有反馈前向网络

(c) 层内有互联的前向网络　　　　　(b) 有向网络

图 11.8　不同结构的人工神经网络

下面我们介绍一种最简单、历史悠久的神经网络——多层感知器神经网络（Multi-Layer

Perceptron，MLP）。

2. 多层感知器神经网络

多层感知器神经网络结构示意图如 11.9 所示。

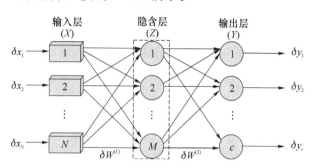

图 11.9　多层感知器神经网络

网络最左边一层为输入神经元，被称为输入层，最右边输出神经元为输出层，中间各层通称为隐含层。

3. 人工神经网络的学习

构建人工神经网络的过程就是学习训练的过程，将训练样本集输入到人工神经网络，按照一定的方式来调整神经元之间的联结权重值，使得网络能够根据输入的训练数据有适当的输出结果，将这些权重和参数存储起来，从而使得网络在接受新数据输入时，能够给出适当的输出。

人工神经网络的学习分为有监督的学习（Supervised Learning）和无监督的学习（Unsupervised Learning）。感知器的学习是有监督的学习。学习的问题归结为求权重系数 $\boldsymbol{\omega} = (\omega_1, \omega_2, \cdots, \omega_n)$ 和阈值 θ 的问题。同样，多层感知器神经网络就是求构成网络的所有神经元的权值和阈值的问题。

人工神经网络学习的基本思想：逐步将训练集中的样本输入网络中，根据人工神经网络的输出结果和理想输出之间的差别来调整网络中的权重值。训练时构建的人工神经网络的输出和实际输出越接近越好，训练完成后，希望对于测试数据或者真实环境的输入，能通过训练好的网络预测出合适的输出结果。

现在假设有 N 组包含了输入 X_i 和真实结果 y_i 的训练样本数据，对每组输入，神经网络的输出为 f_i。如何表示一个满意的输出呢？经常采用数学中的损失函数来表示。常见的损失函数有以下几种。

（1）平均绝对误差（Mean Absolute Error，MAE）

$$\text{Loss} = \frac{1}{n} \sum_{i=1}^{n} |f_i - y_i|$$

MAE 可以直观地表达网络输出结果和真实结果之间的偏差，因此可以将 MAE 作为损失函数。

（2）均方误差（Mean Squared Error，MSE）：

$$\text{Loss} = \frac{1}{n} \sum_{i=1}^{n} (f_i - y_i)^2$$

MSE 能更好地评价数据的变化程度。

将 sigmoid 神经元的表达式 $y = \varphi(\mu(x) - \theta) = \varphi\left(\sum_{i=1}^{n} \omega_i x_i - \theta\right)$ 代入上面的损失函数中，由于输入 x 是固定的，因此实际输出 y_i 也是固定的，影响 Loss 的只有 ω 和 θ，训练神经网络的任务是寻找使得 Loss 最小的 ω 和 θ。因此对神经网络进行训练的目的就是为每个神经元找到最适合它的 ω 和 θ，从而使得整个神经网络的输出最接近期望输出。

如何找到最优解呢？梯度下降法经常被用于解决人工神经网络的优化问题。具体公式推导在此不多做赘述，这里只介绍采用梯度下降法训练多层神经网络的流程。

第一步：初始化神经网络，对每个神经元的 ω 和 θ 初始化，通常采用随机值赋值。

第二步：输入训练样本集合，对于每个样本，将输入信号输入神经网络的输入层，进行一次从输入到输出的正向传播，得到输出层各个神经元的输出值。

第三步：求出输出层的误差，再通过从输出层到输入层的反向传播算法，向后求出每一层每个神经元的误差。

第四步：通过误差更新每个神经元的 ω 和 θ，并更新网络。

重复以上过程，直到算法达到结束条件。

通常训练结束的条件如下。

(1) 前一周期的所有改变量均太小，小于某个指定的阈值。

(2) 前一周期未正确分类的样本百分比小于某个阈值。

(3) 超过预先指定的周期数。

网络的收敛不明显，也不知道当前网络是否已经达到最优的状态时可以采用交叉检验判断是否停止迭代。具体做法是：将数据集分为 3 个独立的数据集——训练集、测试集、验证集，如分别为原始样本的 70%、15%、15%。采用训练集训练神经网络，迭代到一定次数后（如 100次），用测试集去测试当前网络的误差和。经过反复测试，选取误差最小的那个网络作为最终的网络，最后通过验证集去验证测试。

11.3　人工神经网络分类器的实现和参数设置

11.3.1　人工神经网络分类器的实现

sklearn. neural_network 中的 MLPClassifier 可实现多层感知器算法，该算法用后向传播算法进行训练。该函数的定义接口及参数的默认设置如下：

```
classsklearn. neural_network. MLPClassifier (hidden_layer_sizes = (100, ),
activation ='relu', *, solver ='adam', alpha = 0.0001, batch_size ='auto', learning_
rate ='constant', learning_rate_init = 0.001, power_t = 0.5, max_iter = 200, shuffle =
True, random_state = None, tol = 0.0001, verbose = False, warm_start = False, momentum
= 0.9, nesterovs_momentum = True, early_stopping = False, validation_fraction = 0.1,
beta_1 = 0.9, beta_2 = 0.999, epsilon = 1e - 08, n_iter_no_change = 10, max_fun = 15000
```

MLPClassifier 函数常用的参数如下。

① hidden_layer_size：元组类型的数据，指定每个隐含层节点的个数。元组中元素个数即隐含层的层数，该值应该是网络层数－2。默认 hidden_layer_sizes＝(100,)，也就是只包含一个隐含层，节点数是 100。

② activation：指定隐含层的激活函数类型。取值可以是{' identity ',' logistic ',' tanh ',' relu '}，缺省是' relu '。

- ' identity '：没有激活函数，有助于实现线性瓶颈问题。返回 $f(x)=x$。
- ' logistic '：激活函数为 the logistic sigmoid 函数。返回 $f(x)=1/(1+\exp(-x))$。
- ' tanh '：激活函数为双曲正切 tanh 函数。返回 $f(x)=\tanh(x)$ 。
- ' relu '：激活函数为校正线性单位函数。返回 $f(x)=\max(0,x)$。

③ solver：权重优化方法，取值可以是{' lbfgs ',' sgd ',' adam '}，缺省值为' adam '。

- ' lbfgs '：拟牛顿方法家族中的一个优化器。
- ' sgd '：随机梯度下降方法。
- ' adam '：由 Kingma、Diederik 和 Jimmy Ba 提出的基于随机梯度的优化器。

对于相对较大的数据集，如具有数千个训练样本或更多样本量的训练样本，默认优化器' adam '在训练时间和验证分数上都有优势。但是，对于小数据集，' lbfgs '可以更快地收敛，性能更好。

④ alpha：该参数为正则化时采用的 L2 惩罚系数，为浮点型参数，缺省值为 0.0001。

⑤ batch_size：整数，缺省设置' auto '。

如果 solver 是' lbfgs '，分类器不用 minibatch。设置为"自动"时，batch_size＝ min(200, n_samples)。

⑥ learning_rate：权重更新的学习率方法，取值可以是{' constant ',' invscaling ',' adaptive '}，缺省时为' constant '。该参数只有在 solver＝' sgd '时进行设置。

- ' constant '：由 learning_rate_init 提供的常量学习率。
- ' invscaling '：每次采用"幂"的逆标度指数逐渐降低学习率。有效消息率＝ learning_rate_init / pow(t, power_t)。
- ' adaptive '：该参数表示以自适应方式设置参数 learning_rate 的值。训练过程中，如果训练损失不断减少，则参数 learning_rate 设置为初始学习率 learning_rate_init；如果训练损失连续两次下降值小于参数 tol，或参数 early_stopping 为 True，或者校验分数连续两次不再提高，则参数 learning_rate 设置为 learning_rate/5。

⑦ learning_rate_init：初始学习率，该参数控制更新权重的步长，缺省设置 0.001。只在 solver＝' sgd '或' adam '时使用。

⑧ power_t：双精度数据，缺省设置 0.5。

该参数表示逆标量学习率的指数。当 learning_rate 设置为' invscaling '时，用于更新有效学习率。仅在 solver＝' sgd '时使用。

⑨ max_iter：整型数据，缺省设置 200，表示最大循环次数。优化过程会一直循环直到算法收敛或者达到最大循环次数。对于随机优化器 sgn、adam，最大循环次数是由每个数据点被使用的次数决定的，而不是由梯度步数决定的。

⑩ shuffle：布尔值，缺省值为 True。shuffle 表示是否每次循环都重新洗牌样本，该参数仅在 solver＝sgd 或 adam 时使用。

⑪ random_state：可以是整型数据或者 RandomState 实例，缺省是空。

⑫ tol：浮点型数据，缺省设置 1e-4。该参数表示优化的阈值。当损失或者得分连续 n_iter_no_change 次提高不足 tol，则认为达到收敛，并且停止训练（在 learning_rate＝' adaptive ' 时例外）。

⑬ verbose：布尔值，缺省设置 False。是否将进度消息传递给标准输出设备。

⑭ warm_start：布尔值，缺省设置 False。当设置为 True 时，将上一个调用的结果作为下一次训练的初始化，否则，只需删除以前的结果。

⑮ momentum：浮点型数据，缺省设置 0.9。梯度下降更新的动量，值的范围时在 0 至 1 之间，仅在 solver＝' sgd '时使用。

⑯ nesterovs_momentum：布尔型参数，缺省设置 True。仅在 solver ＝' sgd '并且 momentum＞0 时使用。

⑰ early_stopping：布尔型，缺省设置 False。当校验得分不提高时是否停止训练。如果设置为 true。系统会自动将 10％ 的训练样本设置为校验样本，并且在校验得分连续 n_iter_no_change 次提高没有达到 tol 时停止训练。除非在多标签情况下，否则训练样本和校验样本的拆分是分层的。参数 early_stopping 为 true 时，用于生成权重、初始偏差和训练样本与测试样本比例，以及 solver＝sgd 或 adam 时批量采样的随机数。跨多函数调用时对可重复结果传递整型数据。该参数仅在 solver＝' sgd '或' adam '时使用。

⑱ validation_fraction：浮点型数据，缺省设置 0.1。当 early_stopping 为 True 时，设置为校验样本占训练样本的比例，值在 0～1 之间，仅在 early_stopping＝True 时使用。

⑲ beta_1：浮点数据，缺省设置 0.9。为了估计 adam 中第一动能向量设置的指数延迟率，值在[0,1)之间。仅在 solver 为' adam '时使用。

⑳ beta_2：浮点数据，缺省设置 0.999。为了估计 adam 中第二动能向量设置的指数延迟率，值在[0,1)之间。仅在 solver 为' adam '时使用。

㉑ epsilon：浮点型数据，缺省设置 1e－8。adam 中数值稳定性的值。仅在 solver 为' adam '时使用。

㉒ n_iter_no_change：整型数据，缺省设置 10。当没有满足提高 tol 的 epoch 的最大数。仅在 solver ＝ ' sgd '或' adam '时有效。

㉓ max_fun：整型数据，缺省设置 15 000，仅在 solver ＝' lbfgs '时使用，表示损失函数调用的最大数目。优化循环停止条件为收敛（由 tol 决定）、达到最大循环次数 max_iter 或者达到损失函数调用值。损失函数调用次数大于或等于 MLPClassifier 的循环次数。

MLPClassifier 函数常用的属性如下。

classes_：ndarray 类型或者是与 ndarray 相同大小（n_classes）的列表。存储每个输出的类标签。

loss_：浮点型数据。由损失函数计算当前的损失。

coefs_：列表，长度为 n_layers －1。列表中第 i 个元素存储对应于第 i 层的权重矩阵。

intercepts_：列表，长度为 n_layers －1。列表中第 i 个元素存储对应于第 i 层的偏差向量。

n_iter_：整型数据，优化的循环次数。

n_layers_：整型数据，人工神经网络的层数。

n_outputs_：整型数据，输出的个数。

out_activation_:字符串,输出激活函数的名字。

MLPClassifier 函数常用的方法如表 11.1 所示。

表 11.1 MPLClassifier 函数常用的方法

方法	功能
fit(X, y)	采用训练数据 X,y 训练 MLP 分类模型
get_params([deep])	得到 MLP 分类模型的参数
predict(X)	采用 MLP 分类模型预测测试数据 X,返回预测结果
predict_log_proba	返回概率估计的对数
Predict_proba	概率估计
score(X, y[,sample_weight])	用 X,y 评价 MLP 分类模型,返回平均正确率
set_params(* * params)	设置模型参数

接下来,我们以鸢尾花数据集为例,了解 MLP 分类器的实现过程。

```
from sklearn.datasets import load_iris
from sklearn.model_selection import train_test_split
from sklearn.neural_network import MLPClassifier
X, y = load_iris(return_X_y = True)
X_train, X_test, y_train, y_test = train_test_split(X, y, test_size = 0.3,
random_state = 0)
mlp = MLPClassifier()
mlp.fit(X_train, y_train)
y_pred = mlp.predict(X_test)
print("%d个测试样本中错分样本数目：%d"% (X_test.shape[0],(y_test != y_
pred).sum()))
print("用 MLP 分类器对测试样本分类的正确率：%.0f％％"%(100 * mlp.score(X_
test,y_test)))
```

程序运行结果如下:

45 个测试样本中错分样本数目：2
用 MLP 分类器对测试样本分类的正确率为:96 ％

从结果可以看出,采用 MLP 分类器对鸢尾花分类的正确率为 96%,结果还算可以。

11.3.2 人工神经网络分类器的参数设置

人工神经网络中的一些关键参数对分类结果有什么影响呢？ 接下来,我们分别研究网络的结构(层数、节点数)、激活函数、正则化参数对分类结果的影响。

1. 网络的结构对分类结果的影响

不同的网络层数和每层节点数形成了不同的多层神经网络结构,网络结构影响着人工神经网络的性能。接下来我们首先固定网络层数,调节节点数,研究节点数与人工神经网络性能的关系。

（1）单层网络

下面是采用只包含一层隐含层、由不同隐含节点数目构成不同结构的 MLP 分类器对鸢尾花进行分类的程序：

```
from sklearn.datasets import load_iris
from sklearn.neural_network import MLPClassifier
from sklearn.model_selection import cross_val_score
import matplotlib.pyplot as plt
X, y = load_iris(return_X_y = True)
test_score1 = []
for i in range(1,101):
mlp = MLPClassifier(hidden_layer_sizes = (i,))
    scores = cross_val_score(mlp,X,y,cv = 5)
    test_score1.append(scores.mean())
print("分类正确率最高的单隐含层 MLP,隐含层包含 % d 个隐含节点,分类正确率是 %
f" % (test_score1.index(max(test_score1)),max(test_score1)))
plt.plot(test_score1)
plt.title("包含一个隐含层的 MLPClassifier 分类正确率")
plt.xlabel('隐含层中节点个数')
plt.ylabel('分类正确率')
```

程序运行结果如下：

分类正确率最高的单层 MLP,隐含层包含 61 个隐含节点,分类正确率是 0.980000

如图 11.10 所示,大体上分类正确率随着节点个数的增多而提高。当节点个数比较少时,分类正确率变动比较大,不稳定,随着节点个数的增多,分类正确率更为稳定。因此隐含层固定时,可以通过提高隐含层中的节点个数来提高正确率。程序显示,对于单层网络,节点个数小于 100 时,当隐含层包含 61 个隐含节点时,分类正确率最高,正确率是 98%。

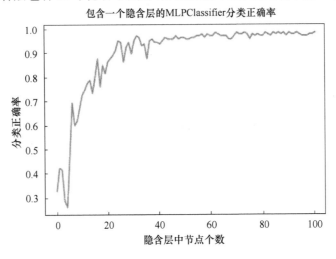

图 11.10　隐含层中节点个数和正确率之间的关系

当 MLP 的层数固定时可以通过调整每层节点的个数,优化分类器性能。除此以外,我们还可以通过调整隐含层的个数来优化分类器性能。

(2) 多层网络

除了通过调整每层节点个数优化分类器性能以外,我们还可以通过调整隐含层的个数来优化分类器性能。下面程序就是在每层节点固定时(该程序设置为 10),通过调整隐含层的个数来研究 MLP 的分类结果:

```
from sklearn.datasets import load_iris
from sklearn.neural_network import MLPClassifier
from sklearn.model_selection import cross_val_score
import matplotlib.pyplot as plt
X, y = load_iris(return_X_y = True)
test_score1 = []
plt.rcParams['font.sans-serif'] = ['STSong']
for i in range(1,10):
    layer_num = [10] * i
    mlp = MLPClassifier(hidden_layer_sizes = layer_num)
    scores = cross_val_score(mlp,X,y,cv = 5)
    test_score1.append(scores.mean())
print("每个隐含层包含 10 个隐含节点,分类正确率最高的 MLP 包含 %d 个隐含层,分类
正确率是 %f"%(test_score1.index(max(test_score1)),max(test_score1)))
plt.plot(test_score1)
plt.title("每层包含 10 个节点的多层 MLPClassifier 分类正确率")
plt.xlabel('网络隐含层个数')
plt.ylabel('分类正确率')
```

程序运行结果如下:

每个隐含层包含 10 个隐含节点,分类正确率最高的 MLP 包含 8 个隐含层,分类正确率是
0.986667

从运行结果可以看出,在 10 层以内的 MLP 网络中,隐含层个数是 8 时,正确率最高,约达到 98.7%。每层节点个数固定为 10 时,隐含层个数和正确率之间的关系如图 11.11 所示,从图中可以看出并非隐含层个数越多,分类性能越好。

为了更好研究网络结构的性能,可以对不同层数、不同层不同节点数构成的网络结构进行研究,这里不再详细说明。

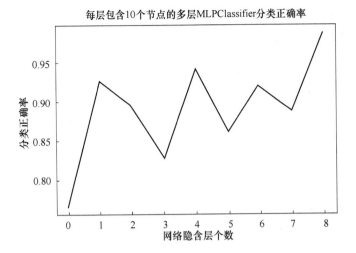

每层包含10个节点的多层MLPClassifier分类正确率

图 11.11　隐含层个数和正确率之间的关系

2. 激活函数对分类结果的影响

当激活函数不同时,MLP 所形成的分类器也不同。下面程序显示了对鸢尾花的前两个特征采用不同激活函数训练所得的分类器。

```python
import matplotlib.pyplot as plt
from matplotlib.colors import ListedColormap
from sklearn.datasets import load_iris
from sklearn.neural_network import MLPClassifier
import numpy as np
X, y = load_iris(return_X_y = True)
actf = ['identity', 'logistic', 'tanh','relu']
for ac inactf:
    mlp = MLPClassifier(solver ='lbfgs',activation = ac)
    mlp.fit(X[:,:2], y)
    cmap_light = ListedColormap(['#FFAAAA', '#AAFFAA', '#AAAAFF'])
    cmap_bold = ListedColormap(['#FF0000', '#00FF00', '#0000FF'])
    x_min, x_max = X[:, 0].min() - 1, X[:, 0].max() + 1
    y_min, y_max = X[:, 1].min() - 1, X[:, 1].max() + 1
    xx,yy = np.meshgrid(np.arange(x_min, x_max, .02),
                        np.arange(y_min, y_max, .02))
    Z = mlp.predict(np.c_[xx.ravel(), yy.ravel()])
    Z = Z.reshape(xx.shape)
    plt.figure()
    plt.pcolormesh(xx, yy, Z, cmap = cmap_light)
    plt.scatter(X[:, 0], X[:, 1], c = y, edgecolor ='k', s = 20)
    plt.xlim(xx.min(), xx.max())
    plt.ylim(yy.min(), yy.max())
    plt.title("MLPClassifier:solver = lbfgs,activation = {}".format(ac))
plt.show()
```

程序运行结果如图 11.12 所示。

从显示结果可以看出，激活函数是 identity 时，基本上是线性分类器，当激活函数是 logistic、tanh、relu 时，分类器的分界面相对比较平滑。从程序可以看出，当激活函数不同时分类界面也有很大不同，因此分类器的性能也就不一样。下面程序对鸢尾花的所有特征采用交叉检验的方式，对 3 个激活函数的 MLP 神经网络分类器进行评分。

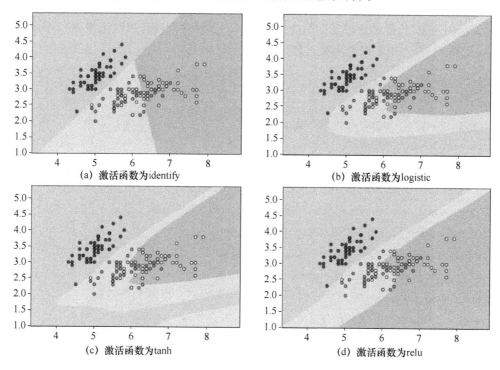

图 11.12　激活函数对分类结果的影响

```python
from sklearn.datasets import load_iris
from sklearn.neural_network import MLPClassifier
from sklearn.model_selection import cross_val_score
X, y = load_iris(return_X_y = True)
X_train, X_test, y_train, y_test = train_test_split(X, y, test_size = 0.3,
random_state = 0)
test_score_acf = []
actf = ['identity','logistic','tanh','relu']
for ac inactf:
    mlp = MLPClassifier(activation = ac)
    scores = cross_val_score(mlp,X,y,cv = 5)
    test_score_acf.append(scores.mean())
```

运行程序得到如下运行结果：

采用激活函数为 identity 的 MLP 分类鸢尾花数据集时得到的平均正确率为:0.9733333333333334
采用激活函数为 logistic 的 MLP 分类鸢尾花数据集时得到的平均正确率为:0.9800000000000001
采用激活函数为 tanh 的 MLP 分类鸢尾花数据集得时到的平均正确率为:0.9800000000000001
采用激活函数为 relu 的 MLP 分类鸢尾花数据集得时到的平均正确率为:0.9733333333333334

从运行结果可以看出,4 个激活函数得到的分类结果从正确率来评价差别不大,使用 logistic 和 tanh 激活函数得到的 MLP 分类器的平均正确率要略高于另外两个激活函数。

3. 正则化参数 alpha 对分类结果的影响

正则化参数 alpha 通过约束权重的尺寸来避免过拟合。增加 alpha,会产生较小的权重,可避免过拟合,产生曲率较小的决策平面。同样,减小 alpha 会产生较大的权重和较大偏差,这是过拟合的迹象,可能导致较复杂的决策平面。下面程序采用合成数据集,对不同正则化参数 alpha 进行比较,产生不同的决策函数:

```python
print(__doc__)
import numpy as np
from matplotlib import pyplot as plt
from matplotlib.colors import ListedColormap
from sklearn.model_selection import train_test_split
from sklearn.preprocessing import StandardScaler
from sklearn.datasets import make_moons, make_circles, make_classification
from sklearn.neural_network import MLPClassifier
from sklearn.pipeline import make_pipeline
h = .02 # step size in the mesh
alphas = np.logspace(-5, 3, 5)
names = ['alpha' + str(i) for i in alphas]
classifiers = []
for i in alphas:
    classifiers.append(make_pipeline(
                        StandardScaler(),
                        MLPClassifier(solver='lbfgs', alpha=i,
                            random_state=1, max_iter=2000,
                            early_stopping=True,
                            hidden_layer_sizes=[100, 100])
                        ))
X, y = make_classification(n_features=2, n_redundant=0, n_informative=2,
                        random_state=0, n_clusters_per_class=1)
rng = np.random.RandomState(2)
X += 2 * rng.uniform(size=X.shape)
linearly_separable = (X, y)
datasets = [make_moons(noise=0.3, random_state=0),
        make_circles(noise=0.2, factor=0.5, random_state=1),
        linearly_separable]
figure = plt.figure(figsize=(17, 9))
i = 1
```

```
# iterate over datasets
for X, y in datasets:
    # preprocess dataset, split into training and test part
    X = StandardScaler().fit_transform(X)
    X_train, X_test, y_train, y_test = train_test_split(X, y, test_size = .4)
    x_min, x_max = X[:, 0].min() - .5, X[:, 0].max() + .5
    y_min, y_max = X[:, 1].min() - .5, X[:, 1].max() + .5
    xx,yy = np.meshgrid(np.arange(x_min, x_max, h),
                        np.arange(y_min, y_max, h))
    # just plot the dataset first
    cm = plt.cm.RdBu
    cm_bright = ListedColormap(['#FF0000', '#0000FF'])
    ax = plt.subplot(len(datasets), len(classifiers) + 1, i)
    # Plot the training points
    ax.scatter(X_train[:, 0], X_train[:, 1], c = y_train, cmap = cm_bright)
    # and testing points
    ax.scatter(X_test[:, 0], X_test[:, 1], c = y_test, cmap = cm_bright, alpha = 0.6)
    ax.set_xlim(xx.min(), xx.max())
    ax.set_ylim(yy.min(), yy.max())
    ax.set_xticks(())
    ax.set_yticks(())
    i += 1
    # iterate over classifiers
    for name,clf in zip(names, classifiers):
        ax = plt.subplot(len(datasets), len(classifiers) + 1, i)
        clf.fit(X_train, y_train)
        score = clf.score(X_test, y_test)
        # Plot the decision boundary. For that, we will assign a color to each
        # point in the mesh [x_min, x_max]x[y_min, y_max].
        ifhasattr(clf, "decision_function"):
            Z = clf.decision_function(np.c_[xx.ravel(), yy.ravel()])
        else:
            Z = clf.predict_proba(np.c_[xx.ravel(), yy.ravel()])[:, 1]
        # Put the result into a color plot
        Z = Z.reshape(xx.shape)
        ax.contourf(xx, yy, Z, cmap = cm, alpha = .8)
        # Plot also the training points
```

```
        ax.scatter(X_train[:, 0], X_train[:, 1], c = y_train, cmap = cm_bright,
                edgecolors ='black', s = 25)
        # and testing points
        ax.scatter(X_test[:, 0], X_test[:, 1], c = y_test, cmap = cm_bright,
                alpha = 0.6,edgecolors ='black', s = 25)
        ax.set_xlim(xx.min(), xx.max())
        ax.set_ylim(yy.min(), yy.max())
        ax.set_xticks(())
        ax.set_yticks(())
        ax.set_title(name)
        ax.text(xx.max() - .3, yy.min() + .3, ('%.2f' % score).lstrip('0'),
                size = 15,horizontalalignment ='right')
        i + = 1
    figure.subplots_adjust(left = .02, right = .98)
plt.show()
```

程序运行结果如图 11.13 所示。

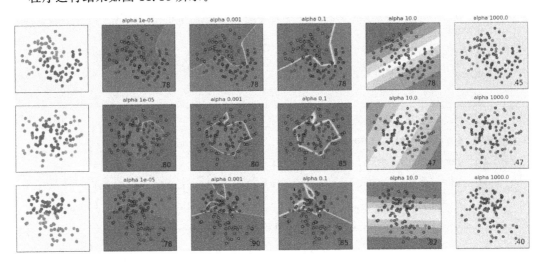

图 11.13 不同 alpha 对分类结果的影响

11.4 人工神经网络实践——人脸识别

接下来,我们采用由多层感知器构成的人工神经网络来解决实际问题——人脸识别。

11.4.1 Olivetti 人脸数据集

Olivetti 人脸数据集包含一组 1992 年 4 月至 1994 年 4 月在剑桥 AT&T 实验室拍摄的面

部图像。该数据集采集了 40 个志愿者直立、正面或有轻微侧移的面部图像,每个志愿者有 10 张照片,照片可能拍摄于不同时间、不同光照条件,或者志愿者可以有不同面部表情(如睁眼或闭眼、微笑或没有笑容)、不同面部细节(如戴眼镜或不戴眼镜)的照片,所有照片都是在一个黑暗均匀的背景下拍摄的。该数据集用于分类时,有 40 个类别,类别比较多,而且每类只有 10 个样本数据,样本比较小,所以用该数据集进行分类,挑战还是比较大的。

Olivetti 人脸数据集可通过 sklearn. datasets. fetch_olivetti_faces 函数从 AT&T 下载获得。获取数据的程序代码如下:

```
from sklearn.datasets import fetch_olivetti_faces
olivet_face_datasets = fetch_olivetti_faces()
olivet_face_datasets
```

运行程序将 Olivetti 人脸数据保存到 olivet_face_datasets。olivet_face_datasets 是一个类型类似字典型的 sklearn. utils. Bunch 对象,包含' data '、' images '、' target '、' DESCR '几项数据。

其中,data 是一个 ndarray 的二维数组,大小是 $400 \times 4\,096$,存放了 400 个人的人脸数据,每行对应一个原始大小为 64×64 像素的人脸图像,将二维图像数据按行联结成一个长度为 4 096 的向量。数据值范围是[0,1]之间的浮点数据。

images 是一个 ndarray 的二维数组,大小是(400,64,64),存放了 400 个人原始大小为 64×64 像素的人脸数据,每个像素采用无符号 8 bit 的整型数据保存。

target 是一个 ndarray 的二维数组,大小是(400,),存放 400 个人脸图像的标签,这些标签范围是 0~39,对应志愿者的 ID。

DESCR 是字符串类型,是对数据集的相关描述。

(data,target):如果参数是 return_X_y=True,该函数只返回由 data、target 组成的元组。

可以通过以下程序段显示数据集中的所有图像:

```
import numpy as np
import matplotlib.pyplot as plt
image_shape = (64, 64)
faceimage = olivet_face_datasets.images
for i in range(400):
true_face = faceimage[i,:,:]
    sub = plt.subplot(40, 10, i + 1)
    sub.axis("off")
    sub.imshow(true_face,
                cmap = plt.cm.gray,
                interpolation = "nearest")
```

程序运行结果如图 11.14 所示。

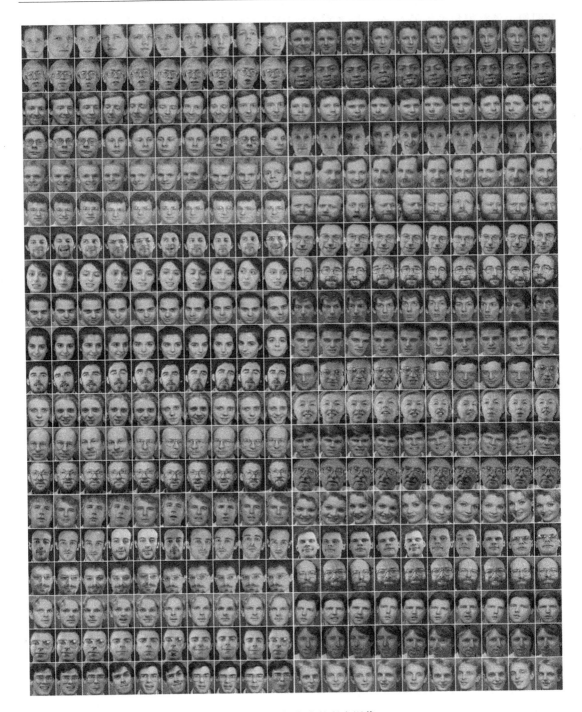

图 11.14　数据集中的所有图像

11.4.2　样本划分及 MLP 分类器训练

接下来,我们对样本数据进行划分,分为训练样本和测试样本两类。采用训练样本对模型进行训练,测试样本对模型进行测试,程序代码如下:

```
from sklearn.model_selection import train_test_split
from sklearn.neural_network import MLPClassifier
from sklearn.datasets import fetch_olivetti_faces
olivet_face_datasets = fetch_olivetti_faces()
olivet_face_datasets
X = olivet_face_datasets.data
y = olivet_face_datasets.target
X_train, X_test, y_train, y_test = train_test_split(X, y, test_size = 0.3, random_state = 0)
active_fun = ['identity','logistic','tanh','relu']
foraf in active_fun:
    mlp = MLPClassifier(activation = af)
    mlp.fit(X_train, y_train)
    y_pred = mlp.predict(X_test)
    print("%s 激活函数的 MLP 对 %d 个测试样本,错分样本数目: %d" % (af,X_test.shape[0],(y_test != y_pred).sum()))
    print("%s 激活函数多层感知器分类器对测试样本的分类正确率: %.0f % %" % (af, 100 * mlp.score(X_test,y_test)))
```

程序运行结果如下:

```
identity 激活函数的 MLP 对 120 个测试样本,错分样本数目: 11
identity 激活函数多层感知器分类器对测试样本的分类正确率:91 %
logistic 激活函数的 MLP 对 120 个测试样本,错分样本数目: 13
logistic 激活函数多层感知器分类器对测试样本的分类正确率:89 %
tanh 激活函数的 MLP 对 120 个测试样本,错分样本数目: 21
tanh 激活函数多层感知器分类器对测试样本的分类正确率:82 %
relu 激活函数的 MLP 对 120 个测试样本,错分样本数目: 80
relu 激活函数多层感知器分类器对测试样本的分类正确率:33 %
```

程序分别用 4 个激活函数进行建模,得到的运行结果如表 11.2 所示。

表 11.2　4 个激活函数的运行结果

激活函数	identity	logistic	tanh	relu
错分样本数目	11	13	21	80
正确率	91%	89%	82%	33%

从运行结果可以看出,采用 identity 激活函数的 MLP 分类器取得了很好的分类结果,正确率为 91%。

参 考 文 献

[1] Rusesell S J, Norvig P. 人工智能——一种现代的方法[M]. 殷建平,祝恩,刘越,等译. 3 版. 北京:清华大学出版社,2016.

[2] Eric Matthes E. Python 编程:从入门到实践[M]. 袁国忠,译. 北京:人民邮电出版 社,2016.

[3] 黑马程序员. Python 快速编程入门[M]. 北京:人民邮电出版社,2017.

[4] 小甲鱼. 零基础入门学习 Python[M]. 北京:清华大学出版社,2016.

[5] 郭永青. 计算机应用程序[M]. 7 版. 北京:北京大学医学出版社,2018.

[6] 崔庆才. Python 3 网络爬虫开发实战[M]. 北京:人民邮电出版社,2018.

[7] Ahmadi-Abkenari F, Selamat A. An architecture for a focused trend parallel web crawler with the application of clickstream analysis - ScienceDirect[J]. Information Sciences,2012,184(1):266-281.

[8] Thelwall M. A web crawler design for data mining[J]. Journal of Information Science,2001, 27(5):319-325.

[9] Abukausar M, Dhaka V S, Singh S K. Web crawler:a review[J]. International Journal of Computer Applications,2013,63(2):31-36.

[10] 段小手. 深入浅出 Python 机器学习[M]. 北京:清华大学出版社,2019.

[11] 龙马高新教育. Python3 数据分析与机器学习实战[M]. 北京:北京大学出版社. 2018.